Astronomie

Einblicke in die Wissenschaft

Jürgen Teichmann

Wandel des Weltbildes

In der populärwissenschaftlichen Sammlung

Einblicke in die Wissenschaft

mit den Schwerpunkten Mathematik – Naturwissenschaften – Technik werden in allgemeinverständlicher Form

- elementare Fragestellungen zu interessanten Problemen aufgegriffen,
- Themen aus der aktuellen Forschung behandelt,
- historische Zusammenhänge aufgehellt,
- Leben und Werk bedeutender Forscher und Erfinder vorgestellt.

Diese Reihe ermöglicht interessierten Laien einen einfachen Einstieg, bietet aber auch Fachleuten anregende, unterhaltsame und zugleich fundierte Einblicke in die Wissenschaft.

Jeder Band ist in sich abgeschlossen und leicht lesbar.

Jürgen Teichmann

Wandel des Weltbildes

Astronomie, Physik und Meßtechnik in der Kulturgeschichte

3., durchgesehene Auflage

Deutsches Museum

B. G. Teubner Verlagsgesellschaft
Stuttgart · Leipzig

Hochschulverlag AG an der ETH Zürich

Prof. Dr. Jürgen Teichmann

Deutsches Museum
80306 München

Dieses Buch entstand im Rahmen zweier Projekte am Deutschen Museum, München, die vom Bundesminister für Bildung und Wissenschaft und der Stiftung Volkswagenwerk finanziell unterstützt wurden.
Redaktion im Deutschen Museum: Bert Heinrich
Bildredaktion: Ludvik Vesely
Bildrechte: Albrecht Hoffmann
Redaktionsassistentin: Edeltraut Hörndl
Redaktion: Jürgen Volbeding
Layout: Susanne Jarchow

Umschlagbild: Geozentrisches Weltbild - die Sonne als Zentrum der sieben antiken Planeten (Miniatur, 1404, Universitätsbibliothek Tübingen)

Gedruckt auf chlorfrei gebleichtem Papier.

Die Deutsche Bibliothek – CIP-Einheitsaufnahme

Teichmann, Jürgen:
Wandel des Weltbildes : Astronomie, Physik und Messtechnik
in der Kulturgeschichte / Jürgen Teichmann. Deutsches Museum. -
3., durchges. Aufl. -
Stuttgart ; Leipzig : Teubner ; Zürich : vdf, Hochsch.-Verl.
an der ETH, 1996
(Einblicke in die Wissenschaft : Astronomie)
ISBN 3-8154-2508-5 (Teubner)
ISBN 3-7281-2312-9 (vdf)

Printed in Germany
Druck: Druckhaus Gräfenhainichen GmbH i.G.
Bindung: Buchbinderei Bettina Mönch, Leipzig
Umschlaggestaltung: E. Kretschmer, Leipzig

Inhalt

Anhang

Vorwort

Der Sternenhimmel erstaunte und bezauberte den Menschen jahrtausendelang, bis er durch die Verbreitung des künstlichen Lichts (mit der elektrischen Glühlampe ab etwa 1870) immer unscheinbarer wurde.

Veränderter Tag/Nacht-Rhythmus der modernen Zivilisation, die Hintergrundhelligkeit der Städte haben seinen Zauber ausradiert. Doch hat die Weltraumfahrt ab 1957 das Interesse an ihm wieder gehoben – und wird es sicherlich in erheblich stärkerem Maße tun, falls einmal jedermann zu Reisen ins Weltall starten darf.

Es gibt viele Darstellungen der Astronomie, auch einige zu ihrer Geschichte. Warum also noch eine? Weil es in deutscher Sprache wenig Verläßliches gibt, das Wissenschaftsgeschichte in Beziehung auf Gegenwart betrachtet und doch gleichberechtigt läßt.

In diesem Buch sollen die engen Beziehungen zwischen Astronomie, Physik und Meßtechnik deutlich werden. Naturwissenschaften und Technik sind vor allem ein Abenteuer Europas und standen immer schon in enger Wechselwirkung mit dessen gesellschaftlicher Entwicklung. Sie formten unsere Gegenwart entscheidend mit. Das deutlich zu machen geht natürlich auf so begrenztem Platz nur für eine engere Thematik, die sich vor allem mit dem astronomisch-physikalischen Problem der Bewegung der Erde und dessen Bedeutung für die Kulturgeschichte befaßt. Im Mittelpunkt stehen die Quellen des Deutschen Museums (Objekte, Modelle, Experimente, Holzschnitte und Kupferstiche, Bücher), die für dieses Buch ausgewertet wurden, aber jedem Besucher auch zu originalem Kontakt zur Verfügung stehen, wenn er Ausstellungen und Bibliothek besucht.

Die reichhaltige Information dieses Buches setzt bestimmte astronomisch-physikalische Grundkenntnisse voraus. Empfehlenswert ist eine gleichzeitige Beschäftigung mit einem Einführungsbuch zur Astronomie.[1] Die Gesamtentwicklung in der Geschichte und ihre vielfältigen kulturellen Wechselbeziehungen lassen sich nur über weitere Kontakte zu Arbeiten aus der Geschichte von Naturwissenschaften und Technik erschließen.[2] Das ist auch deshalb zu empfehlen, weil der didaktische Aufbau dieses Buches eine gewisse Verfälschung der Geschichte nicht vermeiden kann.

Für den Lehrer oder jedes Selbststudium ist dieses Buch ‹genetisch› verwendbar: Am Anfang steht die Beobachtung des Himmels mit bloßem Auge, dann werden Schritt für Schritt immer kompliziertere bzw. grundsätzlich neue Denkmodelle über den Himmel entworfen. Hier können

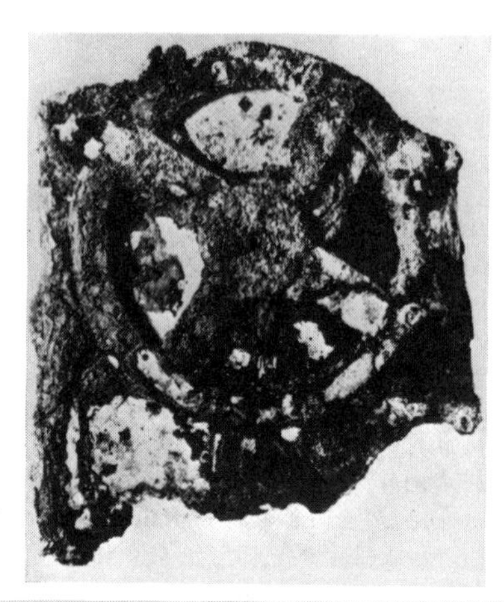

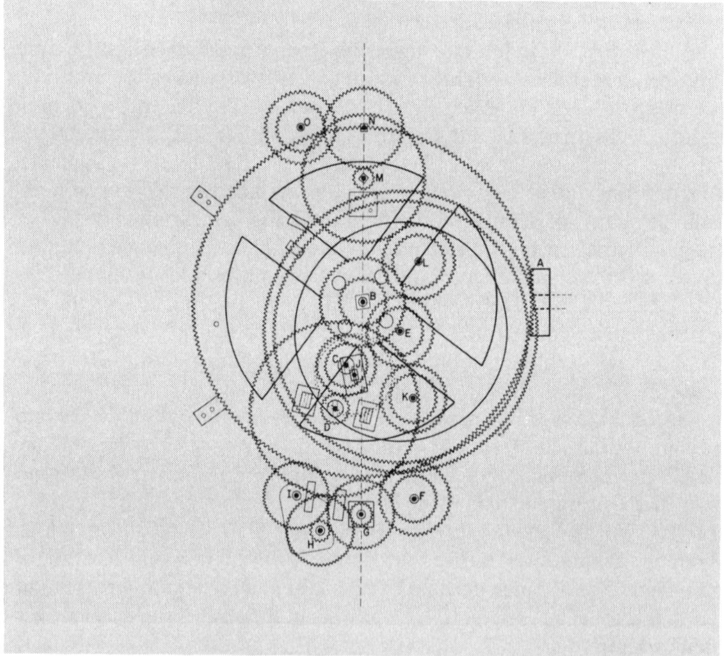

1a, b: Der Antikythera-Mechanismus aus dem 1. Jahrhundert v. Chr. Er wurde vor der Insel Antikythera aus einem versunkenen Schiff geborgen. Es war ein unglaublich komplizierter mechanischer Rechner für Sonnen- und Mondbahnwerte. Oben: Originalbruchstück, unten: Rekonstruktion auf Grund von Durchleuchtung mit Gamma- und Röntgenstrahlen (Foto und Zeichnung, 1974).

sich historische Entwicklung und individuelle Wissensentwicklung bei jedem Lernenden sehr gut entsprechen. Denn für jeden, der ohne (oder vielleicht sogar gegen) die Schulphysik aufwächst, bzw. für jedes Kind vor dieser Erziehung, läuft der Problemweg der astronomischen Erkenntnis noch heute ähnlich wie in der Gesamtgeschichte, d. h. von ersten geozentrischen Beobachtungen und Erklärungsversuchen mit der Erde als Mittelpunkt der Welt zu heliozentrischen mit der Sonne als Zentrum und schließlich zum mittelpunktlosen Weltall, vom Schein zur allseits behaupteten Wirklichkeit. Diese ist aber nicht mehr ein*seh*bar! Sie kann nur aus komplizierteren Erfahrungen wie Erdabplattung und Fixsternparallaxe mit Hilfe abstrakter Zwischenschritte erschlossen werden. Zwar täuscht für viele die Weltraumfahrt mit ihren Bildern der sich drehenden Erde im All, die Phasen aufweist wie der Mond, den *Beweis* der Erdbewegung vor, aber gezeigt wird höchstens, daß alles Bewegungsgeschehen relativ ist und natürlich, wie klein unser blauer Planet im All schwebt.

Unabhängig von jeder tieferen Absicht sind auch Teile dieses Buches nach Belieben verwendbar, sei es als lexikalische Quelle zur Schnellinformation oder zur Weiterbildung, zur Verwendung in Vorträgen oder direkt im Unterricht.

Zwei Auflagen im Rowohlt Taschenbuchverlag waren seit 1992 vergriffen.

In dieser durchgesehenen Auflage wurden unter anderem die Literaturangaben aktualisiert und – bezüglich fachhistorischer Literatur – erweitert.

München 1995 — Jürgen Teichmann

Zeittafel

Zeit	Wichtige Ereignisse in Astronomie und Physik	Zeit	Allgemeinhistorische, gesellschaftliche Daten
v. Chr.		v. Chr.	
		um 500 000	Aufkommen des Feuers
		2700	Bau der Cheops-Pyramide
um 2000	Weltbild der Babylonier mit der Erde als Scheibe und dem Himmel als Deckel. Brauchbare Mathematik und Beobachtungsastronomie.		
ab ca. 2000	Entwicklung von Mathematik, Zeitmessung und Kalenderrechnung in Ägypten.		
um 1000	Mathematik und Astronomie in China gesichert.		
ab ca. 800	Höhepunkte der babylonischen Mathematik und Astronomie.		
ab 600	Griechische Naturphilosophen (Thales, Anaximander) betrachten die Erde als Scheibe.		
		594/93	Rechtserneuerung durch Solon in Athen
nach 400	Plato (427–348/7) entwickelt viel grundlegendes Gedankengut über Mathematik, Physik, Kosmologie und Erkenntnistheorie. Die Erde wird als Kugel angesehen. Bedeutend für die Moderne wurde auch sein späterer Einfluß auf die Renaissance.		
um 370	Eudoxus (ca. 408–355) hat sein kosmologisches System entworfen: Kugelschalen um die zentrale Erde bis zur letzten Schale der Fixsterne.		
		356–323	Alexander der Große
nach ca. 350	Aristoteles (384–322), ursprünglich Schüler Platons, betont gegen dessen ‹Ideenlehre› den unmittelbaren Erfahrungsbereich. Starker Einfluß auf die islamische und christliche Welt bis in das 17. Jahrhundert.		
ab ca. 300	Alexandria in Ägypten wird Zentrum der Wissenschaft.		
um ca. 300	Euklid (ca. 316–250) entwickelt seine ‹Elemente› der Geometrie. Sie gelten als Grundlegung auch neuzeitli-		

Zeit	Wichtige Ereignisse in Astronomie und Physik	Zeit	Allgemeinhistorische, gesellschaftliche Daten
	cher Mathematik und ihres methodischen Vorgehens.		
um 270	Aristarch sieht die Sonne als ruhendes Zentrum der Welt an.		
um 250	Archimedes (ca. 285–212) leistet wichtige mathematische und physikalische Forschungen (Kreismessung, Auftrieb, Hebelgesetz).		
um 200	Eratosthenes (ca. 275–195) berechnet den Erdumfang aus eigenen Beobachtungen.		
		168	Die Römer unterwerfen Griechenland – Beginn der römischen Weltherrschaft.
um 150	Hipparch (ca. 190–125) beobachtet und interpretiert den Sternenhimmel. Seine Ergebnisse werden vielfach zur Grundlage des späteren Ptolemäischen Systems.		
		146	Die Römer zerstören Karthago.
46	Julianischer Kalender in Rom durch Julius Caesar: 365 Tage ergeben ein Jahr, jedes vierte Jahr erhält einen zusätzlichen Schalttag.	49–44	Julius Caesar Alleinherrscher in Rom
		31	Beginn der römischen Kaiserzeit
7	Lange und mitunter sehr enge Konjunktion von Jupiter und Saturn. Diese Erscheinung gibt als ‹Stern von Bethlehem› sehr wahrscheinlich das wirkliche Geburtsjahr Christi an. (Jupiter galt astrologisch als Königstern, Saturn als Stern der Juden.)		
n. Chr. um 60	Plinius Gajus Secundus der Ältere (ca. 24–79) faßt das Wissen seiner Zeit zusammen.		
um 140	Ptolemäus (ca. 100–178) hat sein geozentrisches Weltsystem quantitativ entwickelt.		
um 170	Ptolemäus schreibt seine ‹Geographie› als politisch-kulturelles Gesamtwerk der bekannten Welt.		
		476	Untergang des weströmischen Reiches.
3.–6. Jh.	Astronomie der Maya-Kultur in Mittelamerika (Kalender).		
		711	Araber erobern Spanien.

Zeit	Wichtige Ereignisse in Astronomie und Physik	Zeit	Allgemeinhistorische, gesellschaftliche Daten
3.–12. Jh.	Die indische Mathematik und Astronomie steht auf hohem Niveau.		
		800	Kaiserkrönung Karls des Großen
ab 8.–14. Jh.	Die arabische Wissenschaft von Bagdad bis Spanien setzt die griechischen Traditionen fort (in Mathematik, Astronomie, Optik etc.), greift andere auf (z. B. aus China, Indien) und beginnt Erweiterungen.		
827	Das Ptolemäische Hauptwerk wird als ‹Almagest› ins Arabische übersetzt.		
		843	Vertrag von Verdun – Spaltung des Frankenreiches
1054	Erscheinen eines neuen Sterns (modern: Supernova). Er wird in China ausführlich beobachtet. Aus Europa sind keine Hinweise überliefert.		
1088	Gründung der Universität Bologna (1206 Paris, 1221 Padua, 1249 Oxford).		
		1096–1099	Erster Kreuzzug
		1130	Bau der Kathedrale in Chartres – Anfänge der Gotik
		1161	Gründung der Hanse
1187	Übersetzung des ‹Almagest› von Ptolemäus ins Lateinische durch Gerhard von Cremona (gedruckt 1515).		
1240	Alfonsinische Tafeln der Planetenwerte durch König Alfons von Kastilien (1226–1284). Sie sind das Ergebnis der Zusammenarbeit arabischer, jüdischer und christlicher Gelehrter.		
1252	Ebstorfer Weltkarte als Radkarte mit Jerusalem als Mittelpunkt.		
		1291	Eroberung von Akkon durch die Mamelucken
1352	Erste Kunstuhr für das Straßburger Münster mit Glockenspiel und beweglichen Figuren.		
vor 1358	Buridan (um1300–1358) erörtert hypothetisch die Erdrotation.		
1370	Oresme (um 1323–1382) erörtert hypothetisch die Rotation der Erde, forscht ferner in anderen Bereichen der Na-		

Zeit	Wichtige Ereignisse in Astronomie und Physik	Zeit	Allgemeinhistorische, gesellschaftliche Daten
	turwissenschaften und der Volkswirtschaft.		
1416	Aus Portugal werden durch Heinrich den Seefahrer See-Expeditionen nach Afrika geschickt: 1429 Neuentdeckung der Azoren, 1469 Seeweg nach Indien.		
um 1440	Astronomische Messungen des Tatarenfürsten und Astronomen Ulug-Beg (1394–1449) auf seiner berühmten Sternwarte in Samarkand.		
1440	Nikolaus von Kues (1401–1464) erörtert hypothetisch die Erdrotation, die Ähnlichkeit der Himmelskörper mit der Erde etc.		
1450	Von Kues schlägt in seiner Schrift ‹Versuche mit der Waage› verschiedenste Experimente mit dieser vor.		
		1469–1492	Lorenzo de Medici, Herrscher in Florenz – die Stadt wird Mittelpunkt der Renaissance.
um 1470	Regiomontanus (‹aus Königsberg› in Franken, eigentlich Johannes Müller, 1436–1476) liefert Beiträge zur Dezimalbruchrechnung und zur Astronomie. 1475 beginnt er eine Kalenderreform in Rom, die durch seinen Tod unterbrochen wird.		
		1481	Bau der Sixtinischen Kapelle in Rom – die Kunst der Renaissance greift von Florenz auf Rom über.
		1492	Chr. Kolumbus entdeckt Amerika.
ca. 1510	Copernicus entwirft im ‹Commentariolus› (handschriftlich) die erste Form seines heliozentrischen Weltsystems ohne detaillierte quantitative Ausführungen.		
		1524/25	Der große Bauernkrieg
1543	Das Hauptwerk des Copernicus ‹Von den Umdrehungen (der Himmelssphären)› wird in Nürnberg veröffentlicht.		
		1558–1603	Elisabeth I., Königin von England
1568	‹Mercator›-Projektion der Erdkugel auf Seekarten durch		

Zeit	Wichtige Ereignisse in Astronomie und Physik	Zeit	Allgemeinhistorische, gesellschaftliche Daten
	Gerhard Mercator (1512–1594).		
nach 1576	Äußerst genaue Sternbeobachtungen von Tycho Brahe auf der Insel Hven. Sie werden Grundlage für die Astronomie Keplers.		
		1581	Die Niederlande werden unabhängig von Spanien.
1582	Einführung des Gregorianischen Kalenders durch Papst Gregor XIII. In einem Teil Europas (England z. B. erst 1752): 10 Tage (angelaufener Fehler seit 46 v. Chr.) werden einfach aus dem Kalender gestrichen; alle Jahre, deren letzte zwei Ziffern durch vier teilbar sind, werden zu Schaltjahren; bei allen Jahrhundertjahren, die nicht durch 400 teilbar sind, wird der Schalttag ausgelassen (z. B. 1700, 1800, 1900). Der Fehler im Kalender würde dadurch erst in mehr als drei Jahrtausenden wieder einen Tag betragen.		
		1588	Untergang der spanischen Armada vor Englands Küste
		1591	Erste Oper in Italien (J. Peri) – italienischer Frühbarock
1596	Erste Veröffentlichung von Johannes Keplers ‹Mysterium Cosmographicum› – auf stark neuplatonischer Basis unter Zugrundelegung des Copernicanischen Systems.		
1600	Verbrennung von Giordano Bruno in Rom. Veröffentlichung des ersten umfassenden Werks über den Magnetismus durch William Gilbert (De Magnete).	1600	Gründung der Ostindischen Handelskompanie – England wird dominierende Seemacht
1602	Entdeckung des Brechungsgesetzes durch Thomas Harriot, 1620 durch Snellius (beide unveröffentlicht). Veröffentlichung durch Descartes, 1637.		
1609	Die ersten zwei Keplerschen Gesetze der Planetenbewegung werden in der ‹Astronomia nova› veröffentlicht. Das dritte Gesetz folgt erst 1619.		
1610	In der Schrift ‹Sternenbotschaft› schildert Galilei seine Entdeckungen mit dem Fern-		

Zeit	Wichtige Ereignisse in Astronomie und Physik	Zeit	Allgemeinhistorische Daten
	rohr: die Mondgebirge, die Sternstruktur der Milchstraße und die Jupitermonde.	1618	Beginn des 30jährigen Krieges
1620	Francis Bacon veröffentlicht seine neue Wissenschaftslehre, in der das induktive Vorgehen eine zentrale Rolle einnimmt.		
1627	Kepler veröffentlicht seine ‹Rudolfinischen Tafeln›. Sie sind wirklich besserer Ersatz für die bis dahin erstellten Tafeln auf ptolemäischer und copernicanischer Basis.		
1632	Das astronomische Hauptwerk des Galilei, der ‹Dialogo›, erscheint. Der darauf folgende Inquisitionsprozeß endet 1633 mit Abschwören und Verbannung.		
1637	Descartes veröffentlicht seine wissenschaftliche Methode mit Beipielen aus der Naturwissenschaft und Mathematik (‹Discours de la méthode ...›), einschließlich Geometrie, Dioptrik, Meteore.		
1638	Das physikalische Hauptwerk von Galilei, ‹Discorsi›, erscheint in Leiden, Holland.	1648	Westfälischer Friede
1648	Pascal läßt mittels Barometer die Verringerung des Luftdrucks auf dem Puy de Dôme feststellen.		
1651	Riccioli veröffentlicht sein Werk: Almagestum novum. Er favorisiert darin das Tychonische Weltsystem als Kompromiß zwischen Tradition (Ptolemäus) und Moderne (Copernicus).	1653	Oliver Cromwell erhält absolute Macht in England.
1657	Huygens erhält ein Patent auf die Pendeluhr. Er hat sie zu einer auch wissenschaftlich brauchbaren Verbesserung der bisherigen ‹Waag›uhr entwickelt. Physikalische Leistungen von ihm: Zentrifugalkraftuntersuchung, Stoßtheorie, Anfänge einer ‹Wellen›-theorie des Lichtes.	1661–1715	Ludwig XIV., König von Frankreich

Zeit	Wichtige Ereignisse in Astronomie und Physik	Zeit	Allgemeinhistorische, gesellschaftliche Daten
1662–66	Gründung der Royal Society in London und der Académie des Sciences in Paris als erster großer Fachgesellschaften für Mathematik, Naturwissenschaften (und Technik) mit eigenen regelmäßig erscheinenden wissenschaftlichen Zeitschriften.		
ab 1666	Newton entdeckt die Farbaufspaltung des Sonnenlichtes, das Gesetz der allgemeinen Gravitation und die ‹Fluxions›rechnung (d. h. die Infinitesimalrechnung, etwa gleichzeitig mit Leibniz).		
1669–70	Picard erhält einen genauen Wert des Erdradius.		
1672	Richer stellt fest, daß das Sekundenpendel in Äquatornähe verkürzt werden muß. Seine Hauptaufgabe in Cayenne sind astronomische Beobachtungen zur Bestimmung der relativen Entfernung Erde – Sonne. Cassini bestimmt daraus und aus anderen Messungen die Sonnenparallaxe zu 9,5 Bogensekunden.		
1676	Römer bestimmt auf der Pariser Sternwarte aus den Verfinsterungen der Jupitermonde die Zeit, die das Licht zum Durchqueren der Erdbahn braucht, zu 11 Minuten. Er beweist damit die Endlichkeit der Lichtgeschwindigkeit. Gründung der Sternwarte von Greenwich. Flamsteed wird erster ‹königlicher Astronom›. Eine Hauptaufgabe ist die Entwicklung von Sternkarten für Navigationszwecke, die für die Seeweltmacht England besonders wichtig sind.		
1682	Halley entdeckt die Wiederkehr der Kometen. Er zeigt, daß der von ihm 1681/82 beobachtete Komet mit den 1607 und 1531 beobachteten identisch sein muß, und sagt seine Wiederkehr für 1758/59 voraus. Das Eintreffen der Vorhersage wird ein wichtiger Triumph der Newtonschen	1682–1725	Peter der Große, Zar von Rußland

Zeit	Wichtige Ereignisse in Astronomie und Physik	Zeit	Allgemeinhistorische, gesellschaftliche Daten
	Mechanik (weitere Daten der Wiederkehr des ‹Halleyschen› Kometen 1835, 1910, 1986).	1683	Türken vor Wien
1687	Das Hauptwerk von Newton, die ‹Mathematischen Prinzipien der Naturlehre›, erscheint. Für Himmel und Erde gilt die gleiche Physik (Mechanik).	1688	‹Glorious Revolution› in England
1700–1760	Entwicklung der Thermometer (Fahrenheit, Réaumur, Celsius) und erste Erfolge in der Wärmelehre (spezifische Wärme, Verdampfungswärme).		
ab 1712	Herausgabe des Sternkatalogs von Flamsteed, der Keplers Tafeln an Genauigkeit übertrifft.		
1729	Entdeckung der Aberration des Sternenlichts durch Bradley. Sie ist gleichzeitig ein Hinweis auf die jährliche Erdbewegung und ergibt einen wesentlich genaueren Wert als bei Römer für die Zeit, die das Licht zur Durchquerung der Erdbahn braucht (und damit auch für die Lichtgeschwindigkeit).		
1736	Von der Pariser Académie des Sciences werden zwei Expeditionen nach Lappland und Peru ausgeschickt, um den Streit um die wahre Gestalt der rotierenden Erde zu entscheiden. Das Ergebnis zeigt die mit Newtons Mechanik übereinstimmende Abplattung an den Polen.		
1738	Voltaire popularisiert die Newtonsche Physik auf dem Kontinent mit seinem Werk ‹Elemente der Newtonschen Philosophie›.	1740–1786	Friedrich der Große, König von Preußen
1745	Erfindung der Leidener Flasche, bald als elektrischer ‹Kondensator› interpretiert. Sie wird Ausgangspunkt einer neuen Elektrizitätstheorie. Vermehrte Experimente und		

Zeit	Wichtige Ereignisse in Astronomie und Physik	Zeit	Allgemeinhistorische, gesellschaftliche Daten
	erste technische Anwendung des elektrischen Wissens im Blitzableiter. Für alle drei Bereiche leistet Franklin Entscheidendes.		
1755	Kant veröffentlicht seine ‹Allgemeine Naturgeschichte und Theorie des Himmels›. Hier entwickelt er kosmologische Gedanken über die Existenz verschiedener Milchstraßen, über die historische Entwicklung des Weltalls und vermutet als erster, daß die Erdrotation durch den Gezeiteneffekt kontinuierlich gebremst wird. Doch ist nur ein Resteffekt der – durch Halley entdeckten – scheinbaren Beschleunigung des Mondes wirklich darauf zurückzuführen. Er ergibt eine Verlängerung des Jahres um 0,6 Sekunden pro Jahrhundert.		
1758	Dollond konstruiert ein achromatisches Linsenfernrohr.		
1762	Harrison erhält für sein Chronometer zur Verwendung als Längenmeßinstrument auf See den ausgesetzten Preis von 20000 Pfund. Auch T. Mayer erhält einen Teilpreis für seine genaue Mondkarte als Unterlage für die Längenbestimmung nach der Monddistanzenmethode.	1762	J.-J. Rousseau verfaßt sein ‹Contrat social›.
		1763	Friede von Paris – England wird führende Kolonialmacht.
1771	Entdeckung des elektrostatischen Kraftgesetzes analog zum Gravitationsgesetz durch Henry Cavendish (unveröffentlicht). 1785 veröffentlicht Coulomb seine berühmte – aber ungenauere – Methode.		
		1772	Erste Teilung Polens
		1776	Unabhängigkeitserklärung der USA von England
1781	Entdeckung des Planeten Uranus durch W. Herschel. Es ist die erste Erweiterung des seit Babylon bekannten Planetensystems.		
1782	Doppelsternkatalog von W. Herschel als Ergebnis seines Interesses an der Fixsternparallaxe. Entdeckung der Ei-		

Zeit	Wichtige Ereignisse in Astronomie und Physik	Zeit	Allgemeinhistorische, gesellschaftliche Daten
	genbewegung des Sonnensystems.		
1789	Das Riesenteleskop von W. Herschel wird in Betrieb genommen.	1789	Sturm auf die Bastille – Beginn der französischen Revolution
1791	Festlegung des Meters als der 10millionste Teil des Meridianquadranten durch das revolutionäre Frankreich. Diese Definition wird 1875 international angenommen, doch über das ‹Urmeter› auf einen physikalischen Standard reduziert. Galvani veröffentlicht seine Untersuchungen zur ‹tierischen› Elektrizität. 1792 erklärt Volta die Vorgänge rein physikalisch. Daraus entwikkeln sich Galvanismus und Elektrochemie.		
1791/92	Guglielmini führt seine Fallversuche zum Nachweis der Erdrotation durch (1802/1804 Benzenberg, 1831 Reich, genauer 1912 Hagen).		
1798	Cavendish bestimmt mit seiner Gravitationswaage die Dichte der Erde und damit die Gravitationskonstante.		
1799–1825	Das Hauptwerk von Laplace, die ‹Himmelsmechanik›, erscheint. Sie stellt die Vollendung der Newtonschen Himmelsphysik dar.		
1800	W. Herschel entdeckt mit Thermometern Wärmestrahlung als Teil des Sonnenspektrums, und zwar jenseits von Rot (Ultrarot). Daraufhin entdeckt Ritter 1801 das Ultraviolett durch Schwärzung von Hornsilber.		
1801	Piazzi entdeckt den ersten Planetoiden Ceres (Kleinplanet in der Lücke zwischen Mars und Jupiter). 1802 wird Pallas durch Olbers entdeckt, 1804 Juno durch Harding, 1807 Vesta durch Olbers.		
		1804	Napoleon wird Kaiser.
1808	Malus entdeckt die Polarisation des Lichtes, die 1817 durch Transversalwellen erklärt wird.		
		1811	Endgültige Aufhebung der Zünfte in Preußen

Zeit	Wichtige Ereignisse in Astronomie und Physik	Zeit	Allgemeinhistorische, gesellschaftliche Daten
		1813	Befreiungskriege
		1814–1815	Wiener Kongreß
ca. 1814	Fraunhofer entdeckt die scharfen, dunklen ‹Fraunhofer-Linien› im Sonnenspektrum, als er Markierungen zur Festlegung von Brechungsindex und Farbzerlegung verschiedener Glassorten sucht. Er bemerkt auch schon ähnliche Linien in Planetenspektren, unterschiedliche in Fixsternspektren.		
1820	Oersted entdeckt das Magnetfeld eines konstanten elektrischen Stromes.		
1821	Seebeck entdeckt die Thermoelektrizität.		
		1830	Juli-Revolution in Paris
1831	Faraday entdeckt die elektromagnetische Induktion – Grundlage für Generator und Elektromotor.		
1835	Eingehende Untersuchungen von Coriolis zu den ‹Coriolis›-Kräften (Scheinkräfte in einem rotierenden Koordinatensystem).		
1838	Die Fixsternparallaxe, die als ‹Beweis› für die jährliche Bewegung der Erde seit der Antike diskutiert wurde, wird von Bessel mit einem Fraunhoferschen Heliometer am Stern 61 im Schwan aufgefunden. Sein quantitatives Ergebnis von 0,31 Bogensekunden ist sehr gut. Unmittelbar darauf findet Struve eine Parallaxe am Stern Wega, 1839 Henderson eine am Stern Alpha Centauri.		
1842	J. R. Mayer entdeckt den Energieerhaltungssatz. Doppler veröffentlicht das nach ihm genannte Prinzip, die Veränderung von Frequenzen mit der Relativgeschwindigkeit zwischen Strahlungsquelle und Beobachter. Es wurde zunächst für die Akustik als richtig erkannt und erhielt später zur Interpretation der Farbverschiebung weit entfernter Weltallobjekte große Bedeutung (siehe 1909, 1929).		

Zeit	Wichtige Ereignisse in Astronomie und Physik	Zeit	Allgemeinhistorische, gesellschaftliche Daten
		1844	Weber-Aufstand in Schlesien
		1848	Kommunistisches Manifest von K. Marx und F. Engels
		1848	Revolutionen in Frankreich, Deutschland und Österreich
1849	Erstmals nichtastronomische Bestimmung der Lichtgeschwindigkeit durch Fizeau (1862 Foucault). Diese Ergebnisse konnten nun zur Bestimmung der Sonnenparallaxe bei der Aberration des Sternenlichts (siehe 1729) verwendet werden.		
1851	Foucault führt seinen berühmten Pendelversuch zum eleganten Nachweis der Erdrotation durch. Davon geht die Entwicklung des Kreiselkompasses bis zum Anfang des 20. Jahrhunderts aus.		
1859	Leverrier entdeckt, daß die Drehung des Merkurperihels von dem Wert, der aus der klassischen Himmelsmechanik nach Newton folgt, abweicht. Diese Abweichung wird erst durch Einstein 1916 erklärt.		
1859–1861	Kirchhoff und Bunsen entwickeln die Spektralanalyse. Sie erklären die Fraunhofer-Linien als Absorptionslinien bestimmter chemischer Elemente und weisen ihre Äquivalenz mit Emissionslinien nach. Damit beginnt die nichtmechanische Astrophysik! Die reine Himmelsmechanik verliert immer mehr an Bedeutung.	1861–1865	Sezessionskrieg in den USA
		1863	Lassalle gründet den Allgemeinen Deutschen Arbeiterverein.
1864	Huggins erkennt, daß es im Spektrum des Orionnebels im Gegensatz zu Sternspektren nur helle Emissionslinien gibt. Damit beweist er, daß es wirkliche ‹Nebel› im Weltall gibt.		
		1866	Krieg zwischen Preußen und Österreich
1868	Lockyer weist ein auf der Erde unbekanntes Element im Spektrum der Sonnenkorona nach. Es wird ‹Helium›		

Zeit	Wichtige Ereignisse in Astronomie und Physik	Zeit	Allgemeinhistorische, gesellschaftliche Daten
	genannt. Auf der Erde wird dieses Gas erst 1895 entdeckt.	1871	Gründung des Deutschen Reiches
1877	Schiaparelli entdeckt die ‹Marskanäle›, die großes Aufsehen erregen, sich aber bis heute als visuelle Täuschung erwiesen.		
1884	Balmer findet seine Formel zur Berechnung der Spektrallinien leuchtenden Wasserstoffs. Erst nach der Erklärung mit Hilfe von Quantenpostulaten durch Bohr 1913 beginnt sich eine ‹Astroatomphysik› abzuzeichnen.		
1887	Michelson und Morley finden in ihrem berühmten Experiment keinerlei Relativbewegung zwischen Erde und Äther. Der Äther mußte damals im ganzen Weltall als Träger der Lichtwellen angenommen werden. Erst Einsteins Relativitätstheorie beseitigt ihn (siehe 1916).		
1887/88	Hertz entdeckt die elektromagnetischen Wellen. Lichtwellen sind ein Teil des elektromagnetischen Spektrums.		
		1893	Aufführungen von G. Hauptmanns ‹Die Weber› werden polizeilich verboten.
		1894	Affäre Dreyfus in Frankreich
1895	Röntgen entdeckt die nach ihm benannten Strahlen (außerhalb Deutschlands nach Röntgens Vorschlag: X-Strahlen).		
1895–97	Rowland veröffentlicht seine fotografische Wiedergabe des Sonnenspektrums.		
		1898	Faschoda-Krise in Nordafrika zwischen England und Frankreich
		1900	Boxer-Aufstand in China
1900	Max Planck erklärt mit dem neuen Quantenansatz die Beziehungen zwischen Wellenlänge und Temperatur bei der Strahlung ‹schwarzer› Körper.		
1905	Einstein veröffentlicht seine spezielle Relativitätstheorie und wendet den Quanten-		

Zeit	Wichtige Ereignisse in Astronomie und Physik	Zeit	Allgemeinhistorische, gesellschaftliche Daten
	ansatz von Planck zur Erklärung des Fotoeffekts an.		
1908	Hale entdeckt die Magnetfelder der Sonnenflecken.		
1909	Aus der jährlichen Dopplerverschiebung von 280 Sternspektren wird die Sonnenparallaxe zu 8,800 ± 0,006 Bogensekunden bestimmt.		
ab 1909	Millikan weist nach, daß elektrische Ladungen nur als Vielfache einer kleinsten Einheit (des Elementarquantums als Ladung eines Elektrons) beobachtbar sind.		
		1912	Sozialdemokratie stärkste Partei im Reichstag
1913	Russell veröffentlicht zum erstenmal ein ‹Hertzsprung-Russell-Diagramm›, das als Lebensentwicklung der Sterne gedeutet wurde. Es stellt die Beziehung zwischen Spektraltyp und Helligkeit dar.		
		1914–1918	Erster Weltkrieg
1916	Einstein veröffentlicht seine ‹Allgemeine Relativitätstheorie›.		
		1917	Oktoberrevolution in Rußland
1919	Zwei Expeditionen von Eddington, Crommelin und Davidson weisen die Schwereablenkung von Sternenlicht in der Nähe des Sonnenrandes nach. Sie steht in guter Übereinstimmung mit der Allgemeinen Relativitätstheorie.		
1920	Saha wendet die Bohr-Sommerfeldsche Atomtheorie (ab 1913) auf Sternspektren an.		
		1922	B. Mussolini wird mit ‹Marsch auf Rom› Ministerpräsident
1923	Hubble weist mit dem 2,5-m-Spiegel des Mt.-Wilson-Observatoriums (1918) nach, daß der Andromedanebel außerhalb der Milchstraße liegt. Er erhält seine Entfernung zu 1,1 Millionen Lichtjahre (moderner Wert: 2,2 Millionen). In der Folge wird der extragalaktische Charakter von 125 Sternsystemen nachgewiesen.		
1926	Brown stellt endgültig fest,		

Zeit	Wichtige Ereignisse in Astronomie und Physik	Zeit	Allgemeinhistorische, gesellschaftliche Daten
	daß die schon länger beobachteten kleineren Unregelmäßigkeiten bei der Mondbewegung auf Schwankungen der Erdrotation zurückzuführen sind.		
1929	Hubble und Humason entdecken mit dem Mt.-Wilson-Spiegel die Rotverschiebung in den Spektren von 65 Objekten außerhalb unserer Milchstraße. Sie interpretieren sie als Dopplerverschiebung und weisen damit sicher eine Expansion des Weltalls nach.	1929–1932	Weltwirtschaftskrise
1930	Tombaugh entdeckt den Pluto als (bisher) letzten Planeten unseres Sonnensystems.	1930	Young-Plan für Reparationszahlungen Deutschlands (bis 1988 105 Mrd. Mark)
ab 1932	Der amerikanische Funktechniker Jansky entdeckt die kosmische Radiostrahlung (elektromagnetische Wellen im Radiobereich). Ab 1940 entwickelt sich die Radioastronomie.		
30er Jahre	Entwicklung der Quarzuhren als äußerst genaue Zeitgeber.		
		1933	Hitler wird Reichskanzler
1937/38	Bethe und Weizsäcker weisen nach, daß in der Sonne ein Kernfusionsprozeß stattfindet. Wasserstoffkerne werden zu Heliumkernen verschmolzen. Damit sind entscheidende Korrekturen in der Entwicklungstheorie der Sterne möglich.		
1938/39	Hahn, Straßmann und Meitner entdecken die Urankernspaltung.		
		1939–1945	Zweiter Weltkrieg
		1945	Hiroshima – Abwurf der ersten Atombombe durch die USA
1948	Der Transistor wird erfunden. Daran knüpft die Großentwicklung elektronischer Rechner an. Auch ihr Einsatz bei astronomischen Berechnungen wird immer umfassender. Das Fünf-Meter-Spiegelteleskop auf dem Mt. Palomar in Kalifornien wird eingeweiht.	1948	Währungsreform in den Westzonen
		1948	Erster Nahostkrieg
		1949	Gründung der Bundesrepublik Deutschland und der Deutschen Demokratischen Republik
1950/52	Es wird beschlossen, die Erde als exaktes Zeitnormal ab	1950–1975	Indochina-Krieg/Vietnam-Krieg

Zeit	Wichtige Ereignisse in Astronomie und Physik	Zeit	Allgemeinhistorische, gesellschaftliche Daten
	1960 aufzugeben. Eine neue Einheit der Zeit (Ephemeridenzeit) wird durch die siderische Jahreslänge 1900 definiert. Die mittlere Sonnenzeit (Weltzeit) schwankt dagegen pro Jahr mit unregelmäßigen, zum Teil sich aufsummierenden Abweichungen (1972 etwa 43 Sekunden).	1950–1953 Korea-Krieg	
1951	Amerikanische, holländische und australische Forscher finden unabhängig voneinander die 21-cm-Strahlung interstellaren Wasserstoffs.		
1957	Der erste künstliche Satellit (UdSSR – Sputnik 1) kreist um die Erde. Damit beginnt die Weltraumfahrt.	1957	‹Göttinger Appell› von 18 deutschen Atomforschern gegen Atomwaffenaufrüstung der Bundeswehr
1960	Die Längeneinheit wird atomphysikalisch festgelegt. Ein Meter wird durch – abgerundet – 1,65 Millionen Wellenlängen einer bestimmten Strahlung des Isotops 86 Krypton definiert.		
1960–63	Entdeckung des ersten Quasars (USA – quasi stellar radio source). Quasare sind sternartige Radioquellen in riesiger Entfernung, die ungeheuer viel Energie aussenden.		
ab 1960	Mit Hilfe von Radaranpeilungen naher Planeten (z. B. Venus) wird die Sonnenparallaxe (bzw. die astronomische Einheit als mittlere Entfernung Erde–Sonne) äußerst genau bestimmt – aufgerundet 8,8 Bogensekunden.		
um 1960	Mit Hilfe des Mößbauer-Effektes wir die relativistische Rotverschiebung im Schwerefeld der Erde in Übereinstimmung mit der Einsteinschen Theorie gemessen.		
1961	Zum erstenmal umkreist ein bemanntes Raumschiff (UdSSR – Wostok I) die Erde. Gell-Mann entwickelt die Quark-Theorie der Elementarteilchen.		
1965	Die Marssonde Mariner 4 (USA) übermittelt Kraterbilder der Marsoberfläche.		

Zeit	Wichtige Ereignisse in Astronomie und Physik	Zeit	Allgemeinhistorische, gesellschaftliche Daten
1966	Ein unbemanntes Raumschiff landet zum erstenmal weich auf dem Mond (UdSSR – Luna 9).	1966	Französische Nationalversammlung billigt eigene Atommacht.
1967	Der erste Pulsar (USA) wird entdeckt. Er sendet Radioimpulse in exakt gleichen Intervallen aus. 1969 wird ein Pulsar mit dem Zentralstern im Krebsnebel identifiziert, der als Überbleibsel der Supernova von 1054 gilt. Die Zeiteinheit wird atomphysikalisch festgelegt. Eine Sekunde ist die Zeit für – aufgerundet – 9,2 Milliarden Schwingungen einer bestimmten Strahlung des Isotops 133 Caesium.		
1969	Der erste Mensch betritt einen fremden Himmelskörper: Mondlandung eines bemannten Raumschiffs (USA – Apollo 11).	1969	Studentenunruhen in Frankreich und in der Bundesrepublik
seit 1970	Weitere Himmelskörper in unserem Sonnensystem werden durch unbemannte Raumsonden ‹erobert› (Venus, Mars, Jupiter etc.). Die bemannte Raumfahrt wird in Stationen um die Erde herum weitergeführt. Dabei werden wissenschaftliche, aber auch zivil- und militärtechnische Aufgaben durchgeführt. Neue astronomische Beobachtungsstationen auf der Erde (im optischen und im Radiobereich) erlauben mit verbesserter Zusatztechnik weitere Erkenntnisse zum Sternaufbau, zur Struktur des Weltalls und noch genauere himmelsmechanische Ergebnisse. Astronomiesatelliten erforschen Wärme-, Röntgen-, Gammastrahlung aus dem Weltall.	1973 1986	Ölkrise Explosion eines Reaktorblocks im Kernkraftwerk Tschernobyl (UdSSR)
seit 1990	Start des ersten lichtoptischen Weltraumteleskops (Hubble-Teleskop), Entdeckung von mehr als 100 000 Röntgenquellen im Weltall durch den Röntgensatelliten ROSAT. Neue Großteleskope auf der Erde.		

1. Die wichtigsten Bewegungen am Himmel – mit dem bloßen Auge beobachtet

Das bloße Auge war das erste astronomisch-optische Instrument des Menschen (Abb. 2). Es zeigte dem Menschen eine Vielfalt von Himmelserscheinungen, im wesentlichen Tausende von Sternen.[3]

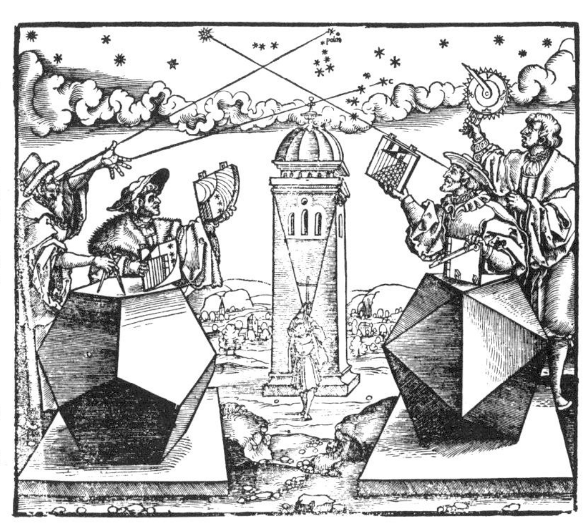

2: Messungen mit dem bloßen Auge. Es werden mit verschiedenen Instrumenten Ortsveränderungen von Sternen und damit die Nachtzeit gemessen, ganz grob mit der gespreizten Hand (zwischen Polarstern und dem Stern c im großen Wagen), durch Visieröffnungen an einem Quadranten (allerdings fehlt hier die Messung der Senkrechten), rechts mit einer ‹Nachtuhr›, deren Mittenloch auf den Polarstern justiert und das Zeigerende mit zwei Sternen des großen Wagens zur Deckung gebracht wurde. Der Jakobstab, eine Latte mit zwei Querstäben, wurde nicht zur Zeitbestimmung eingesetzt. Man benutzte ihn zur Messung von Winkeldistanzen, hier bei einem Turm (Holzschnitt, 1533).

Der Fixsternhimmel

Von der Erde aus gesehen, dreht sich der gesamte Sternenhimmel von Ost nach West einmal in annähernd 24 Stunden um seine Achse. Dabei ist das eine Ende der Achse, der Himmelsnordpol, heute sehr nahe beim hellen Polarstern gelagert (Abb. 3), der natürlich nur auf der nördlichen Erdhälfte sichtbar ist, während das andere Ende, der Himmelssüdpol, keine helleren Sterne aufweist.

Der Südhimmel hat für die Anfänge der wissenschaftlichen Astronomie keine Rolle gespielt, da er den Kulturvölkern zum großen Teil unbe-

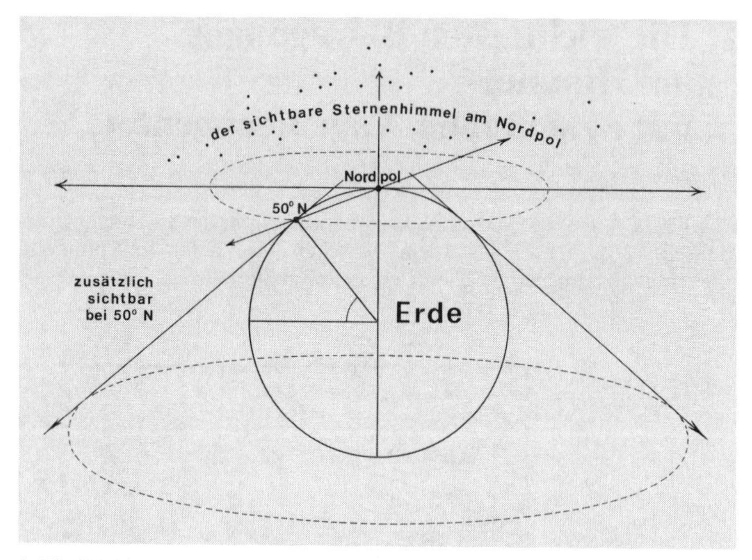

3: Die Sichtbarkeit des Sternenhimmels für verschiedene Orte auf der Erde. Am Nordpol (bzw. Südpol) ist genau eine Hälfte des Sternenhimmels sichtbar. Der eingezeichnete Horizont ist also auch Himmelsäquator. Je näher man an den Erdäquator kommt, desto mehr Sternbilder werden auch aus der anderen Hälfte des Himmels sichtbar. Das hängt jedoch zusätzlich von der Jahreszeit ab (ob die Sonne etwa im Bild von links oder von rechts scheint).

kannt blieb. Erst mit den späteren Entdeckungsreisen südlich des Äquators, vor allem ab dem 17. Jahrhundert, wurden hier die meisten heute gebräuchlichen Sternbilder eingeführt.

Die Himmelspole stehen für jeden Betrachter im Gegensatz zum übrigen Himmel still. Beobachtet man allerdings den Polarstern in Afrika, Italien oder Deutschland, so findet man ihn in verschiedener Höhe über dem Horizont. Sie ist gleich der geographischen Breite des Ortes, also in München 48°.

An den meisten Gestirnen kann man keine Eigenbewegung feststellen, die sich der 24stündigen Rotation des Himmels überlagern würde. Sie führen also mit dem Himmel regelmäßige Kreisbahnen um die Pole aus.

Natürlich ist diese 24stündige Kreisbewegung, die allen Gestirnen gemeinsam ist, im allgemeinen nur zu einem Teil, und zwar in der Nacht, beobachtbar, da tagsüber die Sonne alles überstrahlt. Nur Mond und mitunter Venus sind mit bloßem Auge auch am Tageshimmel relativ leicht auffindbar.

Als man in Mesopotamien im 2. Jahrtausend vor Christus anfing, genau zu beobachten, dachte man noch nicht an unsichtbare Teile der Gestirnsbahnen. Die Vorstellung, daß Sterne geschlossene Kreisbewegungen ausführen, die – mit Ausnahme der Zirkumpolarsterne – unter der Erde durchführen mußten, war schon der erste Schritt zu einem astronomisch-physikalischen Modell.

Betrachtet man sehr große Zeiträume, merkt man, daß die Himmelspole doch nicht stillstehen. So war um 2500 v. Chr., als es wahrscheinlich schon Sternbeobachtungen in Mesopotamien gab, der Polarstern mehr als 25° vom nördlichen Himmelspol entfernt (heute 0,9°), konnte also keine einfache Nordmarkierung sein. Das war aber damals der Stern Alpha (α) im Drachen!

Schon die Griechen schlossen aus Vergleichen mit älteren babylonischen Beobachtungswerten, daß sich die Himmelspole bewegen müssen. Erst ab der Neuzeit reichten jedoch die Jahrhunderte der Beobachtung aus, um festzustellen, daß diese Bewegung in erster Annäherung eine Kreisbewegung ist. Sie wird in etwa 26000 Jahren ausgeführt und be-

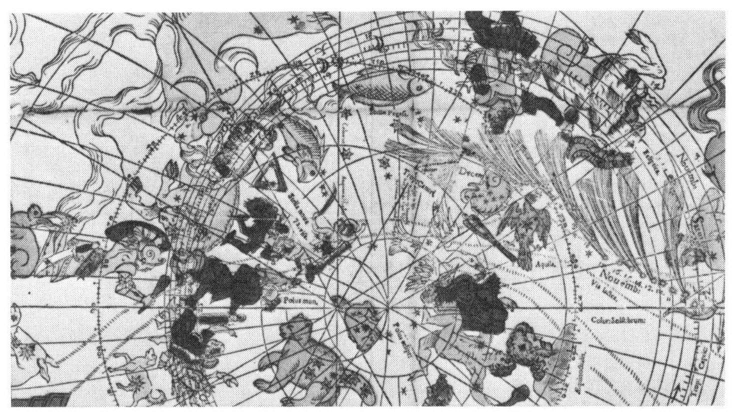

4: Sternenhimmel mit Kometenbahn und dem Ekliptikpol als Zentrum. Da die Himmelspole doch nicht ganz unbeweglich sind, sondern in 26000 Jahren auf einem Kreis um den Pol der Ekliptik wandern, kann für große Zeiträume dieser als Zentrum angesehen werden. Die Ekliptik mit den Tierkreissternbildern Schütze (rechts) bis Krebs (links unten) ist dann ein Kreis um diesen Pol (hier allerdings verzerrt dargestellt, da Projektionszentrum der Himmelskugel auf die Zeichenebene der Himmelsnordpol bleibt). Die Ekliptik berührt den zu ihr exzentrisch liegenden Wendekreis des Krebses (Trop. cancri) im Sommerpunkt und den des Steinbocks (Trop. capric.), von dem nur ein kleines Stück zu sehen ist, im Winterpunkt (auf der Südhälfte der Erde ist das umgekehrt). Wie das Bild zeigt, stimmt wegen der Wanderung des Himmelspols die alte Bezeichnung der Wendekreise gar nicht mehr. Sommerpunkt und Winterpunkt liegen schon ein Sternbild weiter – in den Zwillingen bzw. im Schützen. Wo sich Ekliptik und Himmelsäquator schneiden, liegt der Frühlingspunkt (γ). (Farbiger Ein-Blatt-Druck, 17. Jahrhundert)

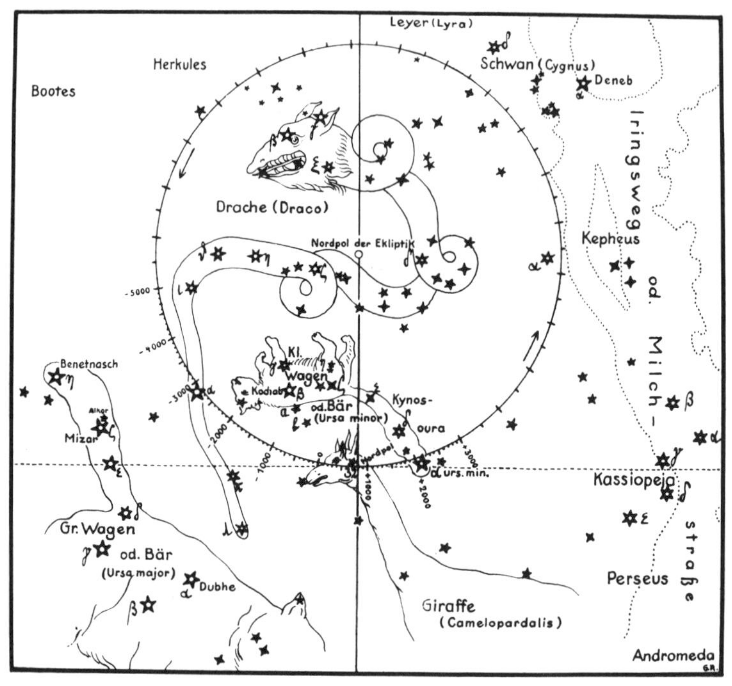

5: Die Wanderung des Himmelsnordpols in 26000 Jahren. Der Himmelsnordpol war im Jahre 3000 v. Chr. (mesopotamische Kultur!) nahe beim Stern α im Drachen, um das Jahr 800 n. Chr. (Wikinger!) nahe beim Stern 32 in der Giraffe. Bis über das Jahr 2000 hinaus rückt er noch näher an den Stern α im Kleinen Bären (= Polarstern). Noch später wird sich die Menschheit wieder andere Nordsterne suchen müssen. Unbeweglich über die Jahrtausende bleiben nur die Pole der Ekliptik (Zeichnung, 1934).

schert uns nur in der vergleichsweise kurzen Periode von einigen 100 Jahren den nützlichen Markierungspunkt Polarstern. So ist dessen Verwendung als Nordweiser, v. a. in der Navigation (‹Stella maris›), erst im späteren Mittelalter nachzuweisen.[4] Noch die Wikinger benutzten um das Jahr 1000 sehr wahrscheinlich den schwachen Stern 32H Camelopardali im Sternbild Giraffe als Nordmarkierung. Er war damals nur ½° vom Himmelspol entfernt, der Polarstern noch über 6° (Abb. 4, 5).

Die komplizierte Bewegung der ‹sieben Wandelsterne›

Betrachtet man ein bekanntes Sternbild nach einiger Zeit neu, stellt man mitunter fest, daß sich ein fremder Stern eingeschlichen hat, ein ‹Wandelstern› offenbar unter den übrigen Sternen. Es gab für das bloße Auge des antiken Beobachters fünf solcher ‹Wandelsterne›, das hieß ‹Planeten› – Planètès (griechisch) = irrend, herumschweifend –: Merkur, Venus, Mars, Jupiter und Saturn (Abb. 6). Mitunter zählten auch Sonne und Mond dazu – als nicht sternförmige ‹Planeten›. Dann waren es also sieben, die unabhängig von 24stündiger Bewegung und Himmelspolveränderung zusätzliche Eigenbewegungen zeigten im Gegensatz zu den Fixsternen. Uranus, Neptun und Pluto wurden erst mit dem Fernrohr entdeckt. Sie sollen deshalb hier außer Betracht bleiben. Sonne und Mond trennte man schon in der Antike oft vom engeren Gebrauch des Wortes Planeten (z. B. bei Ptolemäus). Im heliozentrischen Weltbild ab 1543 kam statt Sonne und Mond zunächst die Erde hinzu.

Notiert man die Positionen der klassischen sieben ‹Wandelsterne› zwischen den Fixsternen über Wochen hinweg und verbindet die jeweiligen Punkte zu einer Bahn, so stellt man fest, daß diese Wanderungen unter den übrigen Sternen nicht besonders einfach ausfallen. Sie sind auch im allgemeinen gegen die tägliche Bewegung des Fixsternhimmels gerichtet. Sehr auffällig ist die Helligkeit – selbst der fünf sternförmigen Wandelsterne. Venus, Mars, Jupiter sind – zumindestens zeitweise – heller als alle Fixsterne. Die maximale Helligkeit von Merkur und Saturn wird nur vom Sirius übertrumpft.

6: Der Planet Jupiter als Gott. Jupiter wird als König dargestellt – mit den königlichen Adlern als Zugtieren (Holzschnitt, 1482).

Die fünf sternförmigen Wandelsterne (Merkur, Venus, Mars, Jupiter, Saturn) zeigen im Gegensatz zu den oft flackernden Fixsternen ein ausgeglichenes ruhiges Licht. Alle bewegen sich bei ihrem Wandern ziemlich nahe der jährlichen Bahnlinie der Sonne zwischen den Sternen hindurch, weichen aber charakteristisch bis zu ein paar Grad von dieser ab.

Die mehr oder weniger komplizierten Eigenbewegungen der Wandelsterne gegenüber der 24stündigen Bewegung des Himmels wurden zum eigentlichen Problem der Astronomie seit ihren Anfängen. Wie ließen sie sich möglichst einfach erklären? Einfach hieß aber damals etwas anderes als heute.

Kreisbewegungen etwa galten gerade als besonders ‹einfach›. Im Gegensatz dazu sieht die ‹klassische› Physik im berühmten Axiom Newtons 1687 die geradlinige, gleichförmige Bewegung als ‹einfachstes› Prinzip an!

Sonne und Mond

Die Sonne ist das auffälligste aller Gestirne. Sie wurde als Zeitmarkierung sehr wichtig: das Sonnenjahr als größte Einheit, die Einteilung des Tages in Stunden von Sonnenaufgang bis Sonnenuntergang. Als Licht- und Wärmespender hatte sie in allen Kulturen mehr oder minder zentrale Bedeutung.

Die Sonne erhebt sich im Winter nur sehr niedrig über den Horizont, im Sommer sehr hoch. Ihre tägliche Bahn um die Himmelspole von Ost nach West muß sich also im Laufe eines Jahres von Süden nach Norden und wieder zurück verschieben. Das ist ein Teil der Eigenbewegung des ‹Wandelsterns› Sonne.

Am höchsten steht die Sonne für die Nordhalbkugel der Erde am 21. Juni, am niedrigsten am 22. Dezember. Dementsprechend ist ihre Bahn über dem Horizont (die Tagbahn) am 21. 6. am längsten, am 22. 12. am kürzesten. Am 21. 3. und 23. 9. sind Tages- und Nachtbahn gleich lang (Abb. 7). Diese Daten können sich kurzfristig – von Jahr zu Jahr – und langfristig – in der Geschichte – verändern. So kann der Frühlingsanfang in einem Jahr auch auf den 20. 3. fallen.

Warum können die Jahreszeitenanfänge sich verschieben? *Kurzfristig:* Das Kalenderjahr wird nur in bestimmten Jahresabständen durch einen Schalttag mit dem wahren Sonnenjahr in Übereinstimmung gebracht. *Langfristig:* Der Schnittpunkt Ekliptik/Himmelsäquator bleibt nicht konstant – heliozentrisch gesprochen: die Erdbahnellipse verändert die Lage vor dem Fixsternhimmel. Das verändert auch die Länge der Jahreszeiten. Hipparch und Ptolemäus htten etwa für den Frühling 94½ Tage statt modern 92¾, dagegen für den Sommer nur 92½ statt modern 93½ Tage.[5]

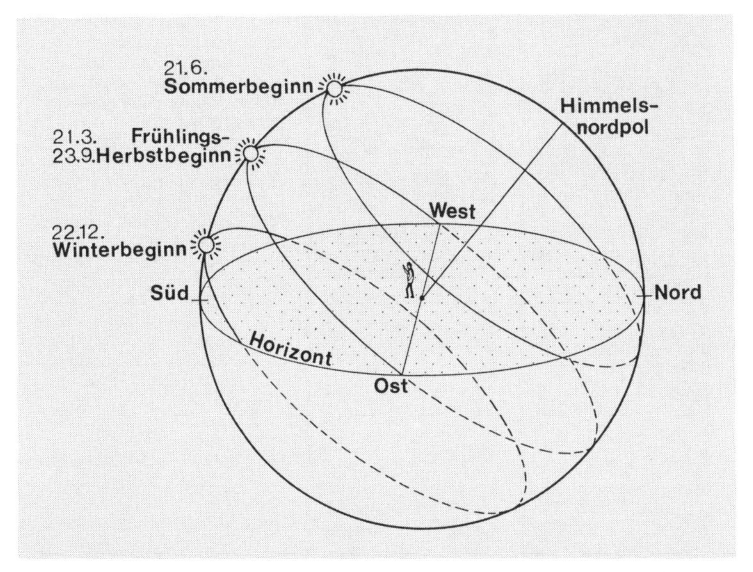

7: Tägliche Sonnenbahnen in den verschiedenen Jahreszeiten. Die Bahnen gelten für unsere Breiten. Zu Winterbeginn ist die Sonne nur noch etwa 18° über dem Horizont, zu Sommerbeginn sind es etwa 64°. Entsprechend unterschiedlich lang ist auch der Tag (–) gegenüber der Nacht (– – –). Nur zu Frühjahrs- bzw. Herbstbeginn sind Tag und Nacht gleich lang, die Sonne geht jetzt genau im Osten auf und genau im Westen unter.

Betrachtet man die Bewegung der Sonne in bezug auf den Nachthimmel, fällt auf, daß im Laufe eines Jahres Tag und Nacht sich so verschieben, daß im Osten immer neue Sternbilder sichtbar werden. Die Sterne brauchen also nicht genau 24 Stunden wie die (mittlere) Sonne für eine tägliche Umdrehung, sondern ein paar Minuten weniger. Zur Erklärung kann man von der 24stündigen Bewegung der Sonne mit dem Sternenhimmel von Ost nach West eine weitere Kreisbewegung von West nach Ost – als Eigenbewegung der Sonne – abziehen, die natürlich ein Jahr dauert und jeden wahren ‹Sonnentag› um ungefähr 4 Minuten länger macht als einen ‹Sterntag›.

Diese jährliche West-Ost-Bahn – die Ekliptik – muß aber zur täglichen Bahn des Himmelsäquators geneigt sein, damit die verschiedenen Höhen der Sonne zu den verschiedenen Jahreszeiten richtig herauskommen.

So ähnlich verliefen die Überlegungen in der griechischen Antike noch vor Eudoxus im 4. Jahrhundert vor Christus. Die Lösung sah also folgendermaßen aus:

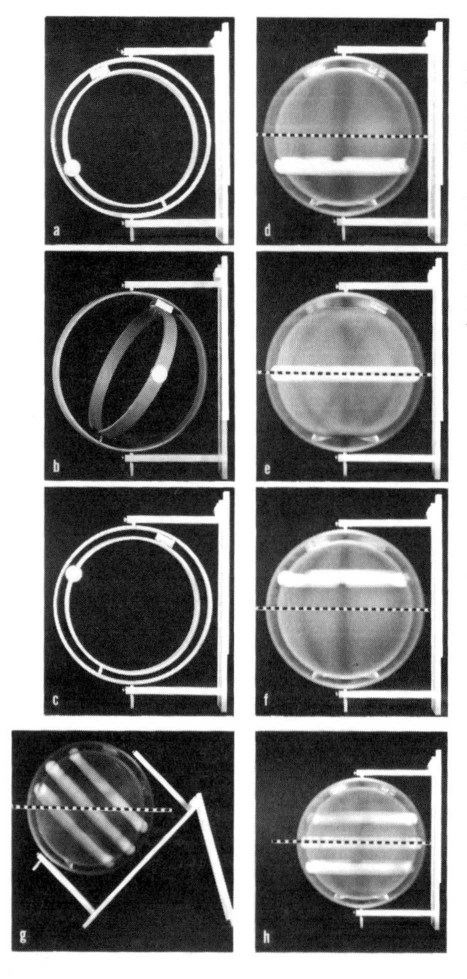

8a–h: Modell zur Darstellung der Sonnenbahnen am Himmel. Der innere Ring soll die jährliche Bewegung der Sonne vorführen, der äußere die Tages- und Nachtbahn. Die Bilder a–c zeigen drei verschiedene Stellungen des inneren Rings, d. h. auch der Sonne darauf, im Laufe eines Jahres. Die Bilder d–f führen die entsprechenden Tagesbahnen durch Drehung des äußeren Rings vor – der innere ist dabei fest an den äußeren gekoppelt. Wir befinden uns am Nordpol. In a, d ist Winteranfang – die Sonne kreist in ihrer tiefsten Stellung unter dem Horizont und geht mehrere Monate nicht auf (Polarnacht). Erst bei Frühlingsanfang (b, e) erreicht sie den Horizont, danach kreist sie mehrere Monate ohne Auf- und Untergang über dem Pol. Bei Sommeranfang (c, f) hat sie ihre höchste Stellung. In Bild h sind die drei Tagesbahnen in einer Aufnahme festgehalten, in Bild g ist das ganze Modell geneigt auf 48°, die Breite von München. Die drei Tagesbahnen der Sonne sind jetzt die gleichen wie in Abb. 7 (vgl. Abb. 14) (Modell im Deutschen Museum, Studienlabor).

Zwei Kreisbewegungen der Sonne:
- eine tägliche von Ost nach West (mit dem Himmel);
- eine jährliche von West nach Ost (als Eigenbewegung) (Abb. 8).

Mit der Ekliptikvorstellung war aber das Problem der ungleich langen Jahreszeiten noch nicht gelöst (Abb. 9)!

Auch beim Mond überlagert sich zur 24stündigen Umdrehung mit dem Himmel eine weitere – mit etwa einmonatiger Periode, einfach sichtbar an der Wiederholung der Mondphasen. Genauer sind es 29,5 Tage. Diese Periode gab dem Mond in den meisten Kulturen ebenfalls große Bedeutung als Zeitmarke.

Zu dieser Eigenbewegung kommt ferner eine deutliche Breitenbewegung zur Ekliptik als zusätzliche Überlagerung von maximal 5° Abweichung. Sie verhindert ja Sonnen- und Mondfinsternisse bei jeder Neumond- bzw. Vollmondstellung. Andere kleine Abweichungen komplizieren die Mondbahn noch weiter.

Der Mond als hellstes Nachtlicht bekam mitunter noch größere mythische Bedeutung als die Sonne. Das galt etwa für die Romantik Anfang des 19. Jahrhunderts, als die Nacht zu einem besonderen Symbol von Geborgenheit und Ruhe in der Natur und in den menschlichen Beziehungen, vor allem der Liebe, wurde.

Der Mond ist der einzige Wandelstern, bei dem Größenschwankungen – als Abstandsveränderungen zur Erde deutbar – mit dem bloßen Auge erkennbar und meßbar sind. Sein Durchmesser kann – bei gleicher Höhe über dem Horizont – bis zu 14 % größer erscheinen (Mondbahntheorien,

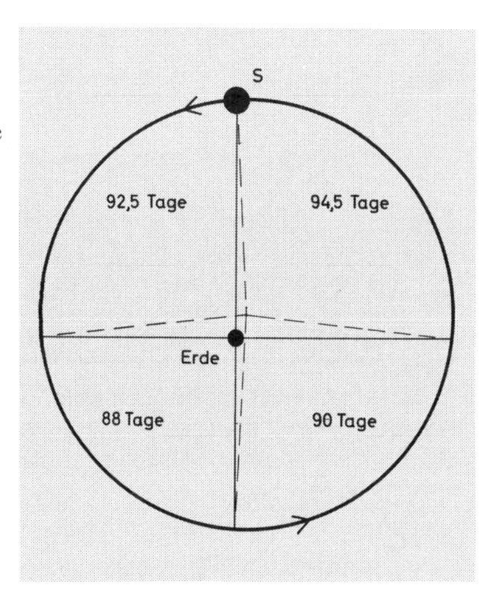

9: Die Erklärung der unterschiedlich langen Jahreszeiten durch Hipparch. Steht die Erde exzentrisch zum Mittelpunkt der angenommenen jährlichen Sonnenbahn, werden die Bogenabstände zwischen den vier besonderen Bahnpunkten (oben Sommeranfang, links Herbstanfang etc.) unterschiedlich groß. Da die Sonne aber mit konstanter Geschwindigkeit kreisen soll, ergibt das verschieden lange Jahreszeiten (damals Sommer 92,5 Tage, Herbst 88 Tage etc.). Als die Araber etwa 800 Jahre später eine Veränderung dieser Längen bemerkten, mußten sie die Stellung der Erde ändern. Die Verbindungsgerade Erde – Mittelpunkt, die ja auf der Sonnenbahn die Punkte größter bzw. geringster Sonnenentfernung berührt, dreht sich also – modern erklärt: Die Erdbahnellipse bleibt nicht konstant gerichtet im Raum.

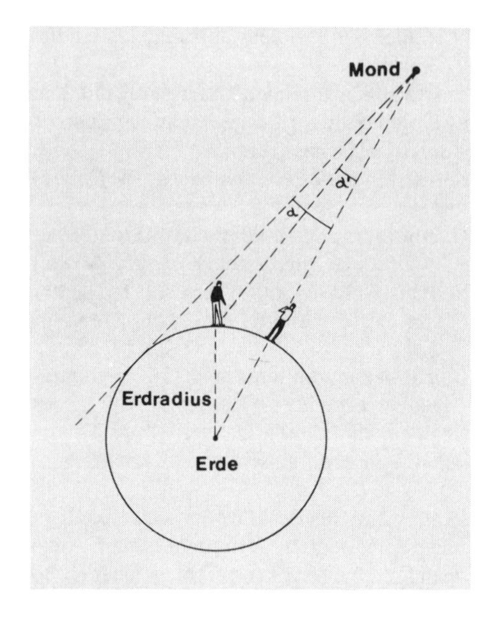

10: Bestimmung der relativen Mondentfernung. Durch Anpeilen von verschiedenen Stellen der Erde aus erhält man die Parallaxe α', d. h. den Winkel, unter dem ein Erdradius vom Mond aus erscheint. Daraus kann die Horizontalparallaxe α, d. h. der größtmögliche Winkel α', bestimmt werden. Es gilt nun:

$$\text{Entfernung Erde bis Mond} = \frac{\text{Erdradius}}{\sin \alpha}$$

Doch haben die Griechen (Hipparch) die Mondentfernung zunächst ganz anders und äußerst raffiniert über Monfinsternisse bestimmt.

s. Kap. 2, Abschn. ‹Ptolemäus – der Himmel wird kompliziert›). Seine Entfernung kann in Einheiten des Erdradius ohne Fernrohr bestimmt werden (Abb. 10).

Die Größenschwankungen des Mondes mußten übrigens von den viel auffälligeren zwischen Zenit- und Horizontstand am Himmel unterschieden werden, die auch bei der Sonne auftreten und die nur als sinnesphysiologische Täuschung erklärbar sind. Beide Gestirne sehen am Horizont viel größer aus als senkrecht über uns.

Die Mondphasen als scheinbare Formänderungen von Vollmond über Viertelmond zu Neumond, stehen in so deutlicher Beziehung zur Sonnenstellung – so zeigt die Öffnung der Sicheln immer von der Sonne weg –, daß schon bald für den Mond selbstverständlich war, daß er sein Licht von der Sonne erhielt. Die weitergehende Annahme des Empedokles (etwa 485–425 v. Chr.), daß auch die Planeten nicht selbstleuchtend seien, wurde nicht allgemein übernommen.[7]

Die auffälligsten Veränderungen bei Sonne und Mond waren ihre teilweisen (partiellen) oder vollständigen (totalen) Verfinsterungen in scheinbar unregelmäßiger Folge (Abb. 11). Das Zeitdatum dieser Verfinsterungen erwies sich bei längerer genauerer Beobachtung als kalkulierbar, zum Teil schon in der babylonischen Astronomie. So wiederholt sich

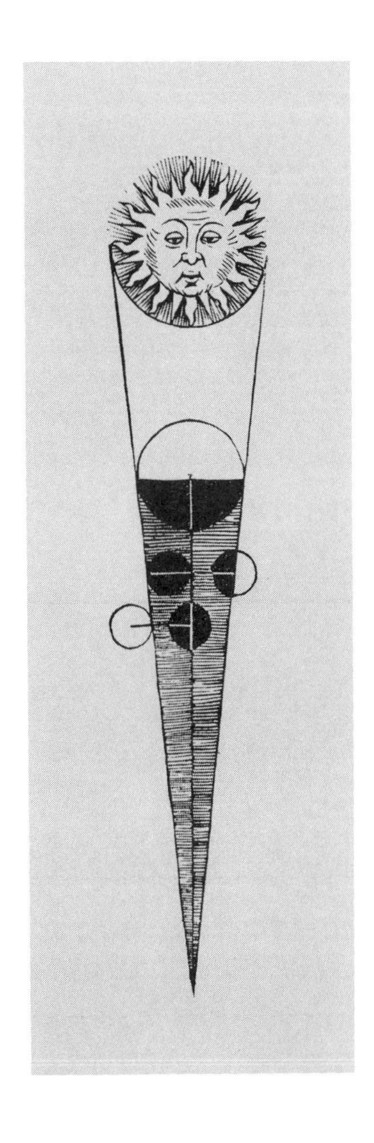

11: Mondfinsternis. Der schraffierte Teil ist der Kernschatten (umbra) der Erde. Taucht der Mond in ihn ganz ein, wird er vollständig verfinstert (schwarz). Die Abstände und Größenverhältnisse stimmen natürlich nicht (Holzschnitt, 1542).

zum Beispiel die Abfolge der Finsternisse in etwa einem Achtzehn-Jahre-Zyklus, dem sogenannten Saros-Zyklus. Die wohl erste richtige Erklärung von Sonnenfinsternissen findet man bei Empedokles im 5. Jahrhundert v. Chr.

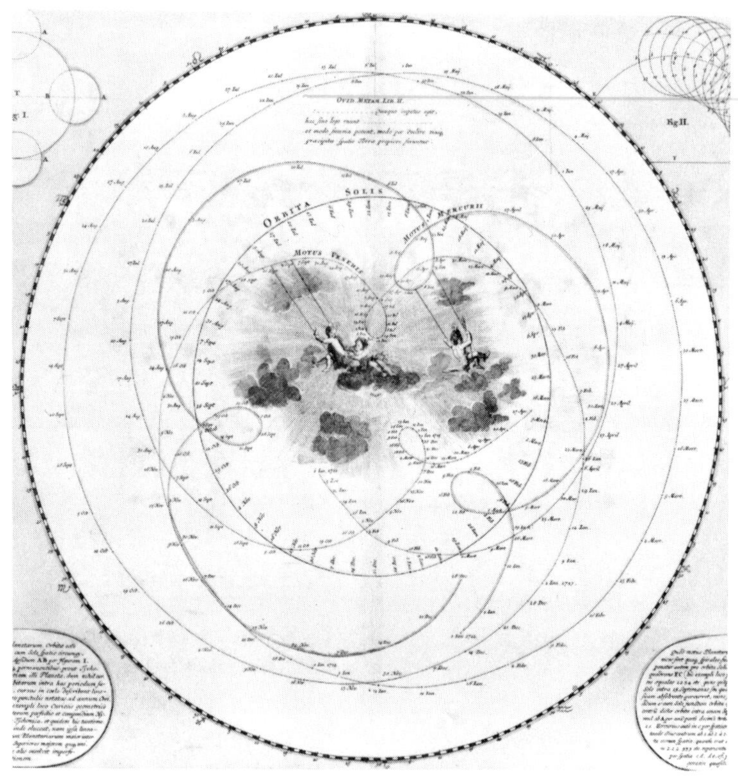

12: Schleifenbahnen von Venus und Merkur, von außerhalb des Sonnensystems betrachtet. Hier ist die Erde als Weltallzentrum in Ruhe, so daß die – scheinbaren – Schleifen so entstehen, wie sie von der Erde aus beobachtbar sind. Man blickt in der Abbildung jedoch von oben auf das Sonnensystem, erkennt also nur die Längenbewegung in der Ekliptikebene.
Die Aufsicht zeigt sehr schön, daß die Schleifen immer rückläufig zur Sonnenbewegung (orbita solis) und damit zur normalen Planetenbewegung stattfinden, wenn man die Beobachtungsdaten in Wochenabständen vergleicht. Man erkennt auch, daß die Rückläufe immer in größter Nähe zum Sonnenstand erfolgen (in ‹Konjunktion›) und deshalb bei diesen zwei Planeten schlecht beobachtbar sind. Diese stehen dann außerdem der Erde am nächsten (‹untere› Konjunktion), wobei der Merkur nicht so weit herantritt (und wegläuft) wie die Venus. Merkur und Venus kreisen nach dieser Vorstellung um die Sonne und mit dieser um die ruhende Erde. Es ist das Weltsystem des Tycho Brahe kurz vor 1600 (kolorierter Kupferstich, 1742).

Die sternförmigen Wandelsterne Merkur, Venus, Mars, Jupiter, Saturn

Merkur und Venus haben eine ganz besondere Eigenheit, die schon in Babylonien auffiel: Sie bleiben immer in der Nähe der Sonne, sind also nur kurz vor Sonnenaufgang oder kurz nach Sonnenuntergang zu beobachten.

Man erhält ihre Pendelbahn um die Sonne, wenn man in konstanten Zeitabständen, etwa alle fünf Nächte, ihren Platz unter den Fixsternen vermißt. Hier ist ganz deutlich der täglichen Bewegung des Himmels und der jährlichen der Sonne auf der Ekliptik, die sie beide mitmachen, noch eine weitere überlagert. Dazu kommt wie beim Mond eine Breitenbewegung um die Ekliptik, die bei Venus am stärksten von allen Wandelsternen ist – laut Ptolemäus maximal etwa 6°, nach modernem Wissen über 8°. Sie macht aus dem Hin- und Herpendeln um die Sonne richtige Schleifenbewegungen (Abb. 12).

Merkur hält dabei so geringen Abstand zur Sonne – maximal etwa 27° – und ist so lichtschwach, daß er schlecht zu beobachten ist. Sein sehr schnelles Pendeln um die Sonne brachte ihm den Namen des Götterboten ein. Venus dagegen – maximal 48° von der Sonne entfernt – ist der hellste Stern am Himmel, deshalb der Name der Schönheitsgöttin.

Sie wird mitunter als erster Stern am Abendhimmel sichtbar und kann dann einige Stunden strahlen (‹Abendstern›, lateinisch Vesper), oder sie verlöscht bei aufhellendem Morgenhimmel als letzter Stern und kündet damit die Sonne an (‹Morgenstern›, lateinisch Luzifer = Lichtbringer).

Venus schwankt in ihrer Helligkeit sehr auffällig. Zwar gibt es Hinweise auf Helligkeitsschwankungen als Größenveränderungen der Planeten in der Antike,[8] doch sind keine genaueren Daten überliefert. Sorgfältiger beobachtet wurden allerdings die seltsamen Geschwindigkeitsänderungen gerade der Venus bei ihren Bewegungen. Sie braucht etwa vom größten östlichen Abstand zur Sonne bis zum größten westlichen 144 Tage, in umgekehrter Richtung aber 440 Tage!

Im Gegensatz zu Merkur und Venus können Mars, Jupiter und Saturn jeden beliebigen Winkelabstand zur Sonne einnehmen, also z. B. auch um Mitternacht genau im Süden am höchsten stehen, d. h. ‹kulminieren›. Dann ist die Sonne hinter der Erde auf ihrem tiefsten Punkt der Nachtbahn.

Der Planet hat nun 180° Abstand zur Sonne, er steht in ‹Opposition›. Besonders auffällig, da immer in Opposition auftretend und deshalb nicht durch Sonnennähe getrübt, sind bei diesen drei Planeten die eigentümlichen Stillstände, Rückläufe, meist mit deutlichen Schleifenbewegungen am Fixsternhimmel (Abb. 13).

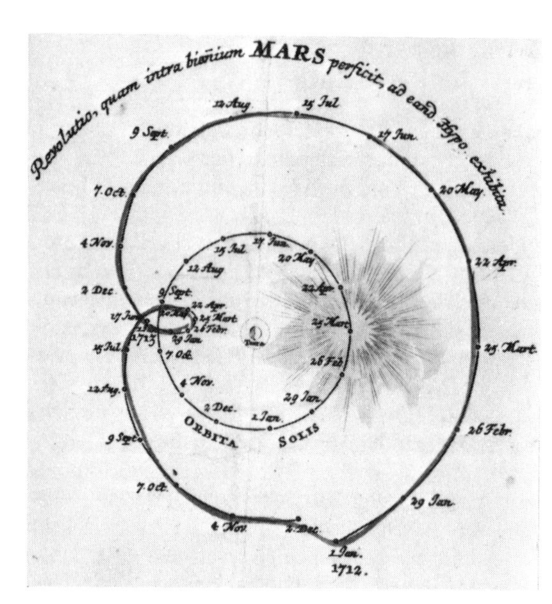

13: Schleife des Mars, von außerhalb des Sonnensystems betrachtet. Die Darstellung ist dieselbe wie in Abb. 12. Doch erkennt man hier im Gegensatz zu Venus und Merkur, daß Marsschleifen – wie auch die von Jupiter und Saturn – immer in größtem Abstand zur Sonnenstellung (= 180° oder ‹Opposition›) stattfinden (kolorierter Kupferstich, 1742).

Die Unterscheidung aller Wandelsterne von den Fixsternen ist in der griechischen Antike ab ca. 450 v. Chr. als wahrscheinlich anzunehmen. Bei den Babyloniern lassen sich aber z. B. Venus-Ortsbestimmungen schon 1000 Jahre vorher nachweisen.

Kinematik und Dynamik – ein wichtiger Unterschied zwischen Antike und Neuzeit

Es gab noch viele weitere Probleme, die die Himmelsbeobachtungen mit bloßem Auge in der Antike aufwarfen. Doch blieben es im wesentlichen Probleme von Gestirnsbewegungen. Die meisten Beobachtungen wurden sehr schnell als Folgen solcher Bewegungen erklärt, z. B. die Mondphasen. Eine Ausnahme bildete die Gestirnsfärbung. Hier gab es interessanterweise erst im 19. Jahrhundert einen Versuch, sie nur durch Bewegung zu erklären, durch Christian Doppler ab 1842, mit seinem Dopplerschen Prinzip, nach dem jede Bewegung eines ‹Senders› zur Frequenzverschiebung der ausgesendeten Wellen und damit zur Farbänderung bei Lichtwellen führen muß.[9] Die Entwicklung der Spektralanalyse ab 1859 zeigte, daß der Schluß nur für eine leichte Farbverschiebung von Spektrallinien, nicht für die Grundfärbung des Sternenlichts richtig war.

Die Bewegungen der Gestirne wiederholten sich in bestimmter einfacherer oder komplizierterer Regelmäßigkeit. Phänomene, die aus dieser Regelmäßigkeit scheinbar ganz herausfielen – z. B. die Kometen, sie kamen und verschwanden wieder –, wurden meist als Himmelserscheinungen überhaupt geleugnet und zwischen Erde und Mond in der ‹sublunaren› Sphäre angeordnet, die der Erde verwandt war.

Ein wichtiges Problem war also, Gestirnsbewegungen zu beschreiben, eine Kinematik (griechisch kinesis = Bewegung) des Himmels zu entwerfen. Das ist die unserer Physik verständlichste Seite der antiken astronomischen Beschäftigung – vor allem weil mit der Euklidischen Geometrie ein Rüstzeug zur Verfügung stand, das auch heute noch verwendet wird. Diese Kinematik konnte aber im modernen Sinn gar nicht vollständig sein, schon weil die Erfassung der Entfernungen der sieben Wandelsterne (ausgenommen beim Mond) gar nicht möglich war. Nicht einmal die richtige Reihenfolge nach dem Mond war eindeutig festzulegen.

Ein weiteres wichtiges Problem war aber die Frage nach den Ursachen dieser Bewegungen, und das führte keineswegs zu einer Dynamik (griechisch dynamis = Kraft) im Sinne der uns heute bekannten klassischen Physik, die für Erde und Himmel dieselben Gesetze hat. Das war ja das Revolutionäre an Newtons Mechanik 1687.

In der Antike galt irdische Physik nur für die Erde und eine völlig andere, ‹Himmelsphysik› für den Himmel. Es gab also unterschiedliche ‹Dynamiken›: für den Himmel die der fixen Sphären, in denen die Wandelsterne (und die Fixsterne) befestigt waren. So konnte gar keine Frage aufkommen, welche ‹Kraft› sie auf den Bahnen hielt, höchstens die Frage, was die Sphären bewegte. Die neuzeitliche Physik ab dem 17. Jahrhundert baute vor allem mit den Begriffen Kraft (astronomisch: Gravitationskraft der großen Masse) und Trägheit ein Erklärungssystem auf, das dem antiken völlig fremd war. Uns bereitet es deshalb einiges Kopfzerbrechen, die antike Problematik wirklich zu verstehen. Diese Anstrengung ist aber aus mehreren Gründen auch für das Zeitalter der Weltraumfahrt recht nützlich, denn:

– Ursachenerklärung und geometrische Beschreibung waren auch in der Antike nicht unabhängig voneinander. Beide waren vielmehr stark miteinander verwoben, so daß jeder Zweifel am einen das andere in Einsturzgefahr brachte – ein großes Hindernis für jede Kritik.

– Phänomene werden auch heute, wenn sie in das ansonsten gut bewährte System nicht passen, einfach an den Rand gedrängt, obwohl sie gerade später meist Ausgangspunkt für andersartige Erklärungen sind (z. B. die Kometen, die ‹Neuen Sterne›) – wobei dieses An-den-Rand-Drängen meist nicht bewußt ist. Sie sind einfach unter den Vorstellungsmöglichkeiten des Gesamtsystems unbedeutend.

– Es gab in der Antike keine Astrophysik im modernen Sinne, die also mehr war als nur Himmelsmechanik, weil es keine Instrumente dafür gab, weil diese auch gar nicht als Beweismittel angesehen worden wären.

2. Sonne oder Erde – wo ist das Zentrum der Welt?

Die Erklärung von Bewegungen hängt vom Betrachtungsort ab, genauer: vom Koordinatensystem, das der Betrachter benutzt. Von einem fahrenden Schiff etwa beim Auslaufen aus dem Hafen sieht man ein zweites «zurückgleiten», obwohl es – im Vergleich zum Land – ruht, während ein Beobachter auf dem ruhenden Schiff natürlich das andere fahren sieht. Schon die Antike, auch außereuropäische Kulturkreise, brachten dieses Beispiel, das zeigte, wie wesentlich man durch Ruhe und Bewegung getäuscht werden kann. Die Scholastik schloß später daraus, daß rational nicht entschieden werden könne, ob sich der Fixsternhimmel oder statt dessen die Erde drehe.

Auch Copernicus war sich dieser Relativität bewußt, doch glaubte er, andere Gründe für die ruhende Sonne zu haben.

Die Physiker ab Newton waren überzeugt, mit den Kraftwirkungen eindeutige Beobachtungsgründe zumindest für die Rotation der Erde zu haben. Hier zeigte die Einsteinsche Relativitätstheorie nach 1900, daß die Bewegungen der Erde zwar als Modell am einfachsten handhabbar bleiben, doch nicht unbedingt Wirklichkeit sein müssen. Um so interessanter die Fragen: Aus welchen Gründen zogen die Antike und die Neuzeit bis zu Copernicus die ruhende Erde vor? Welche Ergebnisse und Probleme gab es dabei?

Eudoxus – die Erde ist genauer Mittelpunkt der Welt (4. Jahrhundert v. Chr.)

Wie über viele große Geister der Antike, wissen wir auch über Eudoxus recht wenig. Er stammte aus Knidos in Kleinasien und lebte von ca. 400 vor bis ca. 350 v. Chr. Das war schon nach der klassischen Blüte Griechenlands in Politik, Kunst und Philosophie im 5. Jahrhundert v. Chr., die uns solche berühmten Namen wie Perikles als Staatsmann, Phidias als Bildhauer und Sokrates als Philosoph brachte. Doch gab es ja in Kunst und Philosophie noch spätere Höhepunkte – etwa Aristoteles im 4. Jahrhundert.

Eudoxus war möglicherweise weit mehr als nur Astronom und Mathematiker im heutigen Sinne. So hat er sich offenbar für die Lösung mathematischer Fragen durch Apparate und Experimente eingesetzt, ein ungeheurer Frevel für die reine Geometrie der Griechen! Vielleicht war er also auch Ingenieur? Das würde seine astronomische Bedeutung noch interessanter machen.

Von ihm ist nämlich das älteste geometrisch-mechanische System des Himmels überliefert, das versuchte, allen vorhandenen – soweit wir wissen – Beobachtungen gerecht zu werden. Dieses System läßt sich recht einfach in Form eines Planetariums ‹experimentell› überprüfen.

Der entscheidende Schritt von Eudoxus bedeutete zwar zunächst ein Zurückbleiben hinter der Genauigkeit der einfach nur rechnenden Babylonier, war aber auf die Dauer fruchtbarer. Wesentlich dafür wurde der höhere Abstraktionsgrad:

– Kreise, wie Himmelsäquator, Ekliptik etc., die jetzt eingeführt wurden, kann man am Himmel nicht sehen, und schon gar nicht die wirkliche Bewegung der Wandelsterne als Zusammensetzung der Einzelbewegungen dieser Kreise erkennen.

– Sphärische Geometrie, die zur mathematischen Behandlung erforderlich war, war wesentlich komplexer als arithmetische Schlußfolgerungen aus einzelnen Beobachtungsdaten.

Bei Eudoxus wurden zwei Forderungen verwirklicht, die für die gesamte Antike bis zum Beginn der Neuzeit – einschließlich Copernicus – gültig blieben:

– Die Gestirne müssen sich auf Kreisen um die Erde bewegen.

– Die Bewegung dieser Kreise muß mit konstanter Geschwindigkeit erfolgen.

Wie weit diese Forderungen schon für Eudoxus verbindlich waren, ob sie nun von Plato stammen, ob sie vor oder nach der Konzipierung des Eudoxischen Systems prägnant formuliert wurden, ist umstritten.[10]

Sie haben auf jeden Fall ihre Wurzel im allgemeinen griechischen Verständnis von Einfachheit und Harmonie. So konnte nur eine Kreisbewegung vollkommen ausgewogen und ewig sein.

Dieses Verständnis hing wiederum eng mit der Entwicklung von exakter Wissenschaft, zunächst von Geometrie und deren symbolischer Bedeutung zusammen.

Die Entwicklung der axiomatischen Grundlagen der klassischen Geometrie dauerte etwa vom 5. Jahrhundert bis zu Euklid um 300 v. Chr. Die Geometrie wurde damit zur ‹Modellwissenschaft› weit über den heutigen Bereich von Wissenschaft hinaus auch für Vorstellungen in der Philosophie, Kunst und Politik. Damit erhielten also geometrische Figuren einen besonderen Symbolwert. Für Plato war die Kugel die ‹schönste und vollkommenste› Form und deshalb wegen der Göttlichkeit der Welt die einzig mögliche für diese. Andererseits ist nicht zu leugnen, daß sich der Kreis zur Erklärung der Form der Himmelsbewegungen zum Teil unmittelbar aufdrängte und so seine Funktion in der Geometrie unterstützt wurde.

14: Sonnenbewegung nach Eudoxus. Der sichtbare innere Ring mit der Sonne soll nach Eudoxus eine ganze Kugelschale (Sphäre) sein, die sich unsichtbar um die Erde dreht und dabei die Sonne in jährlicher Bewegung herumträgt. Ihr Äquator entspricht der Ekliptik. Der äußere Ring entspricht einer weiteren Kugelschale mit täglicher Periode, deren Äquator folglich dem Himmelsäquator. Der eingezeichnete Beobachter hat den Himmelspol senkrecht über sich, muß also auf dem Erdpol stehen. Sein Horizont fällt mit dem Himmelsäquator zusammen. Die gesamte Sonnenbewegung entsteht nun genauso, wie mit dem Modell in Abb. 8 schon vorgeführt wurde.

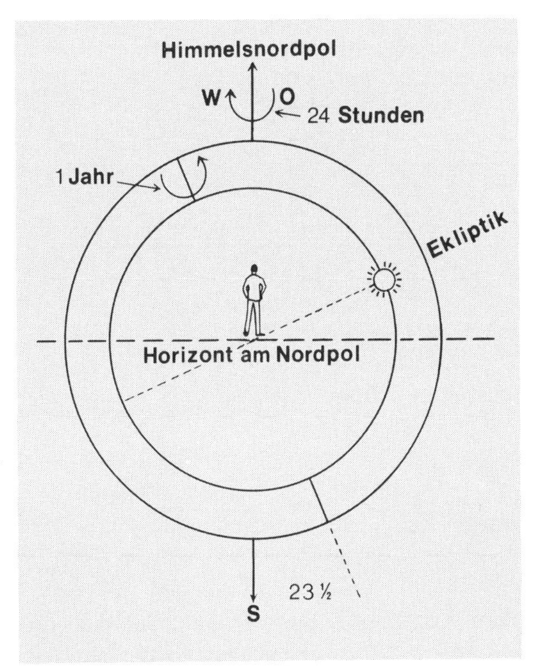

Wie sah nun das Eudoxische Weltsystem aus?

Der Fixsternhimmel war ja schon länger als eine Kugelfläche (Sphäre) aufgefaßt worden, an der die Fixsterne befestigt waren und die sich in 24 Stunden gleichmäßig um ihre Achse drehte.

Die Beobachtungen zwangen Eudoxus, bei Sonne und Mond mindestens zwei solcher Sphären für jeden Himmelskörper anzusetzen: für die Sonne eine Sphäre mit täglicher Periode, eine mit jährlicher Periode (Abb. 14); für den Mond eine Sphäre mit täglicher Periode, eine mit monatlicher Periode von 29,5 Tagen. Die Achsen dieser Sphären mußten entsprechend der Neigung des Himmelsäquators zur Ekliptik einen Winkel von 23,5° zueinander bilden.

Eudoxus berücksichtigte nun beim Mond auch die Breitenbewegung (maximal 5°) zur Ekliptik, wozu er eine dritte Sphäre in die ersten zwei schachtelte (Abb. 15). Würden die Schnittpunkte dieser Sphäre der Breitenbewegung mit der Ekliptik, die ‹Mondknoten›, immer gleich bleiben, hätte die dritte Sphäre die gleiche Geschwindigkeit wie die zweite. Dann wäre sie aber überflüssig und durch eine entsprechende Zusatzneigung der zweiten Sphäre um 5° zu ersetzen! In der Tat wollte jedoch seine

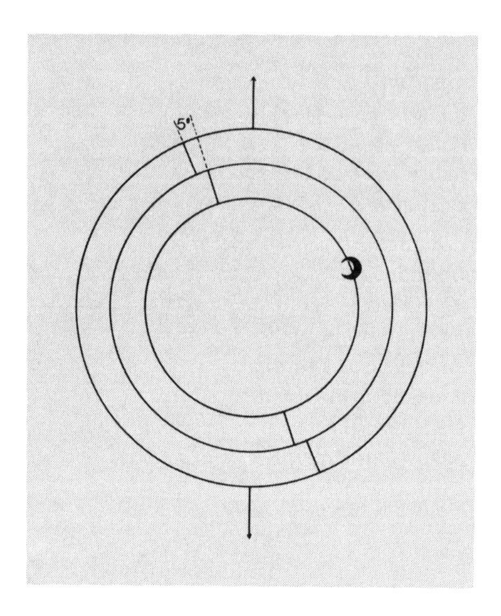

15: Mondbewegung nach Eudoxus. Zu den zwei Ringen, also Kugelschalen, die der Sonnenbewegung entsprechen – die zweite nur mit monatlicher Periode –, kommt noch innen eine dritte hinzu, um die Schwankung des darauf befestigten Mondes um die Ekliptik, maximal 5°, zu erklären.

Theorie die Periode dieser Mondknotenwanderung entlang der Ekliptik von 18,6 Jahren berücksichtigen. Das ging aber nur, wenn die zweite Sphäre sich von Ost nach West in 18,6 Jahren drehte und die dritte von West nach Ost in 27,2 Tagen. 27,2 Tage ist die Zeitdauer zwischen zwei Durchgängen durch einen Knoten.[11]

Auch bei der Sonne wurde – unnötigerweise – von Eudoxus eine dritte Sphäre für Breitenbewegung angenommen. Das ist eigentlich zunächst ein Problem der Definition der Ekliptik, doch könnte diese Interpretation durch die vorhandene Breitenbewegung aller sonstiger Wandelsterne nahegelegt worden sein.[12]

Das entscheidend Neue im Eudoxischen System war die Erklärung der Stillstände und Rückwärtsbewegungen der fünf sternförmigen Wandelsterne, nämlich von Merkur, Venus, Mars, Jupiter und Saturn. Die Gesamtbewegung wurde dabei aus vier Sphären zusammengesetzt (Abb. 16).

– Die *äußeren zwei Sphären* waren dieselben wie bei der Sonne. Doch dauerte hier ein Umlauf der zweiten Sphäre, d. h. eine vollständige Bewegung des betreffenden Planeten durch den Tierkreis der Ekliptik, nur bei Venus und Merkur ein Jahr wie bei der Sonne. Man nannte diese Zeit siderische Umlaufszeit (von Sidus = Fixstern als Vergleichsmarke). Die Werte in der Antike entsprachen bei den äußeren Planeten in etwa den modernen Werten für die Umlaufszeit um die Sonne.

Die äußeren zwei Sphären

Die darauffolgende dritte Sphäre

Die vierte und innerste Sphäre

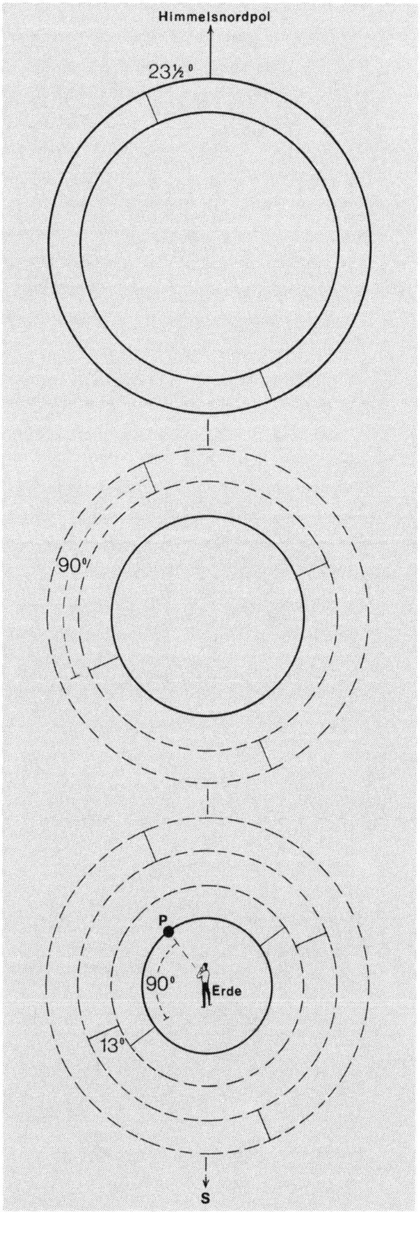

Himmelsnordpol

23½°

90°

P

90°

Erde

13°

S

16: Die Bewegungen von Merkur, Venus, Mars, Jupiter und Saturn nach Eudoxus. Hier benötigte Eudoxus vier Kugelschalen für jeden Planeten. Auf der innersten war der Planet befestigt.

– Die darauffolgende *dritte Sphäre* jedes Planeten hatte ihre Pole im Äquator der vorhergehenden, d. h. in der Ekliptik. Sie drehte sich wie die zweite – aber senkrecht zu ihr – von West nach Ost. Die Umlaufszeit entsprach der Zeit eines gleichen Bogenabstandes zur Sonne, z. B. von

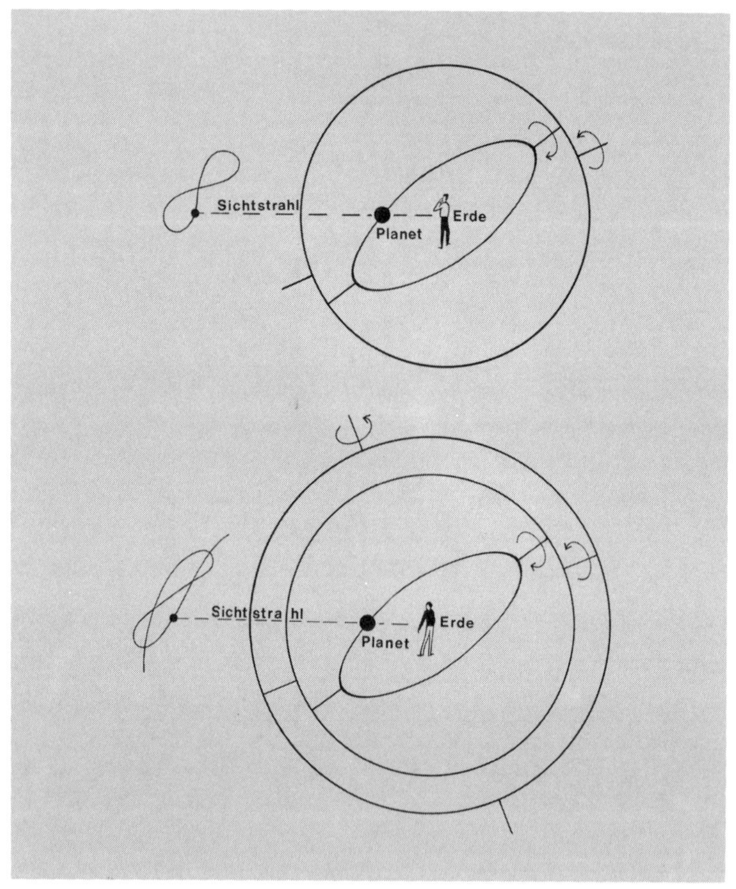

17: Die Entstehung der Planetenschleifen nach Eudoxus. Drehen sich zwei Kugelschalen – hier als Ringe sichtbar – mit entgegengesetzt gleicher Geschwindigkeit um etwas zueinander geneigte Achsen, so beschreibt ein auf der inneren Schale befestigter ‹Planet› eine Acht (oben). Fügt man noch eine dritte Schale außen hinzu, wird die Acht zu einer Schleifenbahn auseinandergezogen (unten), wie sie z. B. bei Jupiter beobachtbar ist. Allerdings entsteht – im Widerspruch zur Wirklichkeit – immer die gleiche Schleifenform.

Opposition zu Opposition. Das war die synodische Umlaufszeit (von Synodos = Zusammenlauf, hier natürlich Zusammenlauf mit der Sonne gemeint).

– Die *vierte und innerste Sphäre* trug den Planeten auf ihrem Äquator und hatte eine bestimmte Neigung zur dritten. Diese Neigung war für jeden Planeten verschieden – Genaueres weiß man nicht. Sie drehte sich mit derselben Geschwindigkeit wie die dritte Sphäre, aber in die entgegengesetzte Richtung.

Die dritte und vierte Sphäre, allein betrachtet, erzeugen eine sogenannte Lemniskate, eine Art liegende Acht, die Eudoxus ‹Hippopede› (Pferdefußfessel) genannt haben soll (Abb. 17).

Diese Figur wird durch die Bewegung der zweiten Sphäre, durch die Bewegung der Planeten in der Ekliptik, zu den charakteristischen beobachtbaren Schleifenbewegungen am Himmel auseinandergezogen.

Wählt man die Neigung der vierten Sphäre zur dritten für Saturn zu 6½° und für Jupiter zu 12½°, so erhält man mit 7° bzw. 10° ungefähr die beobachtbaren Rückläufigkeitsbereiche. Diese Werte entstehen aus der Kopplung von Hippopedebewegung (dritte und vierte Sphäre) mit der siderischen Bewegung (zweite Sphäre).[13]

Übrigens gibt es solche Hippopeden wirklich beobachtbar am Himmel – und nicht nur als unsichtbaren Modellteil einer antiken Gedankenkonstruktion! Synchronsatelliten über der Erde, wie es sie seit einiger Zeit als Nachrichtenüberträger gibt, beschreiben – geozentrisch gesehen – tatsächlich Hippopeden am Himmel, sofern ihre Bahnebene zur Äquatorebene geneigt ist (Abb. 18).

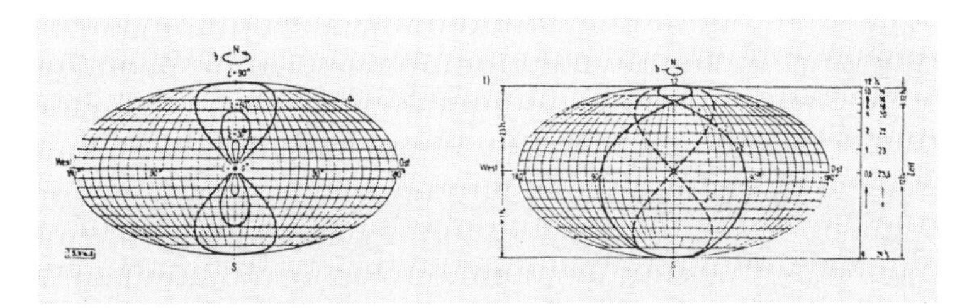

18: Scheinbare Schleifen eines Synchronsatelliten 36000 km über der Erdoberfläche. Hier setzen sich Eigenbewegung des Satelliten und scheinbare tägliche Rotation des Himmels, die ja bei einem Synchronsatelliten ebenfalls entgegengesetzt gleiche Werte haben müssen, zusammen. Ein wirklicher Synchronsatellit liegt nur vor, wenn Satellitenbahn und Erdäquator keinerlei Neigung zueinander haben (i = 0), dann steht der Satellit scheinbar still. In allen anderen Fällen entstehen – von der Erde aus gesehen – Eudoxische Schleifen (links). Wählt man statt der Kreisbahn mit Neigung i = 90° des Satelliten eine elliptische mit der größten Entfernung über dem Nordpol (hier 76600 km), hat man einen Satelliten, der sich längere Zeit dort aufhält (rechts). Die kleine Schleife am oberen Bildrand entspricht dann zwölf Stunden (Graphiken, 1966).

Das System des Eudoxus hatte gravierende Fehler: Bei Mars und Venus ist es ganz unmöglich, auch nur ungefähre Übereinstimmung mit den Beobachtungen zu bekommen. So treten bei Mars mit der von Eudoxus benutzten dreifach zu kleinen synodischen Umlaufszeit Schleifen an unmöglichen Stellen der Bahn auf, bzw. bei richtig angenommener synodischer Umlaufszeit überhaupt keine Schleifen. Letzteres gilt auch für Venus.

Ferner ergab sich: Alle Schleifen auf der Bahn eines Planeten waren einander gleich, nicht verschieden wie in Wirklichkeit. Da sich die zweite Sphäre auch mit gleichförmiger Geschwindigkeit bewegte, konnten bestimmte Anomalien von vornherein nicht berücksichtigt werden. Das galt besonders für die ungleich langen Jahreszeiten, wie sie die Sonnenbewegung verursachte, ferner für die ungleichförmige Längenbewegung und den deutlich ungleichen Abstand des Mondes zur Erde. Auch die Geschwindigkeitsänderungen der Venus blieben unerklärlich.

Die Helligkeitsschwankungen der Planeten dagegen, vor allem bei Venus und Mars, wenn sie wirklich genauer zur Kenntnis genommen wurden, hätte man auch durch Annahme schwankender Lichtausstrahlung erklären können.

Zur Verbesserung komplizierte Kallippus noch im gleichen 4. Jahrhundert v. Chr. das Eudoxische System. Er addierte bei Sonne und Mond je zwei weitere Sphären, bei Merkur, Venus, Mars je eine. Damit gelang es ihm möglicherweise, bei allen Planeten Verzögerungen und Beschleunigungen auf ihrer Bahn durch die Ekliptik brauchbar darzustellen.

Ein weiterer Veränderungsvorschlag kam kurz darauf von Aristoteles (384–322 v. Chr.). Dieser addierte zu den Sphären des Kallippus mit Ausnahme des Mondes weitere – jeweils eine weniger als bei Kallippus schon vorhanden. Sie sollten den Einfluß der Bewegung des jeweils vorhergehenden Planeten, bis auf dessen tägliche Bewegung, genau ausgleichen.

Die Gesamtzahl der Sphären – einschließlich Fixsternsphäre – war bis Aristoteles erheblich angewachsen: Eudoxus 27 Sphären; Kallippus 34 Sphären, Aristoteles 56 Sphären.[14]

Unabhängig von seiner Problematik erhielt dieses Modell der ‹homozentrischen› Sphären durch die Übernahme bei Aristoteles große historische Wirkung – nicht für die berechnende Astronomie, hier wurde es durch Ptolemäus endgültig überwunden, aber für die gesamte ‹Himmelsphysik› bis zum Beginn der Neuzeit.

Ptolemäus – der Himmel wird kompliziert (2. Jahrhundert n. Chr.)

Während der politische Stern Griechenlands immer weiter sank – ab 200 v. Chr. war Rom entscheidende Macht auch im östlichen Mittelmeer –, blieb der Einfluß griechischer Kultur ungebrochen. Und diese Kultur entwickelte sich an den verschiedenen Schauplätzen des Mittelmeers weiter! Für die Wissenschaft hieß ab etwa 300 v. Chr. das bedeutendste Zentrum Alexandria in Ägypten. In ihm wirkte der Mathematiker Apollonius aus Perga vor 200 v. Chr., dem der viel spätere Ptolemäus die Epizykeltheorie zu danken hatte. Auch Hipparch aus Nicäa, der hauptsächlich in Rhodos tätig war, stellte in Alexandria nach 160 v. Chr. astronomische Beobachtungen an. Er löste das Problem der ungleichen Jahreszeitenlängen durch eine exzentrische Bahn der Sonne, bei der die Erde also nicht mehr exakt Mittelpunkt war. Der größte Teil des astronomischen Werks von Ptolemäus sehr viel später, um 150 n. Chr. – als Griechenland sowohl politisch wie künstlerisch schon längst in Rom aufgegangen war –, basierte auf Hipparchs Genius. Die Durchdringung des römischen Weltreichs mit griechischem Kulturgut erlaubte also zumindest in der Wissenschaft noch weitere Blüten, deren Beziehung zu römischen technisch-wirtschaftlichen Interessen aber zaghaft blieb. Über Ptolemäus (Abb. 19) persönlich wissen wir ebenfalls wenig: Er war geborener Ägypter, wirkte in Alexandrien und starb nach 160 n. Chr.

Seine ‹Mathematische Abhandlung› über Astronomie, durch Titelverzerrung der Araber als ‹Almagest› berühmt geworden, hat 1400 Jahre abendländischer Himmelskunde geprägt. Und ihre Lösungen waren wirklich befriedigend (mit Ausnahmen) für die Ansprüche der Beobachtungsgenauigkeit bis in die frühe Neuzeit.

In der geometrischen Beschreibung der Himmelsbewegungen gab es bei Ptolemäus drei wesentliche Unterschiede zu Eudoxus:

- die Verwendung des *Epizykels* nach Apollonius, d. h. eines Aufkreises auf einem Grundkreis um die Erde,
- des *Exzenters* nach Hipparch,
- schließlich des *Äquanten,* d. h. eines zusätzlichen Ausgleichspunktes, bezüglich dem die Geschwindigkeit des Wandelsterns konstant erschien.

Bei allen drei Lösungen konnte die Erde nicht mehr genauer Mittelpunkt der Bewegungen sein. Trotzdem wurde am Prinzip materieller Kugelsphären festgehalten, auf denen die Sterne mitgeführt wurden.

Epizykel und ‹Anomalien› am Himmel

Damit wurden die zwei Hauptprobleme der Planetenbewegung angegangen, wie sie sich in der Abweichung von ihrer regelmäßigen siderischen

19: Ptolemäus bei der Himmelsbeobachtung mit einem Quadranten. Durch Anvisieren von Sternen mittels der zwei sichtbaren ‹Ösen› an dem Quadranten bestimmt er Sternhöhen. Es fehlt jedoch die nötige Markierung der Senkrechten am Quadranten – etwa durch ein von der Spitze herabhängendes Bleilot. Links unten ist eine Armillarsphäre sichtbar, die als Meß- und als Demonstrationsinstrument (Planetarium) verwendet werden konnte. Ptolemäus wurde meist als König dargestellt, da er fälschlich dem Geschlecht der Ptolemäer, Herrschern in der Nachfolge Alexanders des Großen, zugerechnet wurde. Hinter ihm steht die Astronomie als allegorische Frauengestalt (Holzschnitt, 1512).

Periode zeigten, das heißt ihrer Kreisbewegung mit der Ekliptik. Diese Abweichungen wurden jetzt klar eingeteilt in:

– Die erste Anomalie. Sie entspricht modern der Abweichung der elliptischen Bewegung der Planeten um die Sonne von einer Kreisbahn. Hier stecken also auch die ungleich langen Jahreszeiten drin!

– Die zweite Anomalie. Das war die Rückläufigkeit – sie ergibt sich modern aus der Relativbewegung zwischen Erde und Planet. Sie erfolgt in synodischer Periode.

Dazu kamen verschiedene andere Abweichungen wie Breitenbewegungen und spezielle Mondbewegungen. Zur Erklärung der zweiten Anomalie – der Rückläufigkeit und Schleifenbildung – verwendete Ptolemäus zum Beispiel die Epizykeltheorie. Auf dem Grundkreis der Planetenbewegung um die Erde wurde ein kleiner ‹Aufkreis› mitgeführt (Abb. 20). Seine Eigenrotation ging in die gleiche Richtung wie die des Grundkreises (Abb. 21). Um auch Schleifen zu erzielen, mußte noch eine Breitenbewegung zur Ekliptikebene addiert werden. Ptolemäus hat in seinen Tabellen – nicht im Text – bei den äußeren Planeten Mars, Jupiter, Saturn

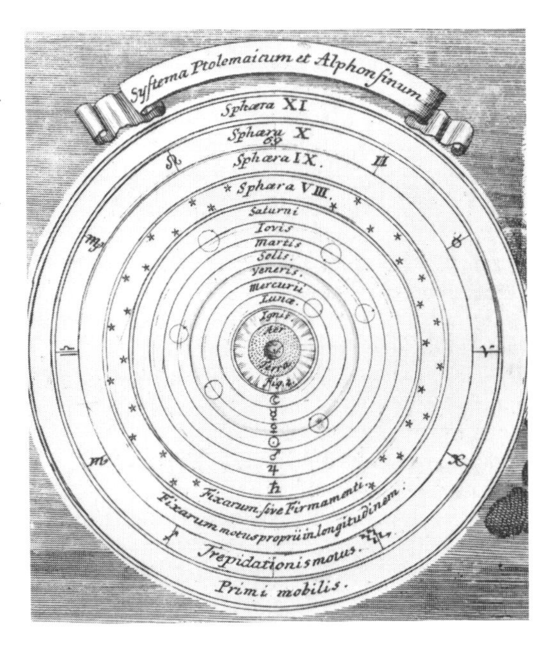

20: Ptolemäisches Weltsystem mit (angedeuteter) Epizykelbewegung. Diese vereinfachten Darstellungen sind mit dem ‹homozentrischen› Weltaufbau des Eudoxus viel verwandter als mit dem wirklichen komplizierten System des Ptolemäus (Kupferstich, 1742).

21: Ein Modell zur Entstehung der Planetenschleifen nach Ptolemäus. Es werden scheinbare Stillstände und Rückläufe etwa der Venus mittels eines kleineren Aufkreises, griechisch: Epizykel, auf dem Trägerkreis des Planeten um die Erde erzeugt. Der Epizykel, auf dem der Planet befestigt sein soll, rollt hier als Zahnrad auf dem Spurkranz des Trägerkreises ab. Man ‹schwebt› als Betrachter außerhalb der Bahnebene und sieht deshalb Epizykloidenkurven wie in Abb. 12. Von der Erde aus beobachtet wären das jedoch nur Stillstände und Rückläufigkeiten, d. h. ohne Breitenbewegung wie in Wirklichkeit. Dazu müßte der Epizykel zum Deferenten geneigt sein (Modell im Deutschen Museum, Ausstellung ‹Wandel des Weltbildes›).

den aus heliozentrischer Sicht richtigen Weg gewählt und den Grundkreis zur Ekliptik geneigt. Dieser Grundkreis entspricht ja bei den äußeren Planeten deren copernicanischer Eigenbewegung um die Sonne. Dabei konnte der Epizykel – copernicanisch: das Spiegelbild der Erdbewegung – parallel zur Ekliptik bleiben.[15]

Für innere und äußere Planeten, die durch die Sonne getrennt waren, ergaben sich nun bei Ptolemäus unterschiedliche Forderungen, die aus moderner Sicht sofort zeigen, wie leicht aus dem geozentrischen das heliozentrische System entwickelt werden kann, wenn man ausschließlich beider geometrische Äquivalenz bedenkt:

Innere Planeten Merkur und Venus

– Erde, Epizykelmittelpunkt des Planeten und mittlere Sonne mußten auf einer Geraden liegen, da ja der Grundkreis des inneren Planeten die Umlaufszeit eines Jahres hatte und der Planet, d. h. auch der Epizykel, immer in der Nähe der Sonne blieb. Rückläufigkeiten traten nur in allernächster Stellung zur Sonne auf.

Dabei war nur der Winkeldurchmesser des Epizykels, d. h. nur das *Verhältnis* Epizykelradius zu Grundkreisradius, durch Beobachtungen des größten Abstandes von der Sonne vorgegeben (Abb. 22).

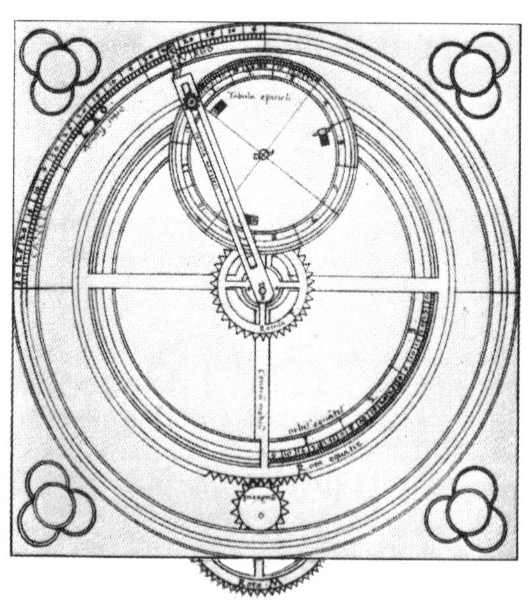

22: Venusbewegung an einem ptolemäischen Planetarium von 1397. Man erkennt den großen Epizykel der Venus, auf dem der Planet befestigt ist. Die Schiene vom Erdzentrum zur Venus läßt als Zeiger auf der Ekliptik (ganz außen) die Vor- und Rückläufe des Planeten zwischen den Fixsternen beobachten. Die zwei maximalen Abweichungen dieser Schiene nach links und rechts, vom Epizykelmittelpunkt aus, sind die größten Abstände der Venus von der Sonne. Sie entsprechen im Prinzip der Keilöffnung im modernen Modell (Abb. 23), das allerdings für Merkur konstruiert wurde (Zeichnung, 1461).

Äußere Planeten Mars, Jupiter, Saturn

– Die Gerade Erde–(mittlere) Sonne und die Gerade Epizykelmittelpunkt, d. h. mittlere Planetenposition–(wahrer) Planet mußten zueinander immer parallel bleiben und gleichen Drehsinn haben. Damit konnte der Planet zwar jeden beliebigen Winkelabstand zur Sonne einnehmen, aber Rückläufigkeiten gab es – wie beobachtet – nur bei Opposition zur Sonne, d. h. beim nächsten Abstand zur Erde. Auch hier war nur der Winkeldurchmesser des Epizykels auf Grund der Ausdehnung der rückläufigen Bewegung bestimmbar.

Diese Forderungen für innere und äußere Planeten findet man etwa bei dem berühmten Nürnberger Astronomen Regiomontan (1436–1476) kurz vor Copernicus klar formuliert. Man kann sie durch einen geometrischen Übergang auf ein geo-/heliozentrisches System beseitigen (Abb. 23), bei dem alle fünf sternförmigen Planeten um die Sonne kreisen und mit der Sonne um die Erde – es ist das System des Tycho Brahe 1588. Vertauscht man nun noch Erde und Sonne, erhält man sofort das Copernicanische System.

Der erstaunlich einleuchtende Übergang zu einem ‹halb›heliozentrischen System wäre – rein geometrisch gesehen – also auch für Ptolemäus möglich gewesen. Er war aber in der Antike nicht so einfach durchführbar, da

– die wirkliche Bewegung der Planeten doch komplizierter aussah,
– das methodische Vorgehen in der Astronomie damals keineswegs unbedingt Erklärungen physikalischer Art erforderte,
– die zugrunde liegende antike Ordnungsvorstellung für die Himmelssphären, sowie die Aristotelische Physik auch ein ‹halb›heliozentrisches System nicht zuließen.

Die heute – bezogen auf die Erde als Zentrum – so ‹redundant› erscheinende Ausrichtung der Planetenbewegungen, vor allem der inneren, nach der Sonne war ja mit deren zentraler Stellung und Bedeutung auch im geozentrischen System (in der Mitte aller Sphären, als Licht- und Wärmespender) sehr einleuchtend zu begründen. Das tat etwa noch Simon Stevin um 1600.[16] Das Tychonische System war ferner keineswegs einfacher oder harmonischer. Es brachte nur zusätzliche Fragen, z. B.: Warum blieb der Mond als einziger Wandelstern der Erde erhalten?

Der Unterschied zwischen Tycho Brahe und Ptolemäus war auch aus anderen ‹physikalischen› Gründen enormer als der zwischen den homozentrischen Sphären des Eudoxus und den komplizierten Anordnungen des Ptolemäus: Bei Tycho Brahe konnten keine festen Sphären mehr existieren, da sich etwa Sonnensphären und Sphären der inneren Planeten gegenseitig durchstoßen müßten.

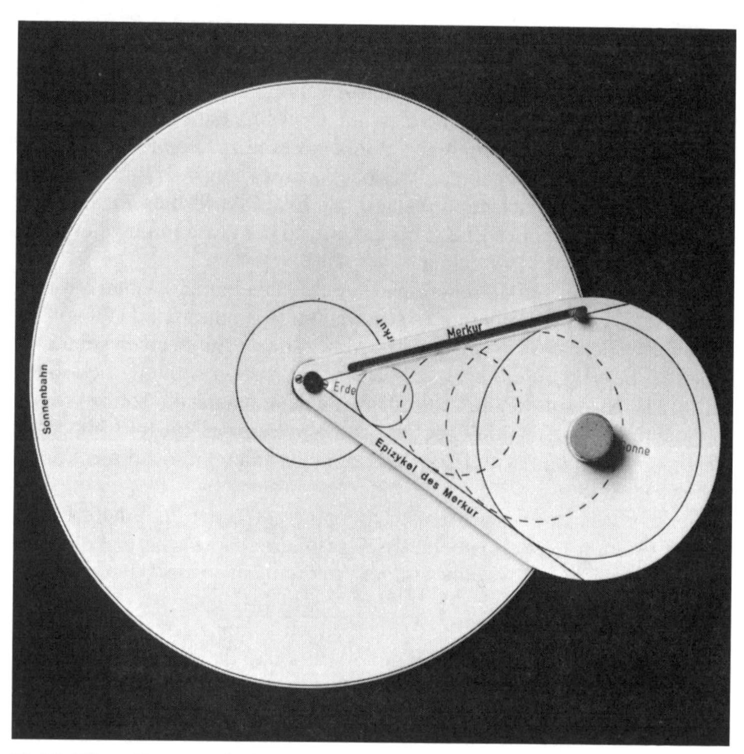

23: Modell zur Bewegung der inneren Planeten Merkur und Venus – wie kommt man vom Weltsystem des Ptolemäus zu dem des Tycho Brahe? Bewegt man einen Keil mit Sonne und Merkur in jährlicher Bahn um die Erde, sieht man die Koppelung der Merkurbewegung an das Lichtgestirn. Weiter als die Keilöffnung im Modell angibt, kann er sich auf seinem Trägerkreis nicht von der Sonne entfernen, ganz gleich, welcher der eingezeichneten Epizykel zusätzlich zu ihm gehört. Das fordert die Beobachtung. Ptolemäus trug dem durch eine Zusatzannahme Rechnung – wie sie in der Konstruktion des Keils zum Ausdruck gebracht ist: Erde, Epizykelmittelpunkt und (mittlere) Sonne sollten stets auf einer Geraden liegen.
Bewegt man den Merkur bei ruhendem Keil von der Erde weg (in einer Schiene), so muß sich sein Epizykel vergrößern, damit die beobachtete Abweichung von der Sonne, also die Keilöffnung, dieselbe bleibt. Welcher dieser Epizykel in Wirklichkeit vorhanden sein soll, das konnte Ptolemäus aus seinen Beobachtungsdaten nicht entscheiden. Es wäre also für ihn – rein geometrisch – möglich gewesen, Merkur so weit von der Erde entfernt anzunehmen, daß sein Epizykel ein Kreis um die Sonne wird. Das tat jedoch endgültig erst Tycho Brahe 1588. Die zusätzliche Forderung, daß Erde, Epizykelmittelpunkt und Sonne auf einer Geraden liegen, fällt damit weg, da letztere zwei Punkte zusammenfallen. Der Epizykel gibt nun die wahre heliozentrische Bahn des Merkur wieder. Der Trägerkreis des Epizykels um die Erde fällt mit der Sonnenbahn zusammen und kann mit dieser als Widerspiegelung der Erdbahn im heliozentrischen System des Copernicus ganz weggelassen werden (Modell im Deutschen Museum, Ausstellung ‹Wandel des Weltbildes›).

Exzenter und Sonnen- bzw. Mondbewegung

Der Exzenter wurde verwendet, um veränderliche Geschwindigkeiten auf den Planetenbahnen zu erklären. Die Geschwindigkeitsveränderungen wurden damit auf Abstandsveränderungen zur Erde zurückgeführt. So blieb die platonische Forderung der gleichförmigen Bewegung auf Kreisen erhalten. Die Erde saß jedoch nicht mehr im Zentrum, sondern exzentrisch zu diesem.

Der Exzenter ist genau äquivalent einem Grundkreis mit Epizykel, wie als erster Apollonius von Perga um 200 v. Chr. zeigte.

Man kann mit Epizykel und Grundkreis jedoch auch eine elliptische Bewegung oder noch kompliziertere Bewegungsformen recht gut annähern.

Die 300 Jahre alten Lösungen von Hipparch für die Sonnenbewegung durch eine exzentrische Stellung der Erde (vgl. Abb. 9) und für die Mondbewegung durch Epizykel und Exzenter übernahm nun Ptolemäus. Doch entdeckte er noch eine weitere Abweichung des Mondes, die ‹Evektion›, die man als zweite Anomalie beim Mond bezeichnen kann, da sie im Zusammenhang mit der Sonnenstellung steht. Sie beträgt 1° 19,5′, zusammen mit der ersten Anomalie ergab das max. 7° 40′ Abweichung von den mittleren Mondstellungen, d. h. von der angenommenen konstanten Mondbahn auf einem einfachen Grundkreis. Er komplizierte deshalb die Mondtheorie des Hipparch, indem er den exzentrischen Mittelpunkt des Grundkreises zusätzlich um die Erde rotieren ließ (Abb. 24, 25). Es ist nun sehr interessant, die Lösungen des Ptolemäus und des Copernicus zu vergleichen, um zu zeigen, wie wenig revolutionär Copernicus von seinen mathematischen Mitteln her war und wie brauchbare Verbesserungen damit trotzdem erzielt werden konnten (Abb. 26, 27, 28).

Die bisher beschriebene ptolemäische Lösung führte nämlich nur zu einer brauchbaren Mondtheorie für dessen Längen- und Breitenbewegung. Genau richtig kamen sogar nur bestimmte Stellungen des Mondes (die vier ‹Hauptörter› – z. B. die Vollmond- und Neumondstellung) heraus. Obwohl er noch weitere Verbesserungen durchführte, fand er nicht zur Entdeckung einer ‹dritten Anomalie› – der ‹Variation›. Weitere Konsequenzen dieses Modells, die Abstandsveränderungen zur Erde, die beim Mond als einzigem Wandelstern auch damals schon quantitativ exakt bestimmbar waren, wurden der Wirklichkeit überhaupt nicht angepaßt! So folgten für den nächstmöglichen Abstand, der bei ihm bei Halbmond auftrat, 33½ Erdradien, während es in Wirklichkeit 56 sind. Ptolemäus hat den scheinbaren Monddurchmesser dabei gar nicht durch Beobachtungen überprüft. Der Diopter als Meßinstrument erschien ihm hier zu ungenau, er benutzte Mondfinsternisse, die ja nur bei Vollmond auftreten können, um aus ihnen den kleinsten und den größten Monddurchmesser in dieser

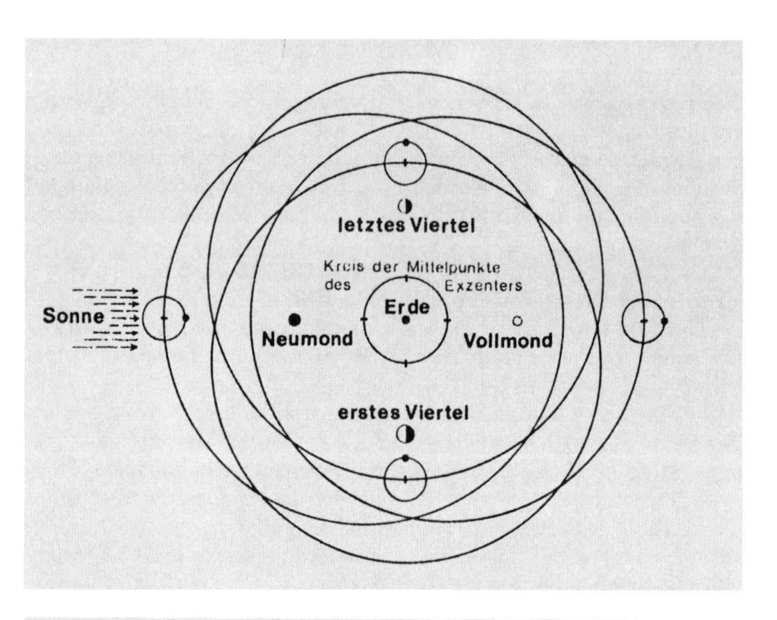
letztes Viertel
Kreis der Mittelpunkte
des Exzenters
Sonne
Erde
Neumond
Vollmond
erstes Viertel

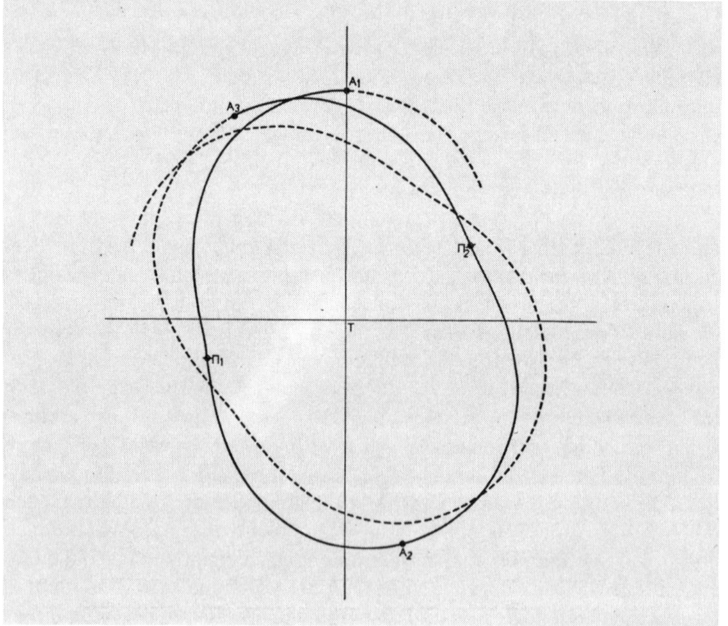
A1
A3
Π2
T
Π1
A2

24 (S. 58 oben) Die scheinbaren Schwankungen der Mondgröße nach Ptolemäus. Der Mond führt drei Bewegungen aus: eine auf einem Epizykel, mit dem Epizykel einen exzentrischen Kreis um die Erde, während dessen Mittelpunkt selbst noch um die Erde herumkreist.

25 (S. 58 unten) Die Gesamtbahn des Mondes nach Ptolemäus. Die drei Bewegungen des Mondes ergeben eine quittenförmige Gesamt-‹bahn›, die sich im Raume dreht. A sind die Punkte größten Abstands, π die Punkte größter Annäherung an die Erde. Solche ‹Bahnen› wurden aber nicht als allein existierend angesehen – gerade im Gegensatz zur modernen Entwicklung –, real waren bis einschließlich Copernicus nur die Einzelbewegungen der Sphären (Zeichnung, 1974).

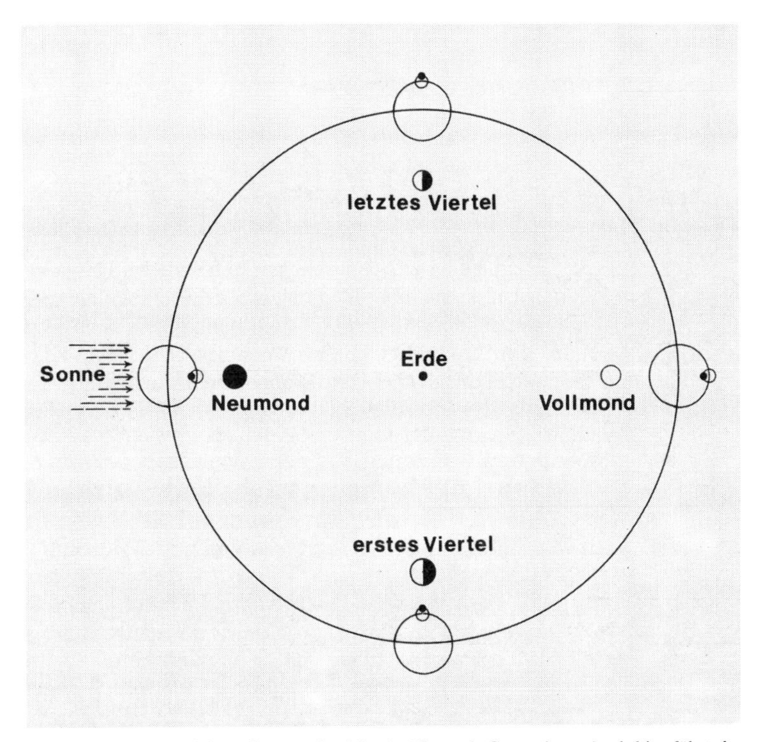

26: Die scheinbaren Schwankungen der Mondgröße nach Copernicus. Auch hier führt der Mond drei Bewegungen aus. Copernicus wählte zwei Epizykel und einen konzentrischen Kreis um die Erde. Er blieb also ganz traditionell und erreichte trotzdem eine viel geringere Abstandsveränderung des Mondes, als Ptolemäus in Kauf nahm. – Die Größenverhältnisse der Kreise und der Monddurchmesser sind jeweils unter sich maßstabsgetreu gezeichnet. In einem Modell im Deutschen Museum, Ausstellung ‹Wandel des Weltbildes›, kann man deshalb mit Hilfe eines drehbaren Abstandszeigers die ptolemäische und copernicanische Mondthese ‹testen›.

27: Vergleich von Ptolemäus und Copernicus mit modernen Werten der Mondgrößenschwankung:

Ptolemäus **Copernicus** **Moderne Mondtheorie**

	Ptolemäus	Copernicus	modern
größter Abstand in Erdradien	~ 64	~ 68	~ 64
kleinster Abstand in Erdradien	~ 33,5	~ 52	~ 56
maximale lineare Größenschwankung	1 : 1,9	1 : 1,3	1 : 1,14

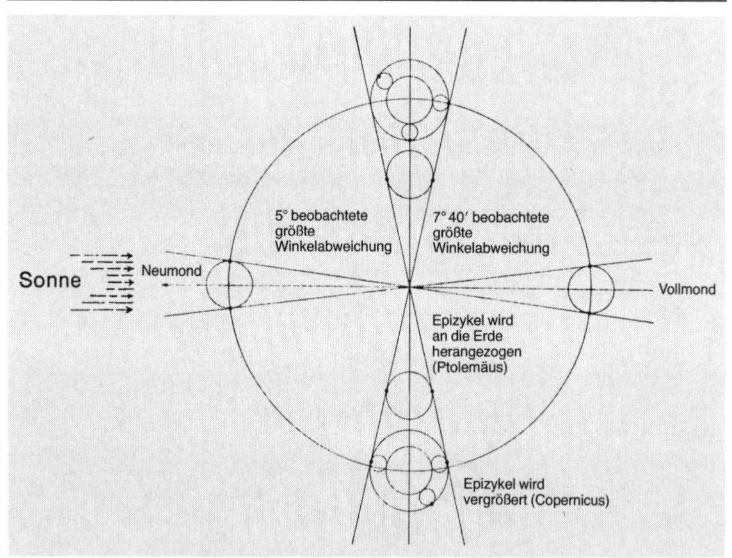

28: Geometrischer Vergleich der Mondtheorien von Ptolemäus und Copernicus. Das Problem war es, die unterschiedlichen maximalen Abweichungen von der mittleren Mondbewegung zu erklären. Dieser Unterschied enthielt die von Ptolemäus entdeckte ‹Evektion›. (Die Mondevektion wird in moderner Erklärung durch die unterschiedliche Anziehungskraft der Sonne auf den Mond, je nach dessen Abstand von ihr, verursacht.) Die Abweichungen konnten bei Vollmond und Neumond bis zu 5° betragen, bei den Halbmondstellungen dagegen bis zu 7° 40′. Ptolemäus zog zur Erklärung seinen Epizykel in den Halbmondstellungen näher an die Erde heran: durch Kreisen des exzentrisch gelegenen Mittelpunkts des Trägerkreises um die Erde. Copernicus ließ mittels des zweiten Epizykels seinen ersten ‹pulsieren›, d. h. abwechselnd größer und kleiner werden.

Stellung herzuleiten.[17] Diese Schwankung stimmt auch in etwa mit modernen Werten überein, allerdings nur, weil sich verschiedene Fehler gegenseitig günstig aufheben. Der kleinste Monddurchmesser entspricht dabei dem maximalen Abstand des Mondes überhaupt von 64 Erdradien.

Ptolemäus glaubte ferner, sich durch direkte Beobachtungen mit dem Diopter überzeugt zu haben, daß der scheinbare Durchmesser der Sonne unverändert bleibt. (Die modernen Werte für den Winkeldurchmesser der Sonne sind max. 32,6′ und min. 31,5′. Die Veränderung von 1,1′ liegt tatsächlich an der Grenze des Auflösungsvermögens des bloßen Auges von etwa 1′.) Sonne und Mond sollen bei dessen größtem Erdabstand genau zur Deckung kommen. Doch wäre diese Behauptung schon in der Antike zu widerlegen gewesen. Danach hätte es nämlich keine ringförmigen Sonnenfinsternisse geben dürfen, bei denen ja der Mond kleiner erscheint als die Sonne. Sie wurden aber beobachtet.[18]

Die Skepsis von Ptolemäus gegenüber der direkten Beobachtung von Monddurchmessern war nicht ganz unberechtigt, wie die scheinbare Vergrößerung von Sonne und Mond in der Nähe des Horizonts zeigt. Allerdings war schon Aristoteles bekannt, daß diese Unterschiede nur Täuschung sind. Ptolemäus brachte im übrigen das Beispiel, daß man die Größe einer Kerzenflamme in unterschiedlicher Entfernung nicht genau bestimmen könne. – Es mag auch die Überzeugung mitgespielt haben, kein vollständiges irdisches Modell vom vollkommenen Himmel machen zu können. Die gute Brauchbarkeit seiner Theorie für Länge und Breite verlangte nicht notwendig eine ebenso brauchbare für eine ganz andere Größe, den Abstand.

Die falschen Werte der Mondentfernungen, wie sie aus der Exzentertheorie des Ptolemäus folgten, waren bis zu Copernicus ständig zunehmender Anlaß zu Kritik. Der Verbesserungsvorschlag von Copernicus blieb ganz traditionell und machte sich nur die Äquivalenz von Exzenter und Epizykel zunutze. Er ersetzte ersteren durch einen zweiten Epizykel. Dabei kam aber eine wesentlich passendere Abstandsveränderung zur Erde heraus.[19] Für Copernicus waren Tradition und Beobachtung immerhin schon gleich wichtige Faktoren bei einer neuen Theorie.

Äquant und Kepler-Ellipse

Der Äquant ist rein geometrisch nichts anderes als eine Komplizierung des Exzenters. Trotzdem stellt er – aus moderner Sicht gesehen – die revolutionärste Leistung von Ptolemäus dar, weil gerade er als einziges Element schroff mit den platonischen Forderungen brach – so schroff, daß sich noch Copernicus bemüßigt fühlte, hier wieder konservativer zu werden und statt dessen sogar mehr Epizykel als Ptolemäus zu verwenden.

Die Komplizierung des Exzenters wurde für Ptolemäus nötig, weil es mit den bisherigen Hilfsmitteln nur beim Mond gelungen war, eine ihn befriedigende Theorie zu entwickeln. Die Abweichungen von der mittleren Bewegung der übrigen Wandelsterne waren so groß, daß sie durch die exzentrische Lage der Erde, die ja als Effekt den Epizykel scheinbar verkleinerte bzw. vergrößerte, nicht beschrieben werden konnten. Er schloß deshalb nun, daß der Mittelpunkt des Bahnkreises und der Mittelpunkt von dessen konstanter Winkelgeschwindigkeit nicht zusammenfallen konnten, wie es ja beim Exzenter noch der Fall war. Vielmehr sollte der Mittelpunkt der konstanten Winkelgeschwindigkeit noch weiter weg von der Erde sein. Er nannte ihn: «Ausgleichspunkt» (punctum aequans). Nur von hier aus erschien die Bewegung des (mittleren) Planeten gleichförmig, nicht mehr von der Erde aus, aber auch nicht mehr vom Mittelpunkt des Bahnkreises aus.

Die Einführung des Äquanten war ein ausgesprochener Bruch mit der Forderung der konstanten Geschwindigkeit von Kreisen (um ihren Mittelpunkt). Diese Lösung kommt sehr nahe an die Erklärung der Planetenbahnen als Ellipsen durch Johannes Kepler heran.[20]

Es war das Glück des Ptolemäus, daß sowohl Erde wie übrige Planeten – mit Ausnahme des Merkur – nur schwach exzentrische Ellipsenbahnen haben. Von Merkur aus hätte diese ptolemäische Theorie nicht funktioniert!

Die Reihenfolge der Sphären bei Ptolemäus und die Größe des Weltalls

Für Ptolemäus steht die Sonne in der ‹Mittellage› der Welt, zwischen Mond, Merkur, Venus einerseits und Mars, Jupiter, Saturn andererseits. Die ‹Mittellage› der Sonne ist dabei das einzige Argument dafür, die Sphären von Venus und Merkur zwischen Erde und Sonne anzusiedeln. Ansonsten könne man diese Frage nicht entscheiden. Doch gab es noch ein zweites, aristotelisch-physikalisches Argument:

Da es keinen leeren Raum geben durfte, wurden die einzelnen Sphären mit ihren Epizykelbreiten von Ptolemäus lückenlos ineinander gestaffelt, wie wir aus einem anderen Werk, den ‹Hypotheses planetarum›, bruchstückhaft wissen (Abb. 29). 1200 Erdradien Entfernung zwischen Erde und Sonne wurden dabei durch die Bewegungssphären von Mond, Merkur und Venus ausgefüllt.

Die 1200 Erdradien kamen folgendermaßen zustande: Als einzige Entfernung im Sonnensystem war ihm aus Beobachtungen die Entfernung des Mondes zur Erde mit maximal 64 Erdhalbmessern recht gut bekannt. Die relative Entfernung Erde–Sonne wurde zu 19 Mondentfernungen, das heißt zu 64 × 19, also etwa 1200 Erdhalbmessern angenommen. In Wirklichkeit ist sie etwa 20mal größer! Die 19 Mondentfernungen schienen durch die Beobachtungen von Aristarch gesichert.[21] (Zur Bestimmung des Erdhalbmessers durch Eratosthenes s. Kap. 3, Abschn. ‹Volker

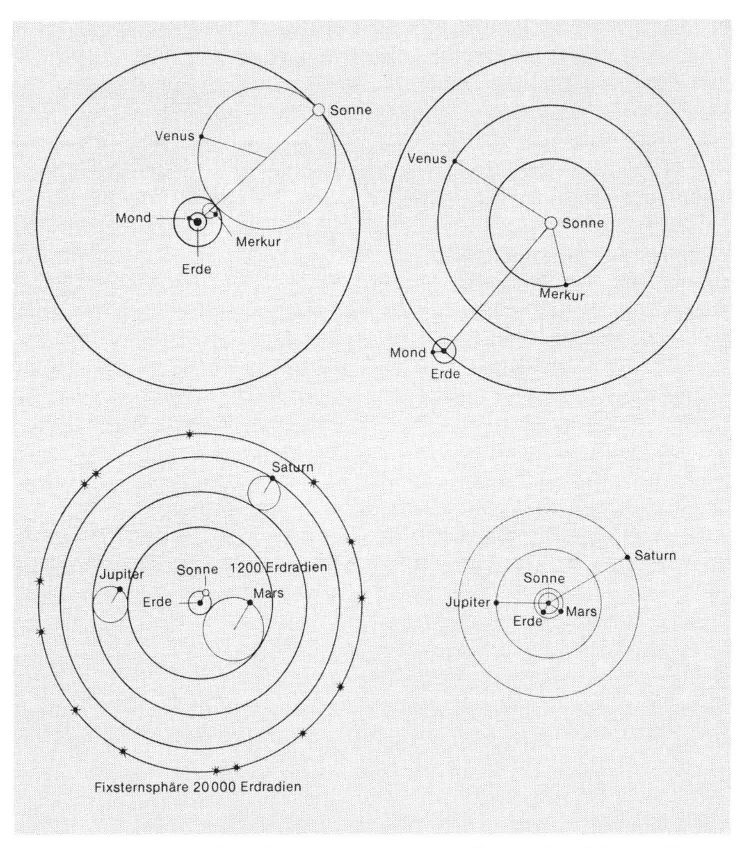

29: Größe des Weltalls nach Ptolemäus, nach Copernicus. Oben werden die inneren Planeten verglichen, darunter die äußeren. Bei Ptolemäus paßten die einzelnen Sphären mit ihren Epizykelbreiten lückenlos aneinander. Das war das einzige Kriterium für diese Anordnung, da kein leerer Raum existieren durfte. Von der Erde bis zur Sonne waren es 1200 Erdradien, bis zur Fixsternsphäre 20000 Erdradien. – Copernicus hielt am ersten Wert fest, die Entfernung des Saturn setzte er zu etwa 10000 Erdradien an. Er hatte auf Grund seiner heliozentrischen Vorstellungen einige Anhaltspunkte für die benutzten – relativen – Planetenentfernungen (sie entsprechen in der Graphik in etwa den modernen Werten). Die Entfernung zu den Fixsternen mußte er jedoch als unmeßbar groß annehmen.

Bialas: Die Gestalt der Erde›.) Noch Copernicus im 16. Jahrhundert und Tycho Brahe im 17. Jahrhundert übernahmen den ptolemäischen Wert.

Die Sphärenstaffelung jenseits der Sonne mit Mars, Jupiter und Saturn wurde durch die bis Saturn immer größer werdende siderische Umlaufszeit um die Erde nahegelegt – sie entspricht ja in etwa der copernicanischen Umlaufszeit um die Sonne. Der Gesamtdurchmesser des Ptolemäischen Weltalls kam dabei zu 40000 Erdradien heraus.[22]

Planetenbewegung und Physik im Ptolemäischen Weltsystem

Vor Aristoteles war es noch keineswegs klar, wie real man die verschiedenen Kreise, aus denen eine Bewegung zusammengesetzt wurde, nehmen sollte. Von Ptolemäus, der sich auch bei seinen Argumenten gegen die Erdbewegung stark auf Aristoteles stützte, wurde die Vorstellung endgültig angenommen, daß eine Harmonie von Kreisbewegungen fester Sphären aus Himmelsmaterie – dem fünften Element nach Erde, Wasser, Feuer und Luft – wirklich am Himmel vorhanden war (Abb. 30a, b, 31).

Bei Ptolemäus wird deutlich, daß statt einer Erklärung der Planetenbahnen durch Anziehungskräfte zwischen Massen zweierlei angeführt wird:

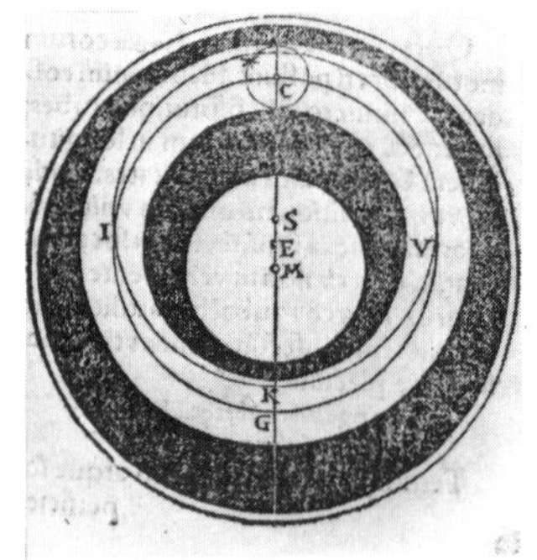

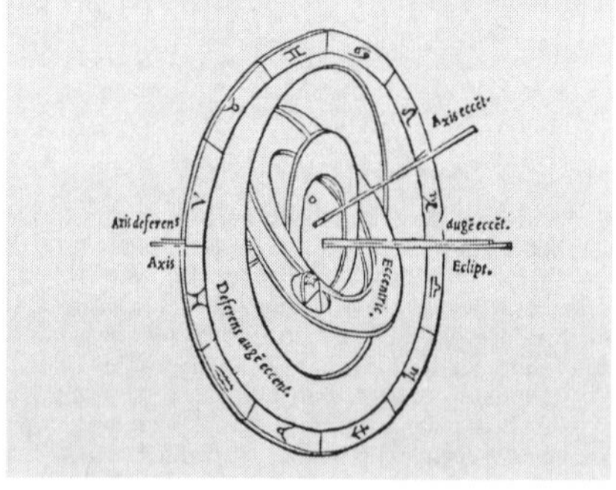

30 a, b: Jupiterbewegung nach Ptolemäus. Beide Darstellungen zeigen, wie die mathematische Vorstellung der Sphären physikalisch real verstanden werden kann. M ist der Mittelpunkt der Sonnenbahn (entspricht der Achse der Ekliptik im zweiten Bild). E ist der Mittelpunkt des exzentrischen Trägerkreises CVGI, auf dem ein Epizykel mit dem Planeten abrollt. Die Breite dieses Abrollbereichs kann nach Ptolemäus als (hier heller) Hohlgang in (hier schwarzer) Sphärenmaterie interpretiert werden. Im mechanischen Modell wird dieser ‹Hohlgang› zu einem Ring (mit ‹Eccentric› gekennzeichnet), der zur Ekliptik geneigt ist, um die Breitenbewegung des Planeten (z. B. die verschiedenen Schleifenformen) zu erklären. In diesem Ring sitzt der Epizykel als kleine Scheibe (Holzschnitte, 1568).

31: Mechanisch ausgeführtes Modell der Jupiterbewegung nach Ptolemäus. In dem einen Metallring (entsprechend dem ‹Hohlgang› der Abb. 30a) erkennt man den Epizykel des Jupiter als kleine Metallscheibe (Original, 16. Jahrhundert).

– *Ordnungsprinzipien,* die vor jeder Beobachtung und quantitativen Theorie stehen und in ihrer Bedeutung weit über die Astronomie hinausgreifen in den Bereich der ‹praktischen Philosophie›, d. h. ins Ethische: z. B. eine ‹erste Ursache› außerhalb der Welt als alles bewegende Kraft – der ‹erste Beweger› bei Aristoteles, der keineswegs mechanisch im heutigen Sinn zu verstehen ist. Deshalb konnte ihn auch das christliche Mittelalter ab 1200 mit Gott identifizieren. Kreis und Kugel waren Bilder dieser vollkommenen, unvergänglichen Kraft, d. h. göttliche Elemente.

Diese Prinzipien teilten die Welt in Klassen ein, oft in Gegensatzpaare: himmlisch und irdisch, Kreis und Gerade, gesetzmäßig und regellos, unwandelbar und wandelbar, oberhalb der Sonne und unterhalb der Sonne, in vier irdische Elemente Erde, Wasser, Luft, Feuer und in ein himmlisches (Abb. 32).

– *Geometrisch-quantitative Prinzipien,* mit denen aus den Beobachtungen verschiedene Interpretationsmöglichkeiten ausgesiebt werden: z. B. Kreise als erster Ansatz, ‹Verschachtelung› von Kreisen, Ausgleichspunkte, Staffelung von Sphären zur lückenlosen Ausfüllung des Weltalls. Die Komplizierung hierbei führte zum größten Teil zu eigentlich schroffem Widerspruch mit der Aristotelischen Physik der homozentrischen Sphären. Dieser Widerspruch wird aber bis ins 16. Jahrhundert nie aufgehoben (s. auch Kap. 3, Abschn. ‹Rotation der Erde – ein unlösbares Problem für die Aristotelische Physik›).

Klassifikatorische Ordnungsprinzipien dienten auch zur Begründung der Ruhestellung der Erde: Die Erde wird durch den Druck der umgebenden Himmelsmaterie im Gleichgewicht gehalten. Würde sie ‹fallen›, müßte sie allen losen Körpern wegen ihres Gewichtes voranfallen. Auf Grund der Ordnungsprinzipien waren alle himmlischen Bewegungen (von der Fixstern- zur Mondsphäre) ewig, unwandelbar, nicht weiter erklärungsbedürftig. Bei ihnen gab es «keine Mühsal, kein(en) Notzustand». Das zeigt den schroffen Unterschied in der Betrachtung von Erd- und Himmelsvorgängen.

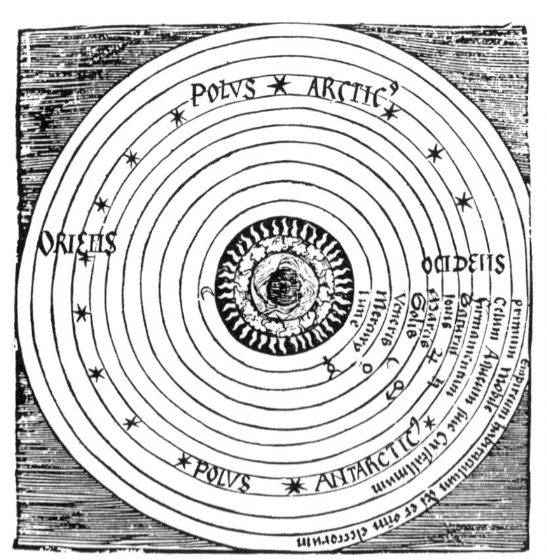

32: Aristotelische Trennung von irdischer und himmlischer Welt. Bis zur Mondsphäre reichte die irdische Welt (dunkel gezeichnet), in der es Werden und Vergehen gab, darüber existierte der ewige Himmel (hell) bis zum ‹ersten Beweger› (primum mobile) des gesamten Weltalls. Das Christentum fügte hier den ‹Wohnsitz Gottes und aller Auserwählten› als letzte Sphäre hinzu. Die Sphäre unter dem ‹ersten Beweger› erklärte die Wanderungsbewegung (modern: Präzession) des Firmaments (Holzschnitt, 1512).

Der scharfe Trennstrich im Ptolemäischen Weltsystem wurde mit der Aristotelischen Physik durch die Sphäre des Mondes gegeben. Nur unterhalb des Mondes in den Sphären von Erde, Wasser, Luft und Feuer gab es Werden und Vergehen, unterschiedliche Bewegungen natürlicher und künstlicher Art.

Es folgten aus der Trennung irdischeWelt/himmlische Welt weitere Interpretationen der Natur: Da die Feuersphäre unmittelbar unter dem Mond angesiedelt war, konnte die Sonne kein Feuer sein. Es wurde deshalb angenommen, daß die Drehung der Sonnensphäre durch Reibung Wärme erzeugte.

Kometen konnten keine Erscheinungen jenseits des Mondes sein. Ihre Formveränderungen widersprachen der Gleichförmigkeit des Himmels. Sie wurden also als Ereignisse zwischen Mond und Erde angesiedelt. Auch sonstige Veränderungen am Himmel waren damit abseits des Beobachtungsinteresses gerückt: Es durfte sie ja nicht geben. Damit könnte erklärt werden, warum die Helligkeitsveränderungen der Planeten aus der Antike nicht eingehender überliefert wurden, obwohl sie zum Teil sehr auffällig sind. Auch die Tatsache, daß ein Supernova-Ausbruch im Jahre 1054 – als Überbleibsel existiert heute der Krebsnebel (Abb. 33) –

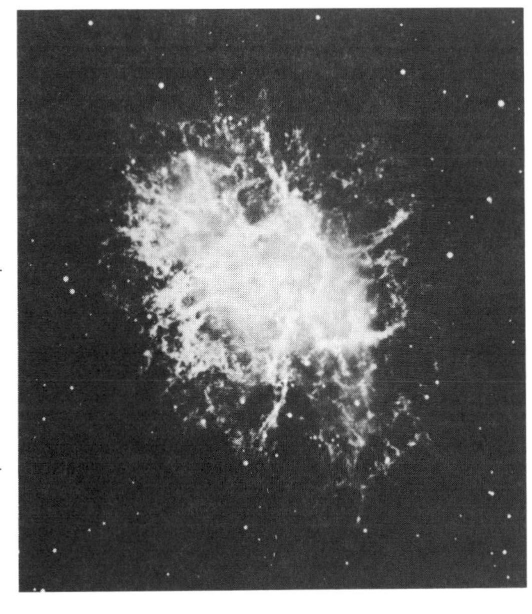

33: Der Krebsnebel im Sternbild des Stiers. Im Zentrum dieses leuchtenden Nebels explodierte 1054 eine ‹Supernova›, ein ‹neuer Superstern› also für kurze Zeit, dessen Überreste sich dann in 900 Jahren weit ausbreiteten. Das Auftauchen dieses Sterns ist uns trotz seiner großen Helligkeit aus dem christlich-ptolemäischen Abendland nicht überliefert. Wir kennen dieses Ereignis vor allem aus chinesischen Chroniken (Foto, nach 1950).

zwar in China exakt beobachtet wurde, aber in Europa – soweit bekannt – keine Erwähnung erfuhr, könnte damit zusammenhängen. Doch gibt es christliche Berichte über den Nova-Ausbruch von 1006.[23] Im arabischen Raum kennt man im übrigen einige Abweichungen von diesem Konstanzpostulat am Himmel.

Geometrisch-quantitative Prinzipien schufen ein künstliches Modell für den Himmel, keine reale Beschreibung. Es wurde mit mechanischen Apparaten wie ‹Himmelsgloben›, also mit Planetarien, veranschaulicht. Irdische Modelle waren für die Antike, gemessen an der Vollkommenheit des Himmels, wie sie im Gegensatz zur Erde und zum menschlichen Denken existiert, nur unvollkommene Annäherungen. Das galt insbesondere für mechanische Modelle. Mechanik bedeutet dabei etwas anderes als in der späteren klassischen Physik, keinen Bereich der Wissenschaft, sondern der Technik (griechisch techne = Kunst). Wissenschaft war Erkenntnis, war ‹Liebe zum Wissen› (= griechisch philosophia), Mechanik war Herstellung künstlicher Dinge. Auch die Grundlagen dieser Kunst wurden keineswegs als wissenschaftlich begriffen (d. h. naturwissenschaftlich in unserem Sinn), eher als genaues Gegenteil davon, wie der Name verrät: Mechanik heißt v. a. ‹Überlistung› (der Natur).

Der Glaube des Ptolemäus an die Ordnungsprinzipien als vor-theoretisch und vor-technisch, etwa die Einfachheit der Kreisbewegung als himmlisches Prinzip, trog. Auch sie sind von irdischen Modellen entliehen. Man kann nicht den eigenen Standort zu unabhängigen ‹Weltallkriterien› wechseln. Modelle und Vorgehensweise der klassischen Naturwissenschaft ab 1600 wurden allerdings in einem viel direkteren Sinn technisch, als es die Antike je zugestanden hätte. Sie rissen ferner den schroffen Graben zu davon unabhängigen ‹metaphysischen› Prinzipien auf, die Philosophie und Theologie überlassen wurden.

Die Sicht des griechischen Himmels als künstliches Modell, mit künstlichen Apparaten veranschaulicht, hat die Gegenwart zu Überlegungen geführt, den vorplatonischen Anfang der griechischen Wissenschaft, etwa die ionischen Naturphilosophen wie Thales und Anaximander, materialistischer – in bezug auf feinmechanische Fertigkeiten dieser Zeit – zu interpretieren und ihre Unterdrückung durch die spätere Entwicklung im klassischen Griechenland für die totale Andersartigkeit der griechischen Naturerklärung gegenüber der neuzeitlichen verantwortlich zu machen.[24]

Der Bezug der Astronomie zum feinmechanischen Stand der Antike scheint um so plausibler, wenn man die weitere Entwicklung von Ptolemäus betrachtet: In der gegenüber seinem Hauptwerk ‹Almagest› etwa 20 Jahre jüngeren Schrift ‹Hypotheses planetarum› beschrieb Ptolemäus das schon erwähnte materiell ausgefüllte Weltall.

Die Durchsetzung des Ptolemäischen Systems
Denkbar war auch in der Antike vieles gegen den herrschenden Trend. So vertrat um 300 v. Chr. Aristarch von Samos die These einer täglichen und jährlichen Erdbewegung. Der Ansiedlung der Kometen unterhalb des Mondes wurde von Seneca kurz nach Christi Geburt widersprochen.[25]

Man konnte etwa für ihr himmlisches Wesen vorbringen, daß sie regelmäßige Bewegungen zwischen den Sternen ausführten und nicht von Wind und Wetter abhängig waren.

Warum setzte sich also doch das Ptolemäische System durch?
– Es war durch die Physik des Aristoteles zumindest in bestimmten Grundsätzen abgesichert.
– Es stellte ein geschlossenes System dar, das ausführlich quantitativ durchgeführt war
– und zu den christlichen Dogmen paßte (vor allem jedoch in der Simplifizierung des aristotelischen Modells).

Trotzdem wurde schon im Mittelalter das komplizierte Ineinander der vielen Kreise und Aufkreise vom ‹physikalischen› Standpunkt aus kritisiert. Auch Roger Bacon meinte im 13. Jahrhundert, es sei besser, die Ordnung der Natur zu retten und der Sinneswahrnehmung zu widersprechen (!), die sich oft irre, als solche epizyklischen Bewegungen zuzulassen.[26]

Hier schwelte überall der Gegensatz Aristotelische Physik – Ptolemäische Astronomie.

Copernicus und seine Nachfolger

Copernicus
Nicolaus Copernicus (Abb. 34) wurde am 19. 2. 1473 in Thorn geboren und starb am 24. 5. 1543 in Frauenburg (Ermland, heute Polen). Er war Zeitgenosse von Martin Luther, Erasmus von Rotterdam und Niccolò Machiavelli, alle drei berühmte Gestalten der humanistischen Epoche. Seine Herkunft ist politisch, kulturell, genealogisch zwischen deutsch und polnisch anzusiedeln.

Doch wuchs er in stark deutsch-kulturell geprägter Umgebung Polens auf. Das 19. Jahrhundert vor allem hat uns den Streit um seine ‹Nationalität› beschert. Die heute zumeist gewählte lateinische Schreibweise seines Namens soll diesen Streit ins Positive wandeln: Copernicus war ‹Europäer› im Sinne der kulturellen und politischen Wechselwirkung des damaligen Europas. Das kann durchaus symbolisch für die Gegenwart verstanden werden. Copernicus studierte in Krakau, Bologna, Padua, Ferrara, zunächst die ‹freien Künste› als Grundlage – darunter Mathematik und Astronomie –, dann Medizin und Rechte.

34: Nicolaus Copernicus. Das Maiglöckchen in seiner Hand weist als Symbol einer Heilpflanze sehr wahrscheinlich auf den Arzt Copernicus hin. Er war zu Lebzeiten in diesem Beruf wesentlich bekannter als als Astronom (Holzschnitt, 1590).

Berühmt wurde er zu Lebzeiten als Arzt. Medizinische Aufgaben enthielt auch noch seine Stelle als Domherr in Frauenburg ab 1510, vor allem aber politisch-juristische. Zwar kannte man ihn um diese Zeit schon als Astronom, doch erschien sein Hauptwerk ‹Von den Umdrehungen der Himmelssphären›, das einzige gedruckte Werk zur Astronomie von ihm, erst in seinem Todesjahr 1543 in Nürnberg.

Copernicanisches und Ptolemäisches Planetensystem im Vergleich

Betrachten wir zunächst nur die vereinfachten Schemata der zwei Weltsysteme, wie sie in der allgemeinen Literatur gang und gäbe waren (Abb. 35, 36). Der Angelpunkt bei Copernicus hieß:

«... In der Mitte von allen aber hat die Sonne ihren Platz. Wer könnte nämlich diese Leuchte in diesem herrlichsten Tempel an einen anderen oder gar besseren Ort setzen als an den, von dem aus sie das Ganze zugleich beleuchten kann? Nennen doch einige sie ganz passend die Leuchte der Welt, andere ihr Herz, wieder andere ihren Lenker.»[27]

NICOLAI COPERNICI

net, in quo terram cum orbe lunari tanquam epicyclo contineri
diximus. Quinto loco Venus nono menſe reducitur. Sextum
deniq; locum Mercurius tenet, octuaginta dierum ſpacio circũ
currens. In medio uero omnium reſidet Sol. Quis enim in hoc

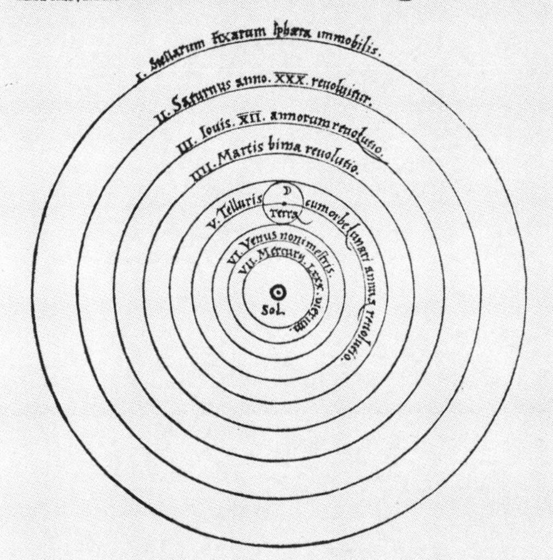

pulcherimo templo lampadem hanc in alio uel meliori loco po
neret, quàm unde totum ſimul poſsit illuminare? Siquidem non
inepte quidam lucernam mundi, alij mentem, alij rectorem uo-
cant. Trimegiſtus uiſibilem Deum, Sophoclis Electra intuentẽ
omnia. Ita profecto tanquam in ſolio regali Sol reſidens circum
agentem gubernat Aſtrorum familiam. Tellus quoq; minime
fraudatur lunari miniſterio, ſed ut Ariſtoteles de animalibus
ait, maximã Luna cũ terra cognationẽ habet. Concipit interea à
Sole terra, & impregnatur annuo partu. Inuenimus igitur ſub
hac

35: Das Weltsystem des Copernicus, von ihm selbst vereinfacht dargestellt. Die Sonne steht im Zentrum der Welt. Die Erde hat nur den Mond als Trabanten behalten und kreist mit ihm um die Sonne. Die Planetenbewegungen werden noch antik als Sphärenumdrehungen aufgefaßt. Von der Kompliziertheit des Systems mit Epizykeln etc. ist hier nichts angedeutet. Auch die Fixsternsphäre bleibt im Bild in der Nähe des Saturn, obwohl sie doch schon ungeheuer weit weg angenommen werden mußte (Holzschnitt, 1543).

36: Das Weltsystem des Ptolemäus in vereinfachter mittelalterlicher Vorstellung. Die Welt wird hier in das jahreszeitliche Geschehen eingeordnet, wie es für das Mittelalter besonders wichtig war. Erde-, Wasser-, Luft-, Feuersphäre im Zentrum bis weiter zum ‹primum mobile› lassen nichts von der wirklichen Kompliziertheit des astronomischen Systems spüren (Holzschnitt, 1502).

Die Zentralstellung der Sonne im heliozentrischen System ist wesentlich dominanter als ihre ptolemäische Mittelstellung zwischen Mond, Merkur, Venus einerseits und Mars, Jupiter, Saturn andererseits. Copernicus betonte ausdrücklich, daß diese ptolemäische Symmetrie – drei Sphären unter der Sonne, drei Sphären darüber – auf äußerst schwachen Beinen stand. Der Mond passe keineswegs zu Merkur und Venus, da er wie die drei oberen Planeten beliebige Winkelabstände zur Sonne haben könne.

Die Mittelstellung der Sonne im Ptolemäischen System diente mitunter Herrschern, etwa in Byzanz, zur Identifikation mit diesem Gestirn.[28] Es ist jedoch vor allem ihre Bedeutung als zentraler Licht- und Wärmespender, die oft allegorisch verwendet wurde, etwa im Mittelalter beim Zeremoniell der deutschen Königswahl. Hier standen die Kurfürsten um den Gewählten «wie der Sterne Glanz um die Sonne». Zu dieser Lichtmetaphorik lieferte das heliozentrische System nach 1543 höchstens eine wichtige Verstärkung. Bildhafter blieb auch weiterhin der antike geozentrische Mythos von Apolls täglicher Fahrt mit dem Sonnenwagen über den

Himmel. Ludwig XIV. von Frankreich wählte vor 1700 Sonne und Apoll als allegorisches Selbstbildnis. Er ließ sich jedoch auch copernicanische Planetarien anfertigen und als Geschenke an fremde Staaten verschicken. Eine weitere symbolische Bedeutung des Sonnenlichts hatte ebenfalls wenig mit der Heliozentrik zu tun: Ihr Licht galt als vollkommen rein – im Gegensatz zum irdischen Bereich, zu dem auch die Feuersphäre unterhalb des Mondes gehörte – und wurde deshalb für bestimmte Destillationsprozesse in Alchemie und Pharmazie vorgeschrieben.

Der zentrale Ort für die Sonne im Copernicanischen System wies übrigens – schon in dieser vereinfachten Darstellung – den Nachteil der fehlenden Sphärenharmonie auf: Alle Planetenkreise liefen ja nicht um die Sonne. Der Mondkreis blieb der Erde erhalten. Das sah recht willkürlich aus, solange noch keine anderen Monde im Planetensystem entdeckt waren. Der Mond machte also auch Copernicus bei Symmetrieargumentationen im Sonnensystem Schwierigkeiten. Für das theologisch-philosophische Weltbild war insgesamt die Sonne als Zentrum des Weltalls eine unannehmbare Hypothese.

Dazu gehörten auch Probleme der Astrologie: Warum sollten die Planeten die Erde beeinflussen, wenn sie gar nicht um sie, sondern um die Sonne kreisten? Physikalisch folgte aus dem Weltallzentrum Sonne gleichzeitig, die Erde war Himmelskörper, wie das als Aufwertung ihres Rangs bald Kepler und Galilei verstanden, oder auch, alle Planeten waren Materiebrocken, wie es später die Aufklärung betonte – beides unannehmbare Folgerungen bei der strengen antiken Trennung von Erde und Himmel. Hier bedeutete also das copernicanische Weltbild einen ungeheuren Angriff, der, wenn überhaupt, nur bei einer tiefgreifenden Änderung der gesamten Naturlehre Erfolg haben konnte. Noch Galilei widmete in seinem ‹Dialog› dieser Diskussion um die Verwandtschaft Himmel und Erde viel Raum.[29]

An diesen vereinfachten Darstellungen der zwei Weltsysteme sind noch weitere Probleme für Copernicus ablesbar. Im geozentrischen Weltsystem des Mittelalters vermittelte die letzte Sphäre des primum mobile – ‹des ersten Bewegers› – dem ganzen Weltall die tägliche Bewegung. Eine weitere Sphäre wurde eingeführt, um die Präzessionsbewegung zu erklären, die für Ptolemäus einfach eine sehr langsame, der täglichen Bewegung überlagerte Drehung der Fixsternsphäre selbst gewesen war. Copernicus nun brachte diese sehr langsame Bewegung in Zusammenhang mit einer dritten Bewegung der Erde. Diese dritte Bewegung, von ihm Deklinationsbewegung genannt, hatte aber in der Hauptsache gar nichts mit der Präzession zu tun. Diese ‹Hauptsache› konnte man gegenüber dem Fixsternhimmel gar nicht sehen: Sie bestand in einer jährlichen Ausgleichsbewegung der Erdachse gegenüber der Erdbahn um die Sonne, damit die Achse, wie beobachtet, immer in die gleiche Gegend des Fixsternhimmels zeigte. Diese Ausgleichsbewegung dauerte allerdings nicht ganz genau ein Jahr! Damit war zusätzlich die Präzession erklärt.

Warum brauchte Copernicus diese – mit Ausnahme der Präzession für uns gar nicht vorhandene – Bewegung der Erdachse? Sein Vorgehen war im Grunde äquivalent zu Ptolemäus: Er kam vom ursprünglich ruhenden Koordinatensystem Erde nicht ganz los. Zwar bezog er nun alle Planetenbewegungen auf die ruhende Sonne und damit auf die ruhenden Fixsterne, aber die Lage der Erdachse auf ihrer jährlichen Bahn betrachtete er doch immer noch von dieser Bahn selbst aus. Er dachte also gar nicht konsequent ‹copernicanisch›! Und in bezug auf diese Bahn änderte sich in der Tat die Lage der Erdachse im Jahresrhythmus. Hätte er diese Lage auf sein neues ruhendes Koordinatensystem Sonne–Fixsterne bezogen, wäre ihm sofort klar gewesen, daß die Erdachse fast unbeweglich bleibt.

Zugrunde lag auch hier Physik: der Glaube an materielle, aber unsichtbare Sphären. Nur diese Sphären bewegten sich. Auf ihnen waren die Planeten – bei Copernicus also auch die Erde – festgeheftet.

Deshalb übrigens hieß sein Hauptwerk ‹De Revolutionibus *Orbium* Coelestium›, das heißt ‹Von den Umdrehungen der Himmels*sphären*› und nicht ‹Corporum Coelestium›, also ‹Himmelskörper›.

Das ist konträr zu Auffassungen der späteren klassischen Physik. Bereits Tycho Brahe war es vor 1600 klar, daß es keine Sphären gab und daß die Erdachse auf Grund der Kreiselwirkung der rotierenden Erde unbeweglich gegenüber dem Fixsternhimmel blieb.[30]

Mit Kepler wurde diese Überzeugung Allgemeingut. Die weitere Entwicklung erklärte die Abweichungen davon, vor allem die Präzession, als Einflüsse der Schwerkraft aller beteiligten Himmelskörper, bei der Erde vor allem von Sonne und Mond.

Die Weltsysteme von Copernicus und Ptolemäus waren wesentlich komplizierter als ihre vereinfachten Darstellungen. Das zeigten schon die Mondtheorien. Erst durch diese Komplizierung wurden sie für praktische quantitative Zwecke in Astronomie (Astrologie), Navigation und Kalenderrechnung brauchbar.

Wie sahen also die wirklichen Planetenbewegungen aus (Abb. 37, 38)?

Im heliozentrischen System wird ein Hauptproblem der beobachtenden Astronomie, die eigenartigen Stillstände, Rückläufe und Schleifen der Planeten, durch die Relativbewegung zwischen Erde und Planeten erklärt. Das war – bezüglich Einfachheit – ein Pluspunkt des Copernicanischen Systems. Diese Erklärung ersparte Copernicus für alle fünf Planeten einen Epizykel. Doch blieben ihm noch genug Zusatzkreise übrig!

Abgesehen vom Schleifenepizykel hatte Ptolemäus die einfachen Bahnkreise durch Exzenter und Äquant kompliziert. Copernicus lehnte jedoch den Äquantmechanismus strikt ab, da er zu ungleichförmigen Geschwindigkeiten der Planeten führte. Er wählte statt Exzenter und

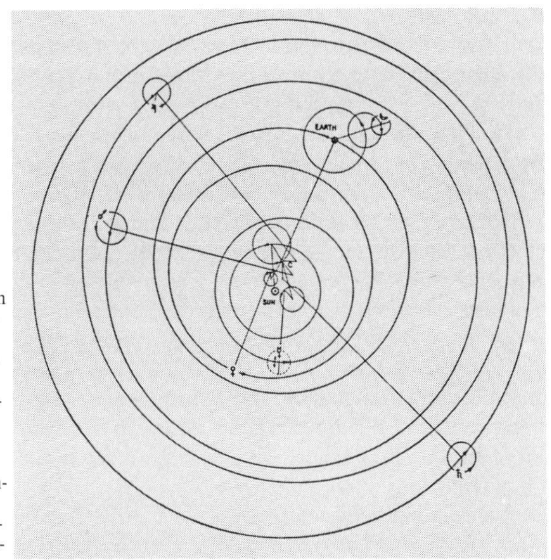

37: Das komplexe System des Copernicus. Das Copernicanische Weltsystem war in Wirklichkeit genauso kompliziert wie das Ptolemäische, da Copernicus jede Himmelsbewegung ebenfalls nur aus Kreisen zusammensetzte – z. B. die des Mondes aus Grundkreis mit zwei Epizykeln. Die kleinen Kreise bei den Planeten sind ebenfalls Epizykel, auf denen erst der Planet sitzt. Die Zentren der Bewegungen (am Ende der langen Radien) liegen alle verschieden und keines genau in der Sonne. Bezugspunkt für alle Bewegungen ist der Mittelpunkt der Erdsphäre (heller Punkt, in dem alle Radien enden), nicht die Sonne. Erst Kepler wurde hier zum konsequenten ‹Copernicaner›! – Die Entfernungsverhältnisse der Planeten stimmen in dieser Zeichnung natürlich nicht (vgl. Abb. 29; Zeichnung, 1955).

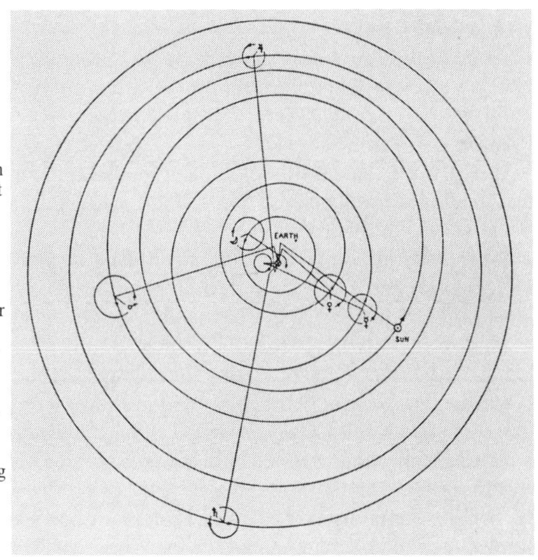

38: Das komplexe System des Ptolemäus. Man sieht die enge Verwandtschaft zum Vorgehen des Copernicus – auch hier fallen exzentrische Kreise und Epizykel besonders auf. Die Mittelpunkte der Planetenkreise um die Erde liegen alle verschieden (Enden der langen Radien) und keiner direkt in der Erde. Bezugspunkt für alle Bewegungen ist aber die Erde. – Auch in dieser Zeichnung stimmen die Entfernungsverhältnisse der Planeten nicht (Zeichnung, 1955).

Äquant nun Epizykel und Exzenter und beschrieb diesen Exzenter als gleichwertig einem zweiten Epizykel. In der ersten Form seines Weltsystems, dem ‹Commentariolus›, hatte er tatsächlich – wie beim Mond – auch bei den Planeten Doppelepizykel verwendet.

Dazu kamen die Breitenabweichungen von der Ekliptikebene, in deren Erklärung Copernicus sich eng an Ptolemäus anlehnte und auch dessen fehlerhafte Beobachtungen übernahm. Diese Bewegungen wurden durch Schwankungen der Bahnebenen der Planeten erklärt.[31] Sie wiesen Perioden auf, die von der Umlaufszeit der Erde um die Sonne abhingen, also geozentrische Elemente darstellten, während doch die Bewegung der Planeten nach Copernicus nur um die Sonne stattfand!

Übrigens war die Sonne gar nicht genau im Weltmittelpunkt des Copernicanischen Systems. Im ‹Commentariolus› gab es zwar einen Mittelpunkt aller Planetenkreise (mit Ausnahme des Mondes), aber die Sonne stand um $\frac{1}{25}$ des Erdbahnradius daneben – wegen der ungleich langen Jahreszeiten. Im Hauptwerk 1543 hatte sogar jeder der exzentrischen Planetenkreise einen anderen Mittelpunkt, die alle außerhalb des Sonnenkörpers lagen. Sie wurden auf die Mitte der Erdbahn bezogen (vgl. Abb. 37, 38).[32] Copernicus wollte eben noch keine veränderlichen Geschwindigkeiten der Planeten zulassen, wie uns das heute bei jeder elliptischen ‹Keplerbewegung› selbstverständlich erscheint.

Copernicus erhielt im ‹Commentariolus› zusammen 34 Kreise. Doch brachte das Hauptwerk andere Komplizierungen.

Bei all diesen Schwierigkeiten des Copernicus spielten mehrere Gründe eine Rolle:

– Er vertraute den Beobachtungen des Ptolemäus, ohne die zu seiner Zeit besten von Regiomontan und Walther zu verwenden. Dabei übernahm er viele falsche Werte. Hier wurde der ‹Revolutionär› erst Tycho Brahe.

– Er vertraute der Methode der Bahnberechnung nach Ptolemäus. Letztere bedeutete, daß nur so viele Beobachtungen zur Berechnung einer Bahn verwendet wurden, wie unbedingt nötig waren. Und keine einzige mehr – etwa zur Kontrolle der übrigen! Erst Kepler ging hier anders vor.

– Kreisbewegungen von materiellen Sphären mit gleichförmiger Geschwindigkeit blieben für Copernicus erstes Erklärungsprinzip.

So kam es, daß er im Endeffekt kaum weniger Kreise brauchte als Ptolemäus (über 40) – obwohl ja die für die Schleifenbewegung nötigen Epizykel des Ptolemäus bei ihm weggefallen waren. Die auf Grund seines Systems erstellten astronomischen Tafeln, die ‹Prutenischen› statt der alten ‹Alfonsinischen›, wiesen bald genauso große Fehler bei der Vorausberechnung von Planetenörtern auf. Alle diese Probleme mußten in den Augen der Zeitgenossen eher für Ptolemäus und sein lang bewährtes System sprechen und gegen Copernicus. Aber auch von moderner Sicht aus erscheinen seine ‹Deklinationsbewegung› der Erde und die Komplexheit der ineinander geschachtelten Kreise unbefriedigend. Die folgenden Vergleiche sollen nun deutlich machen, welche Entwicklungen trotzdem aus dem copernicanischen Ansatz hervorgehen konnten.

Copernicus hatte für die jährliche Erdbewegung keinerlei physikalische Argumente anzubieten. Das war auch innerhalb der Aristotelischen Physik sehr schwer, da diese – in ihrer ursprünglichen Form – sofort der Heliozentrik widersprechen mußte. So war die Stellung der Sonne als (Fast-)Zentrum der Welt nicht mehr anthropomorph begründbar: Der Stein, der im Ptolemäischen Weltsystem zur Erde strebte, weil er schwer war wie diese, strebte gleichzeitig zur Weltmitte. Im Copernicanischen Weltsystem fiel beides auseinander: Der Stein fiel zwar zur Erde, kreiste aber mit dieser um die Sonne als Weltmitte. Allerdings war die copernicanische Erklärung dafür nach Aristotelischer Physik durchaus stichhaltig: Gleiches strebe zu Gleichem – aus diesem Grund hielten auch die Planeten zusammen und werde ihre Rundung bewirkt. Dann konnte man sich aber auch Fallbewegungen auf diesen vorstellen! Damit war nahegerückt, alle Planeten als ‹schwer›, d. h. als Massen, zu betrachten. Die Erde war kein singulärer Fall mehr, und trotz des bleibenden Postulats der Kreisbewegungen am Himmel, die keiner Erklärung bedurften, war ein Schritt in Richtung der Frage getan, wie sich die ‹schweren› Himmelskörper wohl gegenseitig beeinflussen würden, wenn sie schon nicht aufeinander zufallen konnten. In der copernicanischen Kinematik lag also genügend Sprengstoff für die Entwicklung einer ganz neuen Dynamik des Planetensystems.

Dazu kommt, daß die einmal akzeptierte Diskussion zwischen den zwei Alternativen Geozentrik – Heliozentrik auch der Geozentrik eine neue Rolle bescherte. Die Erde als Weltzentrum bedeutete vor Copernicus wesentlich weniger – da nicht ständig als Alternative zu etwas anderem erfahren – als nach ihm. Der Gegensatz zu einem isolierten Objekt, selbst wenn er nur ausführlich gedacht wird, hebt dessen singuläre Stellung sofort auf.

So kann man in der Gegenwart – im Vergleich zur Erde in der Antike – das Gesamtuniversum als solch singulären Fall betrachten. Es hat hier keinen Sinn, nach Kräften zu fragen, die es bewegen. Man kann es nur kinematisch beschreiben.[33] Es sei denn, man konstruiert Alternativen – z. B. ein zweites Weltall aus Antimaterie.

Das Copernicanische System war nicht einfacher als das Ptolemäische und auf Dauer nicht besser in der Berechenbarkeit von Planetenörtern, aber es waren – allein durch die 24stündige Rotation und die jährliche Revolution der Erde – doch verschiedene unterschiedliche Festsetzungen des Ptolemäischen Systems verschwunden, die vor allem aus der Spiegelung dieser Erdbewegungen in den Planetenbahnen entstanden waren:

– Es gab keine Gerade Erde – Epizykelmittelpunkt – Sonne mehr bei den inneren Planeten und keine Parallelität zwischen den Fahrstrahlen Erde/Sonne und Epizykelmittelpunkt/Planet bei den äußeren Planeten.

Allein aus ihrer Bahnbewegung innerhalb der Erdbahn ergab sich für die inneren Planeten der begrenzte Längenabstand zur Sonne, für die äußeren Planeten z. B. die größere Nähe zur Erde bei abendlichem Aufgehen.

– Die scheinbaren Bewegungen der Planeten wurden alle durch das gleiche Prinzip der Relativbewegung zur Erde erklärt. Es erlaubte eine gemeinsame Interpretation der beobachteten Schleifengrößen (Entfernung zur Erde!) und -häufigkeiten einschließlich der Antwort darauf, warum Sonne und Mond nichts Derartiges zeigten (Abb. 39a, b).

– Die riesige Geschwindigkeit der Fixsternsphäre war jetzt verschwunden. Copernicus erhielt dadurch ein kontinuierliches Abnehmen der Sphärengeschwindigkeiten von Merkur bis zur Weltallgrenze.

Auf Grund seiner Verbesserungen konnte Copernicus eine Abschätzung der relativen Entfernungen im Sonnensystem durchführen, ohne zu Zusatzhypothesen wie Ptolemäus greifen zu müssen. Die Planetenschleifen, als parallaktischer Effekt erklärt, waren eben ein Maß für die Entfernung von der Erde.[34] Da er aber den falschen Abstand zwischen Erde und Sonne aus der Antike übernahm, erzielte er keine besseren absoluten Werte. So kam er von der Erde bis zu Saturn auf rund 10000 Erdradien, vergleichbar den 20000 Erdradien von Ptolemäus bis zur Fixsternsphäre. Diese mußte Copernicus jedoch wegen der jährlichen Erdbewegung ungeheuerlich weit wegrücken. Denn wäre sie bei ihm so nahe geblieben, hätte man die Jahresbewegung der Erde in den Sternen gespiegelt finden

39 a, b: Die Entstehung der Planetenschleifen nach Copernicus. Die Lehre des Copernicus, nach der die Planeten in Kreisbahnen um die ruhende Sonne laufen, erlaubt eine kinematisch einfachere Erklärung der eindrucksvollen Schleifenbewegungen, als sie die Antike gab. Im Modell läuft ein innerer Planet (hell) fünfmal so schnell um die Sonne (Mitte) wie die Erde (dunkel), d. h., er überholt sie während eines Erdumlaufs viermal. Dadurch führt er für die Sicht des Erdbewohners während eines Jahres vier Rückläufe und Schleifen während des Überholvorgangs am Fixsternhimmel aus. Um dies sichtbar zu machen, bildet eine Projektionslampe, die als ‹Fernrohr› stets von der Erde aus auf den Planeten ausgerichtet wird, den Sehstrahl Erde/Planet auf dem Rundschirm als ‹Himmel› ab. Die Ausrichtung des Fernrohrs erfolgt durch eine horizontale Führungsstange (sie ist über der Drehachse sichtbar). Die Bahn des inneren Planeten ist um 3° gegen die Erdbahn (Ekliptik) geneigt. Dadurch überlagert sich der periodischen Rückläufigkeit des Planeten eine zweite periodische Bewegung senkrecht zur Bahnbewegung, so daß jede der vier Schleifen eine etwas andere flächenhafte Form erhält. In der Graphik ist neben einem Sehstrahl Erde/Planet auch ein Sehstrahl Erde/Sonne gezeichnet. Er gibt den scheinbaren Stand der Sonne am Himmel, d. h. am Rundschirm, wieder. Aus der Abfolge aller Sehstrahlen – erhältlich durch Verbindung der entsprechend numerierten Beobachtungspunkte Erde/Planet bzw. Erde/Sonne – erkennt man, daß die scheinbare Bahnschleife eines inneren Planeten um den scheinbaren Sonnenstand herumpendelt (Modell im Deutschen Museum, Ausstellung ‹Wandel des Weltbildes›). ▶

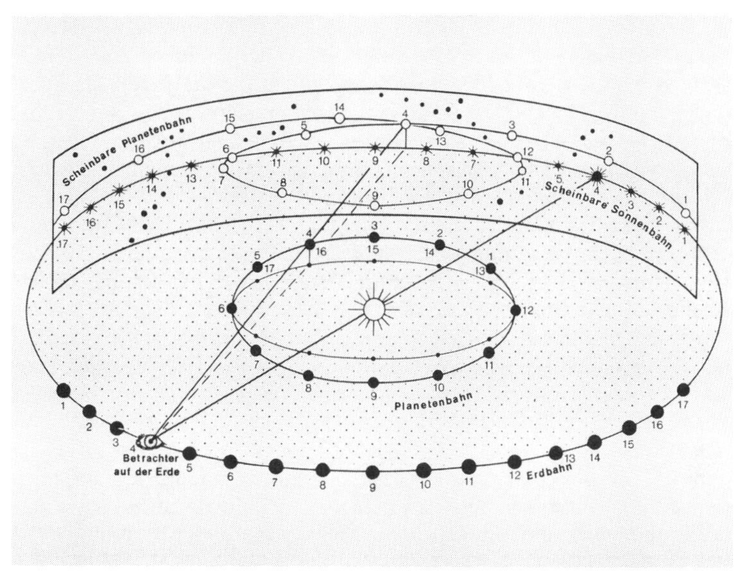

Abb. 39a

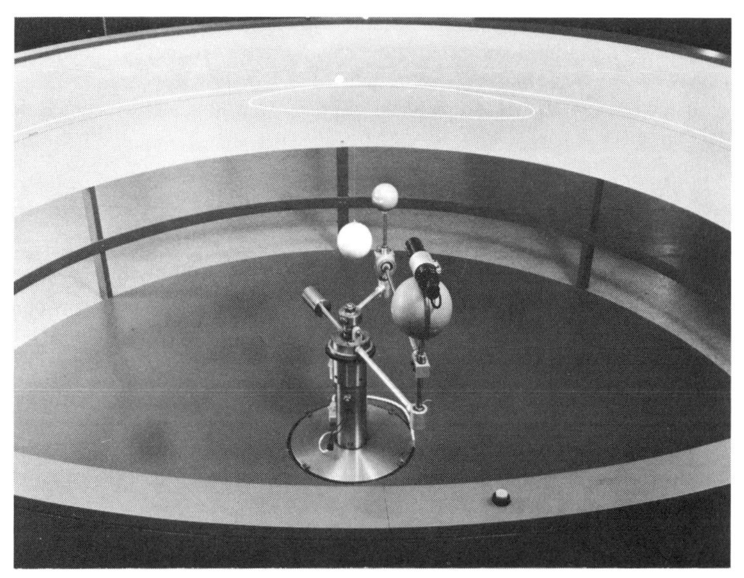

Abb. 39b

müssen (die berühmte ‹Fixsternparallaxe›). Das Fehlen dieser gespiegelten Bewegung hatte schon Ptolemäus als Argument für sein geozentrisches Weltsystem benutzt. Copernicus benutzte also die gleiche Tatsache, um genau das Gegenteil zu schließen. Dazu brauchte er eine neue Hilfshypothese: die des riesigen Abstands der Sterne. Empirisch versuchte er nur, sie mit dem Funkeln der Fixsterne im Gegensatz zu den viel näheren Planeten zu begründen.

Aus seinem ‹Commentariolus› kann man berechnen, daß Copernicus seine Beobachtungsgenauigkeit bezüglich der Fixsternparallaxe zu etwa 6 Bogenminuten einschätzte: Er nimmt dort die Fixsternentfernung größer als die Sonnenentfernung zum Quadrat – in Erdradieneinheiten – an, das sind mit dem antiken Wert mehr als 1,4 Millionen Erdradien (umgerechnet mit dem ptolemäischen Wert für den Erdradius: 7,6 Milliarden km). Gäbe es einen Stern mit dieser Entfernung, hätte er, beim antiken Wert der Sonnenentfernung, eine (doppelte) Parallaxe von ca. 6 Bogenminuten.

In der Tat war die Erklärung des Copernicus zur fehlenden Fixsternparallaxe für einen Ptolemäus-Anhänger ganz und gar nicht beeindrukkend – einerseits weil ein positiv ausgegangenes Experiment immer viel besser wirkt als jede noch so geistreiche Erklärung eines Fehlschlags, andererseits wegen der für ihn unannehmbaren riesigen Entfernung der Sterne (Abb. 40). – Auch heute ist die Vorhersage von Gravitationswellen durch Einsteins allgemeine Relativitätstheorie so lange nicht besonders beeindruckend – und erst recht nicht für Einsteins Gegner –, wie Nachweisversuche keine Ergebnisse bringen.

In der Astronomie des Copernicus gab es noch weitere Verbesserungen gegenüber Ptolemäus, so in seiner Mondtheorie. Auch fand er – modern formuliert –, daß sich die Planetenbahnen im Weltall drehen.[35]

Tradition und Revolution

Copernicus wurde zum Mittler zwischen antiker und neuzeitlicher Astronomie. Das war seine große Bedeutung, nicht die des ‹Revolutionärs›. Auch er faßte wie Ptolemäus Entwicklungen von Vorgängern – aus der Antike, aus dem christlichen und islamischen Mittelalter – zusammen. So berief er sich für seine wesentlichste Neuerung, die Sonne als Zentrum der Welt, ausdrücklich auf die Antike, auf Aristarch von Samos. Da nicht sehr spät nach seinen Studien in Italien die erste schriftliche Skizze seines Weltsystems überliefert ist – als ‹Commentariolus› etwa 1510 –, ist es sehr gut möglich, daß antike Texte ihn hier zum erstenmal mit antiaristotelischen Anschauungen konfrontierten.

Copernicus selbst führte folgende Gründe an, die ihn zu einer Revision der geozentrischen Lehre brachten:

– ‹Reinigung› des Ptolemäischen Systems durch radikalere Erfüllung der

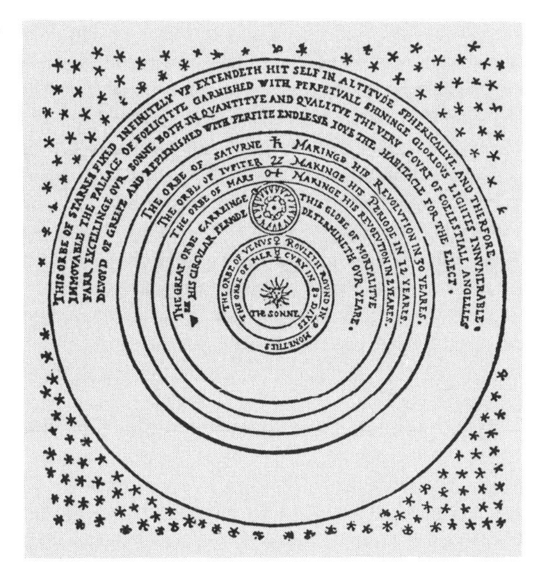

40: Das unbegrenzte Universum. Sehr bald nach Copernicus wurde seine Vorstellung einer ungeheuren Entfernung der Fixsternsphäre aufgelöst in die These der Unendlichkeit des Raumes. In ihm standen die Sterne in allen möglichen Entfernungen zu unserem Sonnensystem. Thomas Digges, als einer der ersten, sprach 1576 noch von einer Sphäre (orbe) der Fixsterne, die aber schon unendlich ausgedehnt war (Holzschnitt, 1576).

antiken Forderung nach gleichmäßiger Geschwindigkeit der himmlischen Sphären, d. h. vor allem: Abschaffung des Äquanten,
– Einfachheitsüberlegungen, z. B. die Absicht, weniger Kreise anzuwenden als Ptolemäus,
– bessere Anpassung an die wirklichen Beobachtungen, z. B. bei den Mondgrößenschwankungen.

Es fällt sofort auf, daß das Kriterium, das man üblicherweise als Antrieb beim Fortschritt moderner Naturwissenschaft angibt, der Erfahrungsbezug, nur eines unter mehreren ist – hier das dritte, während sich im ersten ausdrücklich die Traditionsbezogenheit von Copernicus spiegelt: als ‹Reformator› (= Wiederhersteller), nicht als ‹Revolutionär›.

Bei den Einfachheitsüberlegungen verquicken sich modern interpretierbare Prinzipien mit traditionellen. So klingt es ‹fortschrittlich›, wenn er die Anzahl der Kreise verringern will. Aber da er sie nicht grundsätzlich aufgab, konnte er nicht ‹einfacher› als Ptolemäus werden. So erkennen wir Ansätze zum Relativitätsprinzip: Copernicus betonte, daß allein aus Betrachtungen der Bewegung keine Vorzugsstellung der Erde abgeleitet werden könne. Doch glaubte er, der Mensch könne – trotz des Relativitätsprinzips – aus anderen Gründen zwischen ‹Wahrheit› und ‹Schein› endgültig unterscheiden. Dabei ist eigentlich nur der letzte Anspruch neu. Es ist grundsätzlich schwierig, seine Überlegungen in modern interpretierbare und traditionelle Elemente auseinanderzureißen. Schließlich war sein Glaube an die ‹Wahrheit› der ruhenden Sonne so wenig oder so viel begründbar wie der antike Glaube an die ‹Wahrheit› der Kreise am Himmel und an die ruhende Erde.

Zur Entscheidung zwischen Geozentrik oder Heliozentrik blieben für Copernicus auch nur Einfachheitskriterien übrig – wie sie zum Teil schon in der Antike, dann in der Spätscholastik diskutiert worden waren. So sollte die Sonne als zentrales Wärme und Licht spendendes Gestirn nun auch (Fast-)Zentrum aller Bewegungen sein. Weitere Einfachheitskriterien für eine ruhende Fixsternsphäre und Sonne waren bei Copernicus: Der Zustand der Unbeweglichkeit ist ‹edler und göttlicher› als die Veränderung: Er kommt deshalb gerade der Fixsternsphäre zu, die die ganze Welt umfaßt (= ‹enthaltend›), statt der Erde, die nur ein Teil darin ist (= ‹enthalten›).

Es gibt im neuen System ein sehr überzeugendes ‹harmonisches› Ansteigen der Umlaufszeiten um die Sonne von Merkur über Venus, Erde, Mars, Jupiter, Saturn bis zum Fixsternhimmel, der dann eben gar keine Bewegung mehr zeigt. Außerdem ist die dafür als Ersatz nötige tägliche Umdrehungsgeschwindigkeit der Erde viel geringer als die unglaubliche Geschwindigkeit, die der weit entfernte Fixsternhimmel haben müßte. Das Kreisen dieser Argumente in immer der gleichen traditionellen Begriffswelt zeigt sich in der Antwort der aristotelischen Gegner auf das letzte Argument: Wenn Copernicus nur den Vogelflug kennen würde, würde ihm schon die Geschwindigkeit eines Pfeils oder einer Kanonenkugel unglaublich erscheinen.[36]

Für diese Physik bedurfte eben die ‹natürliche› Kreisbewegung der Gestirne keiner weiteren Erklärung. Für den Himmel gab es keine Gefahr, bei zu großen Drehgeschwindigkeiten auseinanderzufallen – wie man das von Vorgängen auf der Erde kannte. Er war laut Aristoteles aus einer ganz anderen Materie als die Erde. Solange Copernicus auch nur aristotelische Begriffe benutzte, um gegen Aristoteles zu argumentieren, blieb er leicht angreifbar. Erst die ‹klassische Dynamik›, die Himmel und Erde den gleichen Gesetzen unterwarf, konnte die Kontroverse aus dem aristotelischen Rahmen herausführen – indem sie nach den Kräften bei Kreisbewegungen fragte.

Die bessere Anpassung an die Beobachtungen klingt ganz modern – war aber schon für die Zeit vor Copernicus eine grundsätzliche Forderung. Hier ging die Überzeugung ein, daß *jede* Sinnesbeobachtung aus einem betrachteten Bereich für dessen Erklärung relevant sei. Man dürfe sie nicht künstlich ausschließen, weil sie nicht in die entwickelte Vorstellung passe. Das ist eine ganz neue Einsicht. Sie geht davon aus, daß der Mensch die ihn umgebende Realität, auch die des Himmels, in ihrer Totalität richtig erfassen kann – nicht nur teilweise und unvollkommen, weil jedes irdische Denken dem Himmel nicht angemessen genug war, wie das die griechische Antike glaubte. So muß bei Copernicus die beobachtete Mondgrößenschwankung im gleichen Modell, wie es für die Längen- und Breitenbewegung entwickelt wurde, brauchbar erklärt sein. Diese Einstellung wurde eine wichtige naturphilosophische Voraussetzung für die spätere Verschmelzung von Erd- und Himmelsphysik. Die weitere Entwicklung brachte wieder Einwendungen – vor allem gegen die Hybris in der mechanistischen Physik, alle Realität mit solchen – jetzt mechanisch genannten – Vorstellungen fassen zu können, die damit jeden Charakter von Vorläufigkeit verloren und zur scheinbar endgültigen, ‹fortschrittlichen› Wirklichkeit wurden. Man weiß nie genau, welche Sinnesbeobachtungen für eine Erklärung wichtig sind und welche man vernachlässigen darf. Oft werden wichtige ausgeschlossen bleiben, die erst eine spätere Zeit in eine neue Modellerklärung einbaut. Das gilt auch heute noch. Gerade deshalb können auf wenige Erfahrungen beschränkte Arbeitsmodelle im Sinne der ptolemäischen eingeschränkten Mondtheorie (so hat er selbst sie allerdings sicher nicht verstanden!) beim Forschungsprozeß mitunter sehr nützlich sein. Das galt etwa im 18. Jahrhundert für das Modell des elektrischen Stromes analog zum Wasserfluß in Röhren. Das galt kurz nach 1913 für das Bohrsche Planetenmodell des Wasserstoffatoms.

Von Tycho Brahe bis Newton

Zunächst nach 1543 hatte das Copernicanische System nicht viel Erfolg. Dann setzten neue Beobachtungen ein. Die Entwicklung kann man – vom physikalisch-astronomischen Interesse der Gegenwart her – in drei Hauptabschnitte gliedern.

- die erste entscheidende Verbesserung des Beobachtungsmaterials (Tycho Brahe etwa 1570) und damit zusammenhängend die Verbesserung der kinematischen Erklärung der Bewegungen im Sonnensystem (Kepler um 1620);
- die Entwicklung von Grundzügen einer antiaristotelischen Physik (von Galilei ab 1600 über Kepler und Descartes bis Huygens um 1670);
- die quantitative Anwendung der neuen Physik auf den Himmel – das Entstehen der klassischen Himmelsdynamik (Newton ab 1666, veröffentlicht 1687).

Diese Entwicklungen überlagern sich jedoch zeitlich. Sie führen zu keinerlei Erfahrungsbeweis für die These der jährlichen Erdbewegung. Trotzdem festigte sich diese These immer mehr und hatte – nach der Newtonschen Verschmelzung von irdischer und himmlischer Physik – auch ohne Beweise praktisch keinen ernsthaften wissenschaftlichen Gegner mehr. Diese Entwicklung ist ein ausgezeichnetes Beispiel dafür, wie das System einer Wissenschaft auch unbewiesene Thesen darin vollkommen glaubhaft absichern kann, sofern es an anderen Stellen genügend fruchtbar erscheint.

Tycho Brahe

Außerhalb Europas gab es schon im 15. Jahrhundert in Samarkand (heute Usbekistan, Sowjetunion) ausgezeichnete Beobachtungen. Im späten 16. Jahrhundert erreichte Tycho Brahe auf der Insel Hven (Dänemark) (Abb. 41) die Grenze des für das bloße Auge maximal erreichbaren Auflösungsvermögens von ca. einer Bogenminute.

Tyge Brahe (latinisiert: Tycho) wurde am 14. 12. 1546 in Krudstrup (Insel Schonen, Dänemark) geboren und starb am 24. 10. 1601 in Prag (Abb. 41).

Er begann 1559 Rhetorik und Philosophie in Kopenhagen zu studieren. Die Sonnenfinsternis von 1560 zog ihn aber so in ihren Bann, daß Astronomie bald seine große Leidenschaft wurde. Zwar studierte er noch Rechte in Leipzig, beschäftigte sich intensiv mit Heilkunde und Alchemie – die auch später einschließlich der Astrologie eine große Rolle bei ihm spielte –, wurde aber durch den ‹neuen Stern› 1572 endgültig für die Astronomie gewonnen. Mit großzügiger königlicher Unterstützung – darunter 1576 das Lehensgeschenk einer ganzen Insel – Hven zwischen Kopenhagen und Helsingör – errichtete er zwei große Observatorien. Sie enthielten die besten Instrumente Europas. Dafür beutete aber Tycho Brahe die Insel und ihre Menschen rücksichtslos aus.

41: Die Sternwarte Uraniborg auf der Insel Hven. Unter den Spitzdächern waren die astronomischen Meßinstrumente untergebracht. Auf den Galerien konnte mit kleineren Instrumenten beobachtet werden (Kupferstich, 1666).

1597 verließ Tycho Brahe Dänemark, da der neue König ihm immer mehr Unterstützung entzog. Er kam über Rostock und Wandsbeck (heute Hamburg) 1599 als ‹kaiserlicher Mathematiker› an den Hof von Rudolf II. nach Prag. Astrologische Interessen spielten bei dieser Unterstützung durch die Mächtigen eine wichtige Rolle. Schon 1601 starb Tycho Brahe. Berühmt ist sein steinernes Grabmal in der Teynkirche in Prag.

Jetzt war man endgültig von den antiken Beobachtungswerten abgerückt. Und die entscheidenden Neuerungen rückten immer weiter in den Norden Europas. Das politische Gewicht dieses Teils der Welt nahm ja gleichzeitig erheblich zu. Man kann hier enge Wechselwirkungen zwischen den geistigen Strömungen des Humanismus, Protestantismus, der neuen Wissenschaft einerseits und der zunehmenden politisch-ökonomisch-technologischen Macht andererseits verfolgen – ganz deutlich etwa in Holland und Schweden.

Tycho Brahe stellte mit seinen Instrumenten ein reichhaltiges Beobachtungsmaterial zusammen. Entscheidend für dessen Genauigkeit war
– die Herstellung wichtiger Instrumente in Metall oder Stein, und zwar in ausreichenden Dimensionen, so daß die Meßskalen sehr fein unterteilt werden konnten; besonders berühmt wurde sein großer Mauerquadrant (Abb. 42);
– die zweckmäßige Abänderung bekannter Instrumente, z. B. der sogenannten Zodiakalarmillarsphäre zu einer einfacheren und wegen ihrer Symmetrie mechanisch stabileren Äquatorarmillarsphäre[37];
– die Entwicklung genauerer Ablesemethoden (‹Nonius›) und neuer Sternmeßmethoden (‹Fundamentalsterne›);
– die sorgfältige Beachtung aller ihm bekannten Fehlerquellen, etwa bei der Aufstellung der Instrumente;
– die Berücksichtigung der Brechung der Lichtstrahlen beim Durchgang durch die Erdatmosphäre mit Hilfe von Tabellen für horizontnahe Höhen.

Wie weit er genau gehende Uhren (sogenannte Kreuzschlaguhren, noch keine Pendeluhren) kannte, die nur etwa eine Minute Abweichung pro Tag zeigten, bleibt umstritten.

Tycho Brahe konnte sich aus mehreren Gründen nicht zum heliozentrischen System durchringen. Einige dieser Gründe seien aufgezählt:
– Er fand trotz erhöhter Beobachtungsgenauigkeit keine Fixsternparallaxe und hätte also den Himmel noch weiter von der Erde wegrücken müssen als Copernicus – laut eigener Worte 700mal so weit vom Saturn entfernt wie Saturn von der Sonne. Diese riesige Leere war ihm unverständlich. Gott würde nichts umsonst schaffen. Brahe hatte gute Vorstellungen von seiner eigenen Meßgenauigkeit. Wie bei Copernicus kann man – mit Brahes Wert für die Saturnentfernung von 12300 Erdradien[38] –

42: Der große Mauerquadrant von Tycho Brahe. Er stand im Erdgeschoß der Uraniborg. Hier konnten nur Meridiandurchgänge von Sternen durch eine Maueröffnung (links oben) beobachtet werden. Wie weit die Uhren – rechts unten, noch ohne Pendel – genau genug für astronomische Messungen waren, bleibt umstritten. Sie waren auf jeden Fall sehr gut. Auf der Galerie sieht man Beobachtungen mit beweglichen Instrumenten (Quadrant, Armillarsphäre, Triquetrum), darunter weitere Mitarbeiter und einen großen Sternglobus, im Untergeschoß alchemische Experimente, wie sie für einen Naturwissenschaftler der damaligen Zeit – auch noch für Newton – nicht ungewöhnlich waren (Holzschnitt, 1598).

die (doppelte) Parallaxe eines so weit entfernten Sterns ausrechnen. Sie würde knapp eine Bogenminute betragen!

– Er nahm – wie andere auch – bestimmte scheinbare Durchmesser der Fixsterne einfach als grundsätzlich an, obwohl er sie nicht messen konnte. So wurden Sterne erster Größe zu zwei Bogenminuten angesetzt. Aus der riesigen Entfernung der Fixsterne im Copernicanischen System hätte er nun ‹ungeheuerliche› Größen dieser Sterne folgern müssen – größer als die doppelte Entfernung Erde–Sonne.

– Die schwere Erde war für ihn kaum bewegt auf einer Bahn vorstellbar – es war noch ein weiter Weg bis zum Newtonschen Trägheitsgesetz. Allerdings hätten hier galileische Vorstellungen von kräftefreien Bewegungen auf Kreisen auch schon ausgereicht. Gegen die tägliche Bewegung der Erde gab es eine ganze Reihe von Argumenten der Aristotelischen Physik.

– Die Erdbewegung widersprach bestimmten Stellen der Heiligen Schrift.
– Er fand keine rückläufigen Bewegungen der Kometen in ihrer Oppositionsstellung, obwohl sie in Entfernungen laufen mußten, die den Planeten vergleichbar waren – weit oberhalb des Mondes. Das hatte er aus seiner vergeblichen Parallaxensuche des Kometen von 1577 geschlossen.

All das führte zu Brahes Entschluß, die Erde im Weltzentrum ruhen zu lassen. Er schlug jedoch als Kompromiß vor, ohne ihn je quantitativ auszuführen, wenigstens Merkur bis Saturn um die Sonne kreisen zu lassen und mit dieser um die Erde. Das war das berühmte – im 17. Jahrhundert oft bemühte – Tychonische Weltsystem (veröffentlicht 1588 – Abb. 43).

Aus ihm ist ersichtlich, wie stark es doch den ptolemäischen Vorstellungen widersprach: Die Bahnen der inneren Planeten und sogar die Marsbahn kreuzen die Sonnenbahn. Es gab für Tycho also keine festen Sphä-

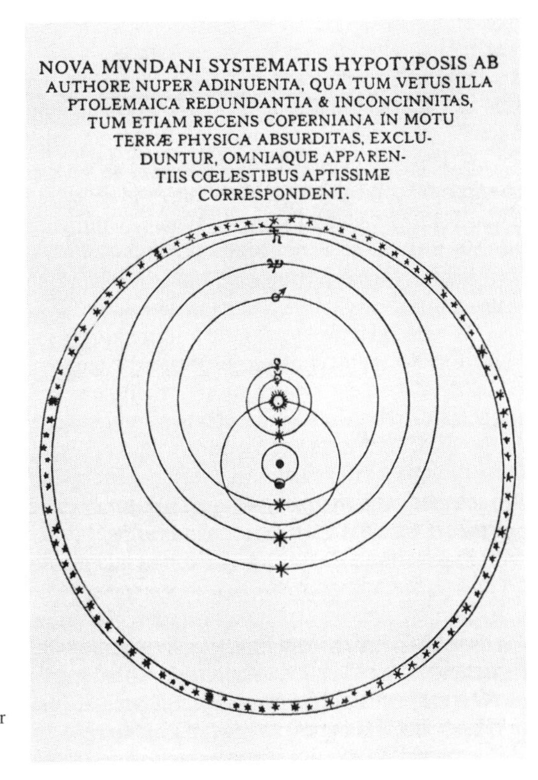

43: Das Weltsystem des Tycho Brahe. Die Erde bleibt unbewegt in der Mitte des Weltalls. Alle Planeten jedoch kreisen um die Sonne, erst mit ihr um die Erde (Holzschnitt, 1588).

ren mehr. Auch das war eine Konsequenz aus seiner vergeblichen Parallaxensuche beim Kometen von 1577. Dieser durchstieß ja im Planetenraum vorhandene Sphären! – Die Beobachtung eines ‹neuen Sterns› 1572 (es muß eine Supernova gewesen sein) hatte schon ein anderes antikes Dogma ins Wanken gebracht: die Unveränderlichkeit des Himmels. Da dieser neue Stern keine Parallaxe aufwies, setzte ihn Tycho über die Saturnbahn in 13000 Erdradien Entfernung von der Erde – also noch etwas abgesetzt von der vollkommenen Fixsternrunde, die erst nach 14000 Erdradien folgte.

Die Exaktheit der Beobachtungen Brahes bis zu rund einer Bogenminute wurde von Hevelius 100 Jahre später etwas übertroffen – auch noch mit bloßem Auge, obwohl das Fernrohr schon erfunden war! Erst John Flamsteeds Sternkatalog von 1725 war mit Hilfe des Fernrohrs sechsfach genauer.

Johannes Kepler

Johannes Kepler (Abb. 44) wurde am 27. Dezember 1571 in Weil der Stadt, Württemberg, geboren und starb am 15. November 1630 in Regensburg. Er studierte evangelische Theologie in Tübingen und wurde 1594 Mathematiklehrer in Graz. 1600 vertrieb ihn die Gegenreformation dort. Er ging zu Tycho Brahe nach Prag und wurde 1601 dessen Nachfolger als ‹Kaiserlicher Mathematiker› am Hofe Rudolfs II., Kaiser des ‹Heiligen Römischen Reiches Deutscher Nation›. Politische Streitigkeiten um Rudolf II. führten ihn 1612 nach Linz, obwohl er auch unter dem Nachfolger Matthias kaiserlicher Mathematiker blieb. Theologische Streitigkeiten innerhalb des Protestantismus verwehrten seinen sehnlichsten Wunsch, eine Stelle in Tübingen zu erhalten. 1617–1621 mußte er seine als Hexe angeklagte Mutter in Württemberg verteidigen. 1626 zog er nach Ulm, 1628 trat er in die Dienste Wallensteins in Sagan, da der Kaiser sein Gehalt nicht mehr zahlen wollte. 1630 starb er, während er auf dem Reichstag in Regensburg den Kaiser – auch wegen überfälliger Gehaltsforderungen – konsultieren wollte.

Es ist wichtig, daß sowohl Tycho Brahe wie Kepler sehr viel stärker als Copernicus in die Astrologie ihrer Zeit verstrickt waren. Zur Aufstellung

44: Der Tempel der Astronomie von Kepler. Der Stich stellt einen zehnseitigen, ringsum offenen Tempel dar. Die beiden primitiven hölzernen Säulen hinten, zwischen denen ein Chaldäer steht, symbolisieren die älteste Astronomie. Die besseren äußersten Säulen tragen die Namen des Meton, eines griechischen Mathematikers und Astronomen des 5. vorchristlichen Jahrhunderts, und Aratos, des gelehrten griechischen Poeten, der im 3. Jahrhundert v. Chr. eine dichterische Beschreibung der Sternbilder abfaßte. Dann folgen links und rechts Säulen, die gekennzeichnet sind durch die großen Astronomen, Hipparch (um 150 v. Chr.) mit dem Fixsternkatalog in der rechten Hand, und Ptolemäus (um 150 n. Chr.), an seinem ‹Almagest› arbeitend. In der Mitte stehen zwei Marmorsäulen, die des Copernicus und die mit prächtigem korinthischen Kapitell ausgestattete des Tycho Brahe. Copernicus hat sein Werk ‹De revolutionibus orbium coelestium› (1543) auf dem Schoß. An seiner Säule hängen Jakobsstab und Dreistab,

an Brahes Säule Quadrant, Oktant. Darunter lehnt ein Exemplar von Brahes Hauptwerk (1603). Brahe zeigt mit dem Finger an die Decke, wo sein besonderes geozentrisches Planetensystem aufgezeichnet ist, und sagt zu Copernicus: «Quid si sic?» (Wie [wär's], wenn's so [wäre]?) Am Sockel des Tempels ist in der Mitte ein Plan der Insel Hven dargestellt, auf der sich die Sternwarte Brahes befand. Rechts sieht man das Bild einer Druckerei und links Kepler in seinem Arbeitszimmer; ein Modell der Tempelbedachung steht auf dem Tisch. Zwischen den Wappen von Böhmen, Prag, Oberösterreich und Linz verkündigt an der Wand eine Tafel die Titel von vier Werken Keplers. Auf dem Sims der Dachwölbung bemerkt man sechs allegorische Figuren: Es sind von rechts nach links: Physica (mit Magnetnadel und Spiegel), Statica (mit Schnellwaage), Geometria (mit Zirkel und Winkel), Arithmetica (mit Zahlenkranz), Dioptrica (mit astronomischem Fernrohr), Astronomia (mit dem durch die Sonne gebildeten Schattenkegel der Erde). Im Scheitel des gewölbten Daches zeigt sich uns die Himmelsgöttin mit ihrem Wagen; darüber aber schwebt der kaiserliche Adler, aus dessen Schnabel Dukaten fallen – Zeichen für die Förderung der astronomischen Wissenschaft durch den Kaiser. Und einige wenige Geldstücke gelangen auch auf Keplers Tisch (Kupferstich, 1627).

von Horoskopen vor allem wurden sie von ihren unmittelbaren Auftraggebern bezahlt (Abb. 45). Sie konnten sich etwa als ‹Kaiserliche Mathematiker› wesentlich ausgiebiger als andere nur mit Himmelsproblemen beschäftigen.

Johannes Kepler erhielt das gesamte Beobachtungsmaterial Tycho Brahes mit dem Auftrag, eine Marstheorie zu entwickeln – natürlich im braheschen und nicht im copernicanischen Sinn.

Kepler fußte jedoch schon längst auf dem Copernicanischen System. Später gab er seine drei wichtigsten Grundlagen an: die Astronomie des Copernicus, die Beobachtungen Tycho Brahes, die Magnetismustheorie von Gilbert[39], letztere für seine dynamischen Vorstellungen der Kräfte im Planetensystem.

Keplers Vorstellungen von göttlicher Harmonie und platonischer Zahlen- und Formenbedeutung hatten ihn schon länger zur Suche nach einfachen mathematischen Gesetzmäßigkeiten hinter der Sechszahl der Planeten im Copernicanischen System, ihren Abständen von der Sonne, der Abnahme ihrer Bahngeschwindigkeiten bei größerem Abstand geführt.

1596 glaubte er in seinem ersten Buch: ‹Mysterium Cosmographicum› (das Weltgeheimnis), dieses wichtige Rätsel gelöst zu haben. Die Sphären (= Kugelschalen) der sechs Planeten waren durch die fünf regelmäßigen platonischen Körper getrennt – von Saturn bis Merkur: Würfel, Tetraeder, Dodekaeder, Ikosaeder, Oktaeder. Für Kepler waren die Sphären

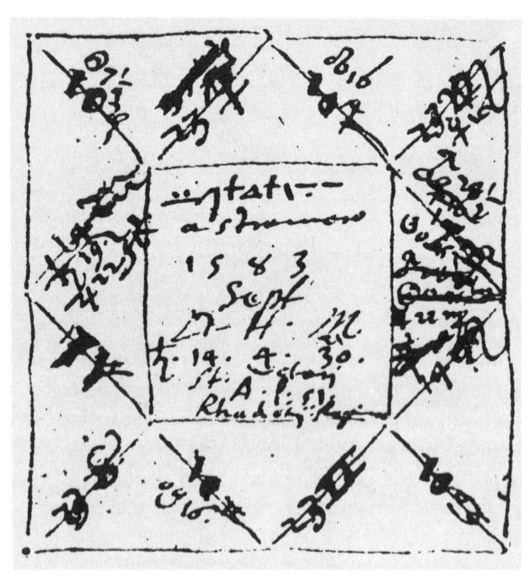

45: Horoskop von Kepler für Wallenstein. Das Horoskop wurde um 1608 gestellt. Die Personenangaben in der Mitte lauten: Waltstein / a stromero / 1583 / Sept. / D. H. M / 14. 4. 30 (21) / St. Veterj / A. P. 51 / Rhadetij Reginae. Darum herum stehen die zwölf ‹Häuser› mit den für Wallenstein gültigen Planetenständen und Tierkreiszeichen. Der Name Waltstein ist in einer Geheimschrift Keplers abgefaßt. ‹a stromero› heißt vom Auftraggeber Stromair. Das weitere sind Angaben zur Geburt Wallensteins. – In Keplers Manuskripten finden sich Horoskope für rund 800 Personen! (Manuskript, um 1608).

allerdings – wie bei Tycho Brahe – keine real existierenden Körper mehr. Die genaue Bewegung der Planeten setzte er 1596, anders als Ptolemäus und Copernicus, ausschließlich aus exzentrischen Kreisen ohne Epizykel zusammen.

Er bekam also ein – leider nur ungefähr gültiges – Abstandsgesetz für das Sonnensystem. Ein späterer – bis heute gültiger – Ansatz eines reinen Abstandsgesetzes, die Titius-Bodesche Reihe aus dem 18. Jahrhundert, kam zu besserer Übereinstimmung mit der Wirklichkeit, allerdings auf Kosten der Annahme einer imaginären Bahn in der großen Mars-Jupiter-Lücke. Hier fand man erst ab 1800 Himmelskörper, die Planetoiden. Dieses arithmetische Gesetz mutet uns noch heute seltsam platonisch an – es gibt keine Erklärung dafür.[40] Wäre nicht Kepler so stark auf die platonischen Körper fixiert gewesen – er hätte es vielleicht vorwegnehmen können? Doch er versuchte zeit seines Lebens seine wunderbare Harmonie zu bestätigen – und zu verbessern!

So glaubte er zunächst, ein Gesetz zwischen Umlaufszeiten und mittleren Sonnenabständen je zweier aufeinanderfolgender Planeten gefunden zu haben. Für die vorkommenden Werte war dieser – falsche – Zusammenhang relativ gut brauchbar – ein Zeichen, wie gefährlich es ist, aus einer nur auf wenige Werte gestützten Approximationsformel allgemeine Schlüsse zu ziehen. (Das spricht vielleicht auch gegen irgendeine Fundamentalbedeutung der Titius-Bodeschen Reihe.) Das richtige berühmte dritte Keplersche Gesetz fand er erst viel später.

Zur Verbesserung der Marsbahn (Abb. 46) dienten Kepler ab 1600 die Beobachtungen Tycho Brahes. Schon im ‹Mysterium Cosmographicum› hatte er auf ein von Copernicus fallengelassenes Hilfsmittel des Ptolemäus zurückgegriffen: den Äquanten.

Hätte er nämlich die copernicanischen Lösungen zugrunde gelegt, wären seine Kugelschalen der sechs Planeten durch die Epizykel zu dick geworden. Um die fünf regelmäßigen Körper exakt dazwischenpacken zu können, brauchte er also die genaue Abstandsveränderung der Planeten gegenüber der Sonne, und zwar in verschiedenen Punkten der Bahn. Gerade das hatte bisher nie besonders stark interessiert.

Mit dem Äquanten versuchte er auch, die Theorie der Marsbahn zu bewältigen. Er nannte später seine neue – in Wirklichkeit ptolemäische – Hypothese dazu: Hypothesis vicaria (= Ersatzhypothese). Hier war gegenüber Ptolemäus die Entfernung Mittelpunkt–Ausgleichspunkt kleiner als die Entfernung Mittelpunkt–Zentralkörper; letzterer war natürlich für Kepler die Sonne. Nun konnte er nicht alle Marsbeobachtungen von Tycho Brahe damit erklären. Aus der Diskussion der geozentrischen und heliozentrischen Marsbreiten ergab sich jedoch, daß die Strecke Zentralkörper–Ausgleichspunkt zu halbieren war. Die Rechnung damit zeigte für den exzentrischen Kreis in vier bestimmten Bahnörtern (den

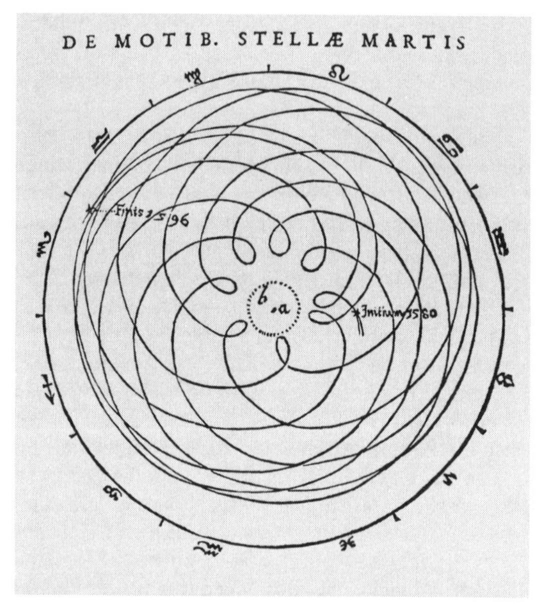

46: Die Marsbahn zwischen 1580 und 1596, von der Erde aus beobachtet. Dieses Bild am Beginn von Keplers Hauptwerk 1609 gibt einen Eindruck, wie schwierig es war, aus der Mixtur von Mars- und Erdbewegung die wirkliche Marsbahn zu berechnen. Entscheidend war zunächst eine exakte Kenntnis der Erdbahn. Sehr schön ist in der Darstellung zu erkennen, daß die – scheinbaren – Marsschleifen immer bei größter Annäherung an die Erde auftreten – dann ‹überholt› die schnellere Erde den Mars (vgl. Abb. 13) (Holzschnitt, 1609).

Oktanten) eine maximale Abweichung von ca. acht Bogenminuten. Kepler stellte fest, da die Abweichung zwar unterhalb der Meßgenauigkeit des Ptolemäus (von etwa zehn Bogenminuten) lag, aber bei der hohen Braheschen Genauigkeit (von etwa einer Bogenminute) eine Erklärung forderte: Entweder war die Bahn kein Kreis, oder der Ausgleichspunkt der Äquantbewegung war kein fixer Punkt, sondern lief periodisch hin und her, noch komplizierter und unerklärlicher als bei Ptolemäus![41]

Er versuchte jetzt, über eine genaue Bestimmung der Erdbahn neue Ausgangspunkte zu gewinnen.

Hier brachten Ansätze seines Kraftbegriffs aus dem ‹Mysterium Cosmographicum› Impulse auch für die Kinematik: Im Gegensatz zu Copernicus hatte er sich dort vorgestellt, daß die Sonne die Planeten in Gang hielt. In Sonnennähe wäre die Wirkung größer als in Sonnenferne und damit auch die Geschwindigkeit.

Es steckte also hinter dem eben erwähnten traditionellen Mittel des Äquanten bei Kepler eine neuartige dynamische Sicht: Die Geschwindigkeits*veränderung* in bezug auf die Sonne wurde betont, nicht die *Konstanz* der Geschwindigkeit in bezug auf den Mittelpunkt des Äquanten, den Ausgleichspunkt.

Nun schloß er dasselbe auch für die Erde. Auch ihre Bahn müsse, wie die der Planeten, mit einem Äquantmechanismus beschrieben werden. Die Erdbahn mit Äquant, das war ganz neu – die Erde mit veränderlicher Geschwindigkeit, das war revolutionär.

Von dieser Annahme der veränderlichen Erdgeschwindigkeit kam er wahrscheinlich auch zum nächsten Schritt, zum Ersatz der Äquanterklärung einer Kreisbewegung durch den Radiensatz – bevor er also die Ellipse als Bahnform entdeckte. Dieser Radiensatz ist die Vorform des Flächensatzes (Ende 1601), des später so genannten zweiten Keplerschen Gesetzes, das also vor dem ersten entdeckt wurde. Nach dem Radiensatz verhalten sich die Geschwindigkeiten der Planeten im sonnenfernsten und sonnennächsten Punkt umgekehrt wie die Radien. Das hat er dann auf den ganzen Bahnkreis übertragen, wo es nicht mehr exakt gilt. Durch Summierung der Radien für jeden Punkt der Bahn kam er schließlich zu den Flächen. Physikalisch steckt dahinter, daß für Kepler gerade der Radius, die Entfernung Sonne–Erde, als Kraftzeiger die Geschwindigkeit der Erde dirigierte.

Das zweite Keplersche Gesetz lautete in der Veröffentlichung der ‹Astronomia Nova› 1609 (Abb. 47):

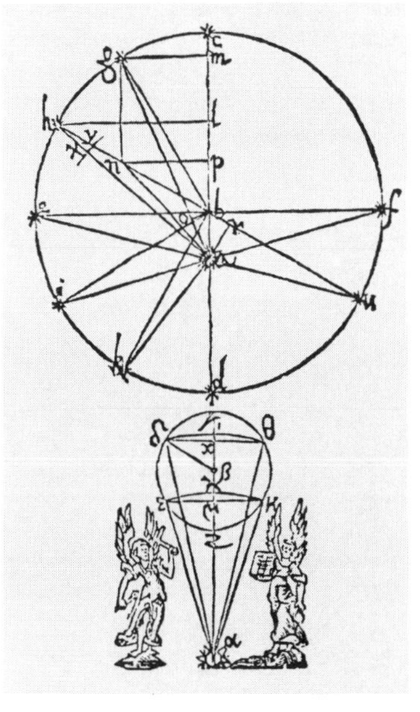

47: Der Keplersche Flächensatz oder das 2. Keplersche Gesetz. An dieser Abbildung erläuterte Kepler zum erstenmal seinen Flächensatz. Die Flächensektoren (CAG, CAH etc.) verhalten sich wie die Durchlaufszeiten der Planeten auf den entsprechenden Bogenstükken der Bahn (CG, CH etc.). Er betrachtete hier nur die Erdbahn, und zwar als Kreis, mit der Sonne in A und einem ptolemäischen Ausgleichspunkt P, von dem aus die Geschwindigkeit auf dem Kreis konstant erschien. Sein Beweisgang war mathematisch nicht korrekt. Der Flächensatz war für ihn zunächst nur ein unvollkommener Rechenbehelf, da seine eigentliche physikalische Vorstellung, die Geschwindigkeit in jedem Bahnpunkt sei umgekehrt proportional dem Abstand zur Sonne (= Radius, deshalb Radiensatz genannt), praktisch sehr schwierig in Rechnung umzusetzen war. – In modernen Zeichnungen des Flächensatzes wählt man übrigens nicht gleiche Bogenlängen CG, GH etc., sondern gleiche Flächensektoren, um die unterschiedliche Geschwindigkeit des Planeten geometrisch zu verdeutlichen. CAG, GAH etc. hätten also gleiche Fläche (Holzschnitt, 1609).

2. Keplersches Gesetz:

«Daher folgt aus dem obigen: Wie sich die Fläche CDE zur halben Umlaufszeit, die wir mit 180° bezeichnen, verhält, so verhalten sich die Fläche CAG oder CAH zu den Zeiten, die der Planet auf CG oder CH verweilt. So wird also die Fläche CGA ein Maß für die Zeit oder die mittlere Anomalie, die dem exzenterbogen CG entspricht, da die mittlere Anomalie ein Maß für die Zeit ist.»[42]

Auch mit der neuen Erdbahn kam Kepler zu den acht Bogenminuten Abweichung seiner Marsbahn gegenüber den Beobachtungen von Tycho Brahe. Er stellte fest, daß die richtige Bahn des Planeten innerhalb des angenommenen Kreises verlaufen mußte und diesen im sonnenfernsten und sonnennächsten Punkt (den Apsiden) genau berührte. Sein erster Versuch dazu war ein Oval, doch ergaben die Berechnungen, daß die wirkliche Kurve noch einmal zwischen Oval und Kreis liegen mußte. Nach langen Überlegungen und Ansätzen fand er schließlich 1604 die Ellipse als wahre Bahnkurve (Abb. 48) und damit das später so genannte erste Keplersche Gesetz, das ebenfalls 1609 in der ‹Astronomia Nova› veröffentlicht wurde:

1. Keplersches Gesetz:

«So hat mich die Einsicht nicht wenig gekostet, daß die Ellipse neben der Schwankung [d. h. zur Erklärung der Schwankung als Abweichung von einer angenommenen Kreisbahn] bestehen kann, wie sich in folgendem Kapitel zeigen wird. Daselbst wird auch der Beweis geführt werden, daß für den Planet keine andere Bahnfigur übrig bleibt, als eine vollkommene Ellipse ...»[43]

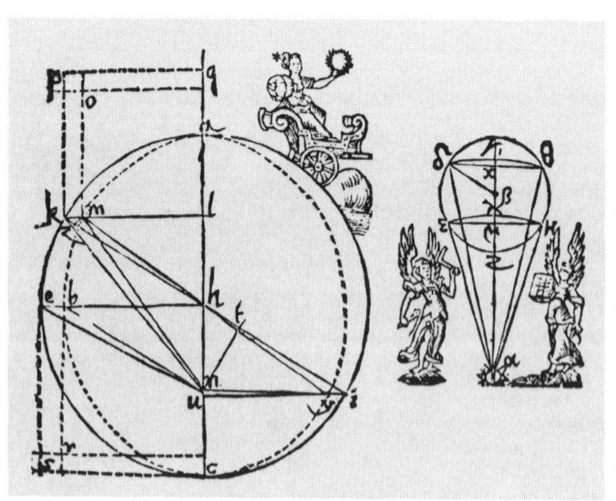

48: Die Marsbahn als Ellipse. Die immer noch vorhandenen Abweichungen zwischen seiner Oval-Hypothese und der Beobachtung – in bestimmten Bahnpunkten acht Bogenminuten – brachten Kepler nach langer Irrfahrt endlich zur Ellipse (gestrichelte Kurve). Das war also die wirkliche Bahn des Mars – und nur für ihn konnte er diese Bahnform beweisen (Holzschnitt, 1609).

Diese Bahn wurde also nur für den Planeten Mars bewiesen! Doch geht aus seinen physikalischen Betrachtungen über die Ursachen hervor, daß er das ganze Planetensystem meinte.

An Ursachen führte er aus: Die Sonne besaß eine ‹anima motrix›, also eine bewegende Kraft, laut Kepler ähnlich der magnetischen, wie sie William Gilbert in seinem Werk ‹Vom Magneten› 1600 untersucht hatte (Abb. 49). Der Name ‹anima› statt etwa ‹vis› an dieser Stelle zeigt, daß Fernkräfte bis dahin nur analog zu Seelenkräften (anima = Seele) verstanden werden konnten. Die um die Sonne kreisförmig laufenden Kraftstrahlen rotierten zusammen mit ihr. Dieser «Kreisstrom» riß die Planeten in unterschiedlicher Geschwindigkeit, je nach ihrer Fähigkeit, Kraftwirkung zu empfangen, sowie gemäß ihrem Abstand, mit sich. Keplers Überlegungen hier waren sehr eingehend. Die Sonnenrotation hat er

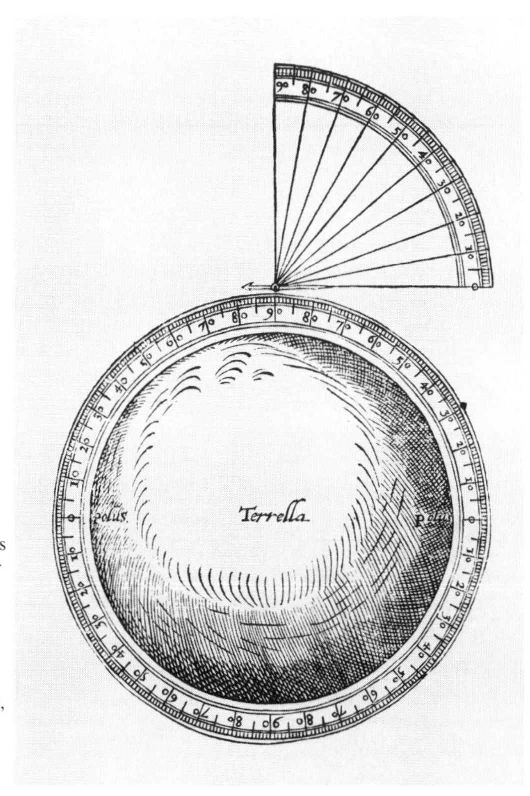

49: Versuch zum Magnetismus von Gilbert. Gilberts Vorstellungen beeinflußten Keplers himmelsphysikalische Überlegungen über die antreibende Kraft der Sonne stark. In Gilberts Werk ‹De Magnete ...› werden Magnetkugeln als Modellerde (terrella) untersucht. So bestimmte er, wie sich die Ablenkung einer Magnetnadel ändert, wenn sie vom Äquator einer Modellerde zum Pol auf einem Kreis herumgeführt wird, der direkt als Wirkungskreis (orbis virtutis) verstanden wird (Holzschnitt, 1600).

rein hypothetisch behauptet – sie wurde für ihn durch die Tatsache gestützt, daß die Erde als Besitzer eines Satelliten rotiere, der Mond ohne eigenen Satelliten dagegen nicht. Aus einer falschen Analogie schloß Kepler also eine richtige These. Interessant ist seine spätere Erklärung, wie der wechselnde Abstand der elliptischen Bahnen zustande kommen sollte: Die konstant ausgerichtete magnetische Achse der Planeten – bei der Erde ja bekannt – führte dazu, daß ein Pol mitunter dem ‹Monopol› Sonne näher war als der andere, so daß die Anziehung gegenüber der Abstoßung überwog bzw. umgekehrt. In der ‹Astronomia Nova› brachte er das irdische Beispiel eines Bootsruders, das in verschiedener Stellung in einem Kreisstrom von Wasser stand und deshalb mit dem Boot einmal zum Zentrum hin, dann von ihm weg gedrückt würde. Das war ein erster Schritt in die Richtung Isaac Newtons. Zu dessen Konzept der Gravitation gibt es allerdings zwei wesentliche Unterschiede:

– Kepler nahm an, daß diese Kraft der Sonne (oder auch der Erde gegenüber dem Mond) als «Kreisstrom» wirkte, nicht zentral auf die Sonne (bzw. Erde) hin. Sie existierte ferner nur in der Ekliptikebene. Ihre Wirkung wurde für ihn proportional zum Abstand schwächer. Das paßte alles zusammen, denn der Kreisumfang (als zweidimensionales Konzept) wächst tatsächlich proportional zum Radius.

– Wenn die Sonne keine Rotation hätte, würden die Planeten stillstehen – also nicht geradlinig mit konstanter Geschwindigkeit in den Weltraum entweichen. Die Ruhe blieb erhalten, nicht die konstante Geschwindigkeit. Für ihn galt also dieser Teil des antiken Trägheitsgesetzes. Doch war der Gegensatz zur Antike mindestens genauso groß. Dort hatte dieses Gesetz nur für künstliche Bewegungen (z. B. Wurf) gegolten. Für Kepler brauchten auch himmlische Kreisbewegungen einen Antrieb. Noch Galilei machte diesen revolutionären Schritt nicht mit!

An diesem ersten dynamischen Ansatz gegen Aristoteles zur Erklärung der neuen Himmelskinematik sieht man deutlich, wie schwierig es war, eine neue ‹Physik› zu schaffen.

Es fehlte noch zuviel Grundsätzliches, das an den Gestirnen selbst nicht zu entdecken war – etwa die Physik der Zentripetalkräfte bei Drehbewegungen, die erst erkennen ließ, daß zentral wirkende Kräfte direkt Kreisbewegungen erzeugen konnten.

So lag für Kepler die Gleichsetzung zwischen den Ursachen von senkrechtem freiem Fall und kreisender Bewegung der Planeten – die große Leistung von Isaac Newton 1687 – doch noch fern. Seine Kraftfibern der Erdschwere waren ganz verschieden von denen der Kreiswirkung gedacht, vor allem senkrecht aus der Erde austretend. – Auch die Gezeiten erklärte er übrigens mit der Anziehung des Wassers durch eine Art magnetischer Kraft (‹gravitas›), jetzt des Mondes. Sie mußte wie die Erdschwere zentral wirken.

Obwohl Kepler keineswegs an einer ‹Entgöttlichung› der Welt interessiert war, leitete er doch die Entwicklung noch weiter als Copernicus in die Richtung zumindest einer ‹Entgöttlichung› des astronomischen Himmels. Das zeigt schon sein viel forscherer Ton gegenüber der Autorität der Kirche:

«In der Theologie gilt das Gewicht der Autoritäten, in der Philosophie aber das der Vernunftgründe. Heilig ist nun zwar Laktanz, der die Kugelgestalt der Erde leugnete, heilig Augustinus, der die Kugelgestalt zugab, aber Antipoden leugnete, heilig das Offizium unserer Tage, das die Kleinheit der Erde zugibt, aber ihre Bewegung leugnet. Aber heiliger ist mir die Wahrheit, wenn ich, bei aller Ehrfurcht vor den Kirchenlehrern, aus der Philosophie beweise, daß die Erde rund, ringsum von Antipoden bewohnt, ganz unbedeutend und klein ist und auch durch die Gestirne hin eilt.»[44]

Er zog nicht nur irdische natürliche Vorgänge als Analogien für das Himmelsgeschehen heran, sondern auch künstlich-technische, etwa die Uhr, und zwar schon im ‹mechanistischen› Sinn:

«Mein Ziel ist es zu zeigen, daß die himmlische Maschine nicht eine Art göttliches Lebewesen ist, sondern gleichsam ein Uhrwerk (wer glaubt, daß eine Uhr beseelt sei, der gibt die Ehre, die dem Künstler zukommt, dem Werk), insofern nahezu alle die mannigfaltigen Bewegungen von einer einzigen, ganz einfach magnetischen, körperlichen Kraft besorgt werden, wie bei einem Uhrwerk alle Bewegungen von dem so einfachen Gewicht. Und zwar zeige ich, wie diese physikalische Vorstellung rechnerisch und geometrisch darzustellen ist.»[45]

Das dritte Keplersche Gesetz ist in dem Werk ‹Harmonices Mundi libri V› – fünf Bücher (= Kapitel) der Weltharmonik, 1619, enthalten, in dem Kepler weiter nach der Harmonie in den Bahnwerten der Planeten suchte. Er glaubte, in dem jeweiligen Verhältnis von Maximalgeschwindigkeit des einen Planeten und Minimalgeschwindigkeit des anderen die wohlklingenden musikalischen Intervalle gefunden zu haben, etwa die Oktave, und suchte nun nach einem Zusammenhang zwischen Geschwindigkeit und Abstand der Planeten. 1618 fand er ihn (veröffentlicht 1619):

3. Keplersches Gesetz:

«Allein es ist ganz sicher und stimmt vollkommen, daß die Proportion, die zwischen den Umlaufszeiten irgend zweier Planeten besteht, genau das Anderthalbe der Proportion der mittleren Abstände, d. h. der Bahnen selber ist ...»[46]

In dieser euklidischen Ausdrucksweise bedeutet das ‹Anderthalbe der Proportion› die Potenz 1½, so daß die algebraische Formulierung der Keplerschen Aussage lauten würde:

$$T_1 : T_2 = (a_1 : a_2)^{3/2}.$$

Daraus folgt die moderne Formulierung

$$T^2 : a^3 = \text{konstant}.$$

Die ‹Rudolphinischen Tafeln› 1627 waren Keplers letztes Werk, nun wirklich entscheidend besser gegenüber den Vorläufern auf ptolemäischer und rein copernicanischer Grundlage. Das galt für praktische Erfordernisse bei der Kalenderrechnung, bei der Navigation und in der astronomischen Wissenschaft.

Die wirkliche Revolution bei Kepler war, daß er als erster die beobachtbaren Bahnen nicht aus Elementen, etwa Kreisen, zusammensetzte, die einzeln vorhanden sein sollten und erst als Resultante die beobachtbare Bewegung ergaben, sondern als Ganzheit, d. h. als Ellipsen, mathematisch beschrieb.

Die Zusammensetzung von komplizierteren Bewegungen aus einfachen Grundbewegungen, wie es bis Tycho Brahe in der Astronomie üblich war, ist im übrigen ein bewährtes Hilfsmittel auch der heutigen Physik. So können komplizierte Luftschwingungen, wie sie ein Geigenklang darstellt, durch einfache ‹harmonische› Sinusschwingungen: Grundton mit Obertönen, zusammengesetzt werden. Das ist die berühmte Fouriersynthese. Niemand käme aber noch auf die Idee, ein schwingendes Luftteilchen würde wirklich all diese Einzelbewegungen mitmachen!

Trotzdem ist es – historisch gesehen – schwierig zu sagen, die Ellipse als Bahnmodell sei ‹einfacher› als die Zusammensetzung aus Kreisen. Es sei denn, man legt ein ganz bestimmtes Einfachheitsverständnis, etwa das der klassischen Mechanik, zugrunde. Unabhängig von der Antike, für die natürlich noch so viele Kreise ‹einfacher› bzw. ‹harmonischer› waren als eine einzige Ellipse, gibt es auch moderne Argumente, die die Welt aus ‹einfacheren› Elementen aufgebaut vorstellen – ohne daß diese wirklich beobachtet werden. Wie wirklich sind etwa die Quarks als Elementarteilchen, von denen manche Physiker glauben, daß sie nie frei, d. h. als selbständige Teilchen, beobachtet werden können?

Im Zusammenhang mit Keplers astronomischen Leistungen sind seine optischen Arbeiten zu sehen. Die Optik als Wissenschaft erhielt hier direkte Impulse von der Entwicklung der Astronomie.

Besonders wichtige Fragen waren die Strahlenbrechung in der Atmosphäre und die Abnahme der Lichtintensität mit der Entfernung. Hier war Kepler für den umgekehrt quadratischen Zusammenhang. Bezüglich Brechungsgesetz (Abb. 50) kam er nicht wesentlich weiter als vor ihm die Astronomie ab Ptolemäus. Er stellte Tabellen auf Grund von Experimenten für verschiedene Einfallswinkel des Lichtes auf und fand auch funktionale Zusammenhänge, die aber nur angenähert gültig waren.

Das Brechungsgesetz wurde jedoch in derselben Zeit gefunden – wenn auch nicht veröffentlicht –, und zwar durch Thomas Harriot, 1602, danach durch Willebrord Snellius um 1620, veröffentlicht erst durch René Descartes[47], 1637.

Auch die ‹Camera obscura› spielte in Keplers Astronomie und opti-

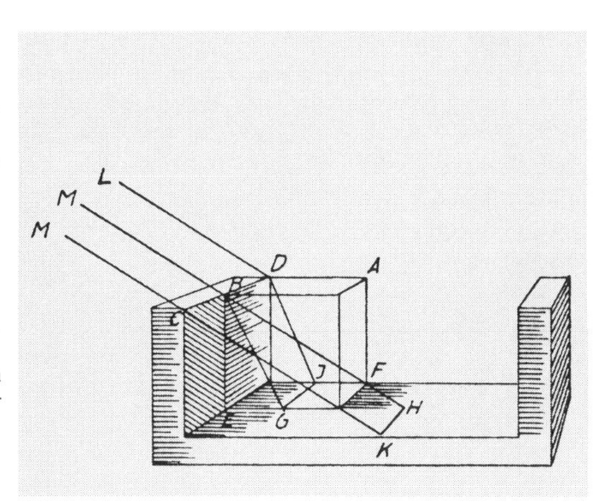

50: Untersuchungen von Kepler zur Lichtbrechung. In einem Glaswürfel wird Licht von seinem geraden Weg (MM-HK) abgelenkt (BD-GJ), doch um wieviel? So drängend das Problem für die Berücksichtigung der Lichtbrechung in der Atmosphäre war, Kepler fand trotz mancher und mitunter komplizierter Ansätze das zugrundeliegende Gesetz nicht. Allerdings konnte man auch mit Tabellen von Einfalls- und Brechungswinkeln auf Grund von Experimenten gut arbeiten (Holzschnitt, 1611).

schen Untersuchungen eine wichtige Rolle. So benutzte er sie als Abbildungsgerät für die Sonnenscheibe – um z. B. Sonnendurchmesser bei Sonnenfinsternissen zu messen – und mußte sich dazu Gedanken über Abbildungstheorien machen, etwa über den Einfluß der Cameraöffnung und der Bildentfernung von dieser Öffnung auf die Größe des Bildes.[48]

Gleich nach der Erfindung des Fernrohres 1609, die über Galilei zu ihm kam, befaßte er sich mit den optischen Eigenschaften von Linsen und Linsensystemen. Er entwarf einen neuen Fernrohrtyp mit zwei Sammellinsen, der bis heute seinen Namen trägt. Er wird auch astronomisches Fernrohr genannt, da sein Prinzip, das das Bild ‹auf dem Kopf stehend› bringt, bei Linsenfernrohren für Forschungszwecke bis heute beibehalten wurde.

Auch mit der Theorie des Sehens durch das Auge befaßte sich Kepler ausführlich.

Galilei

Galileo Galilei (Abb. 51) wurde am 15. 2. 1564 in Pisa geboren und starb am 8. 1. 1642 in Arcetri bei Florenz. Er studierte 1581–1585 in seiner Geburtsstadt Medizin, Mathematik und Physik und wurde 1589 dort Universitätsprofessor für Mathematik. 1592 wechselte er zur Universität in Padua, das damals zur Republik Venedig gehörte. Hier blieb er bis 1610. Ohne Zweifel hätte er um 1609 seine neuen antiaristotelischen Ergebnisse in Physik (und Technik) veröffentlicht, wenn nicht das Fernrohr seine Interessen zunächst zur Astronomie umgelenkt hätte. Trotz seiner Erfolge in Padua wollte Galilei nach Florenz – ein unglücklicher Wunsch,

51: Galileo Galilei. Die Engel symbolisieren durch Schreiben und Beobachten mit dem Fernrohr Galileis Leistungen für die Astronomie (Kupferstich, 1613).

denn das Geistesklima in Venedig war liberaler als in der von der Inquisition stark beeinflußten Mediceer-Residenz. Er kam 1610 als großherzoglicher Mathematiker nach Florenz und blieb hier bis an sein Lebensende – mit Ausnahme von Reisen nach Rom zur Verteidigung und schließlich Abschwörung des Copernicanischen Systems.

1632 erschien sein astronomisches Hauptwerk: ‹Dialog über die beiden hauptsächlichsten Weltsysteme, das Ptolemäische und das Copernicanische›. Der Prozeß der Inquisition, der daraus entstand, führte 1633 zur endgültigen Verurteilung der Copernicanischen Lehre durch die Kirche und zur Verbannung Galileis auf sein Landhaus in Arcetri bei Florenz. Aus ihm schmuggelte er 1638 sein physikalisches Hauptwerk: ‹Unterredungen über zwei neue Wissenschaften, die Mechanik (= technische Mechanik!) und die Ortsbewegungen betreffend› hinaus. Es wurde in Leiden, Holland, veröffentlicht.

Im gleichen Jahr, in dem Kepler, gestützt auf das mit bloßem Auge erstellte Beobachtungsmaterial Tycho Brahes, die endgültige Klärung der Planetenbahnen veröffentlichte – 1609 –, begann Galilei mit seinen Fernrohrbeobachtungen des Himmels. Seine Entdeckungen können in fünf Gruppen eingeteilt werden:

– Es existierten am Himmel unglaublich viel mehr Sterne, als bisher bekannt. Sie bildeten – nach Galileis Entdeckungen – vor allem die Milchstraße, die bisher meist als neblige Materie galt (Abb. 52). Diese Sterne blieben im Fernrohr Lichtpunkte (wie die bisher bekannten Fixsterne und im Gegensatz zu den Planeten).

52: Der Mythos der Milchstraße. Als Galilei nachwies, daß sich die Milchstraße im Fernrohr in ungeheuer viele Einzelsterne auflöste, zerstörte er damit einen berühmten antiken Mythos: Der von Zeus unehelich mit einer Sterblichen gezeugte Sohn Herakles wurde vom Vater der schlummernden Gattin Hera an die Brust gelegt, um ihm die Unsterblichkeit zu verleihen. Er sog die Milch so heftig ein, daß sie bis an den Himmel spritzte und dort die Milchstraße bildete, während aus den zur Erde gefallenen Tropfen Lilien aufblühten (Gemälde 1575 von J. Tintoretto).

– Auf dem Mond gab es unregelmäßige Hell-Dunkel-Grenzen, die sich eigentümlich veränderten. Das konnte sofort als wandernde Schattenlängen von Gebirgen gedeutet werden (Abb. 53). Bei hellen Gebieten ohne spezifische Schatten lag die Interpretation als Meere nahe. Der Mond wurde von Galilei unmittelbar – allerdings unter Berufung auf die Pythagoräer – als ‹zweite Erde› bezeichnet.
– Um den Jupiter kreisten vier Satelliten, die Galilei zu Ehren des Großherzogs von Florenz, Cosimo II., aus dem Geschlechte der Medici, ‹Mediceische Planeten› nannte.

Diese Entdeckungen wurden in seiner Schrift ‹Sidereus nuncius› – Sternenbotschaft, 1610, veröffentlicht. Die folgenden kamen 1611 bzw. 1613 hinzu:
– Die Venus wies Phasen auf wie der Mond (Abb. 54).
– Die ‹reine› Sonne zeigte Flecken. Hier waren allerdings andere Entdecker Galilei zuvorgekommen (Abb. 55).

53: Kunst und wissenschaftliche Entdeckung. Galileis langjähriger Mentor und Freund, der auch mathematisch gebildete Maler Cigoli, schuf unmittelbar nach der Entdeckung der Mondkrater durch Galilei seine Himmelfahrt Mariae mit dunklem Mondteil und heller Mondsichel, auf der wie Pocken die Kraterschatten Galileis verstreut erscheinen. Dieses Bild ist noch heute in der Kirche Santa Maria Maggiore in Rom zu sehen (Fresko von L. Cigoli, nach 1610).

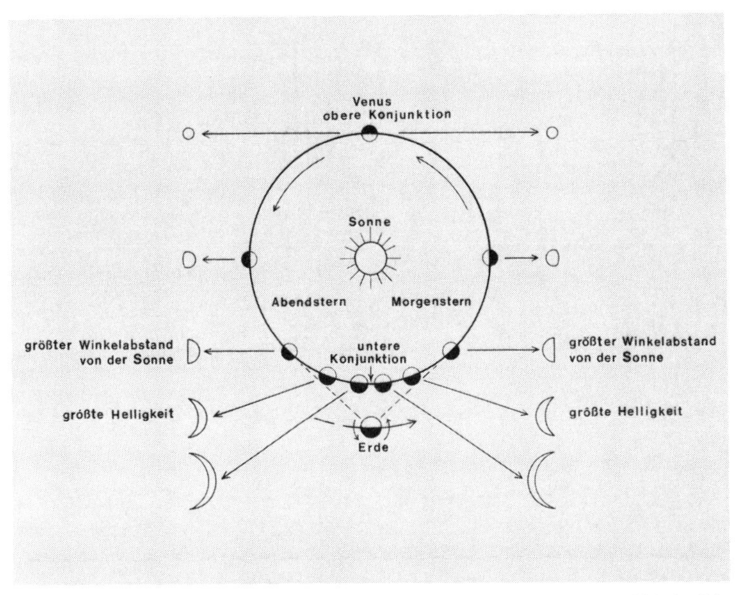

54: Die Bahn der Venus und ihre Phasen. Die größte Helligkeit erreicht Venus als Sichel – nicht wie unser Mond bei Vollbestrahlung, da sie dann zu weit von der Erde entfernt ist. Sichtbar wird sie als Vollvenus (in der oberen Konjunktion) überhaupt nur, weil ihre Bahn gegen die Erdbahn geneigt ist, sonst müßte man ja durch die Sonne hindurchblicken. Mehr als 47° kann sie sowieso nicht von der Sonne weg – den Winkel 2 × 47° markieren die gestrichelten ‹Sehstrahlen› von der Erde aus. Deshalb erscheint sie uns entweder als Abendstern bald nach Untergang der Sonne oder als Morgenstern kurz vor Tagesbeginn. Das kann man aus der eingezeichneten Rotationsrichtung der Erde leicht erschließen, wenn man eine Sonnenuntergangs- bzw. Sonnenaufgangslinie als Tangente vom Sonnenmittelpunkt zur Erdoberfläche zieht.

Auch Kepler war es 1610, in seiner ‹Dissertatio cum nuncio sidereo› (als Antwort auf die ersten drei Entdeckungen) sofort klar, welch großartige – allerdings nur indirekte – Unterstützung für das Copernicanische System hier vorlag:

– *bei den neuen Sternen:*

Sie erschütterten (einschließlich der Jupitertrabanten) die traditionell anthropomorphe Auffassung, daß das gesamte Weltall *für* den Menschen als Zentrum, zu seiner Belehrung und Freude, geschaffen worden war. Wenn dem so wäre, blieb es nun unerklärlich, warum der größte Teil des Himmels Tausende von Jahren für niemanden geleuchtet hatte.

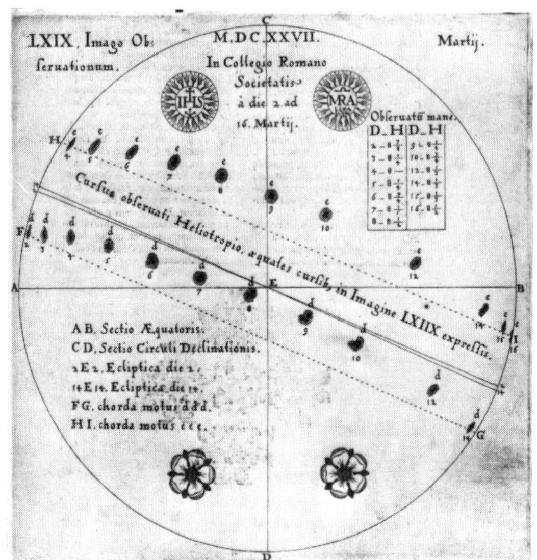

55: Die Entdeckung der Sonnenflecken. Da war Galilei einmal nicht der erste – obwohl er die Priorität anderer scharf bestritt. Wie die Mondgebirge und die Venusphasen zerstörten die Sonnenflecken endgültig die aristotelische Vorstellung von der Makellosigkeit und Unveränderlichkeit des Himmels. Kein Wunder, daß man sie – unter anderem – als kleine Planeten zwischen Erde und Sonne erklären wollte. Doch wurde bald bewiesen, daß ihre charakteristische Bewegung (hier bei Scheiner von Punkt 4–16, bzw. 2–14) wegen ihrer Krümmung, der höheren Geschwindigkeit in der Mitte der Sonne etc. nur mit einer Rotation der Sonnenoberfläche einfach genug erklärt werden konnte (Kupferstich, 1626–1630).

– *bei der Mondoberfläche, bei den Sonnenflecken (und Venusphasen):*
Der Himmel konnte nicht ganz verschieden vom irdischen Bereich sein. Es gab offensichtlich starke Abweichungen von der geforderten makellosen Vollkommenheit. Das war ein bedeutender Einwand gegen die Aristotelische Physik.
– *bei den Jupitersatelliten:*
Galilei selbst bemerkte triumphierend, daß mit dieser Entdeckung jedes Argument der Ptolemäus-Anhänger gegen die beispiellose Stellung des Mondes bei der Erde im Copernicanischen System fallen mußte. Nun gab es auch zu anderen Planeten Satelliten.

Schließlich war diese Entdeckung ein erneuter Beweis für die Unmöglichkeit kristalliner Sphären: Die ‹Mediceischen Planeten› hätten die Jupitersphäre ständig durchstoßen müssen. Außerdem wurde die ptolemäische Siebenzahl der Wandelsterne (einschließlich Erdmond) endgültig aufgehoben.
– *bei den Venusphasen:*
Die Erscheinung der Vollvenus war ein eindeutiger Beweis dafür, daß die Venus um die Sonne kreisen mußte. Nur dann konnte die Sonne zwischen

Erde und Venus treten und diese voll beleuchten. Sichtbar wurde das von der Erde aus, wie der Vollmond, weil Erd- und Venusbahn zueinander geneigt lagen.

Galilei zog auch noch ganz andere Folgerungen – und schoß zum Teil weit über das Ziel hinaus, denn manche halten einer ernsthaften Überprüfung nicht stand. So glaubte er noch 1632, daß die beobachtete Rotation der Sonnenflecken nur mit einer ruhenden – copernicanischen – Stellung der Sonnenachse vereinbar sei und nicht mit einer jährlichen Bewegung laut Ptolemäus.[49]

Die astronomischen Entdeckungen Galileis hatten große populäre Wirkung. Im Rückblick erkennt man zum erstenmal die so enge Beziehung zwischen Wissenschaft und Technik in der Neuzeit. Das Fernrohr als Meßinstrument bedeutete eine scharfe Grenze zwischen unmittelbarer Natur und menschlicher Verarbeitung von Eindrücken. Zum erstenmal kamen diese nur noch vermittelt durch Technik zum Menschen! Die aristotelische Wissenschaft konnte sich mit Recht gegen diese ungeheure Erweiterung des Erkenntnisanspruchs wehren. In der Tat hat die weitere Entwicklung der Naturwissenschaft (vom Mikroskop über elektrische Meßinstrumente bis zu atomphysikalischen Meßapparaturen) hier grundsätzliches Unbehagen gelassen, das man an Goethes Einwänden gegen Newtons Optik um 1800 studieren kann, aber auch an modernen erkenntnistheoretischen Diskussionen zur Atomphysik.

Das Fernrohr hatte sofort weit größere Bedeutung außerhalb der Wissenschaft als jedes astronomische Instrument vorher. Galilei zeigte in seiner Person und seinem Werk diese doppelte Bedeutung der ‹neuen Wissenschaft›, wie er sie selbst nannte, für Technik und Erkenntnis. So erkaufte er sich mit der Vorführung des Fernrohrs als kriegswichtigen Instruments vor der Signoria in Venedig eine Erhöhung seines Gehaltes und trieb gleichzeitig mit demselben Instrument die astronomische Wissenschaft weiter.

So deutete er auch die Nutzbarmachung der Jupitermondbewegungen für die Längenbestimmung auf See an und bot diese Idee Spanien und Holland an. Sie erhielt allerdings nie praktische Bedeutung, da diffizile quantitative Himmelsbeobachtungen mit dem Fernrohr auf einem schwankenden Schiff sehr schlecht durchzuführen waren.

Unbeeinflußt von dieser indirekten Unterstützung des Copernicus durch das Fernrohr tendierten alle konservativen Wissenschaftler im 17. Jahrhundert – und das waren die meisten – doch stärker zum Kompromißsystem des Tycho Brahe – soweit es die weltanschauliche Grundlage anbetraf (Abb. 56). Die theologische und physikalische Brisanz des Copernicanischen Systems erschien ihnen doch zu groß.

56: Das abgewandelte Weltbild des Tycho Brahe als Favorit im 17. Jahrhundert. Das vermittelnde Tychonische System (um 1585) erschien im 17. Jahrhundert vielen, vor allem Astronomen auf theologischer Seite, annehmbarer als das Copernicanische, da es einige Vorzüge genauso aufwies (die Planeten kreisten um die Sonne), aber die Schwierigkeiten mit Aristotelischer Physik und christlicher Theologie vermied (die Erde blieb in Ruhe in der Mitte des Weltalls). Das Bild zeigt die Weltsysteme von Copernicus und Riccioli, der sich an Tycho Brahe anlehnt, aber Jupiter und Saturn nur um die Erde kreisen läßt. Beide Systeme hängen an einer Waage, die sich auf die Seite Ricciolis neigt. Das Copernicanische System wird also für zu leicht befunden. Das Ptolemäische ist zurückgedrängt und mit ihm sein Urheber. Die Engel tragen die verschiedenen Planeten. Die Hand Gottes ruht über der Tätigkeit der Astronomie, die sich nach dem Wort der Bibel richtet, daß Gott alles nach Zahl (numerus), Maß (mensura) und Gewicht (pondus) geordnet habe (Kupferstich, 1651).

Isaac Newton

Isaac Newton (Abb. 57) wurde am 25. 12. 1642 (nach alter julianischer Zeitrechnung – sie galt in England noch bis 1752; neu war es der 4. 1. 1643) in Woolsthorpe, Lincolnshire, geboren und starb am 20. 3. 1726/7 (eigentlich 1726 – das neue Jahr begann erst am 25. März; neu war es der 31. 3. 1727) in Kensington, London. Er studierte ab 1661 in Cambridge Grundlagen, wie alte Sprachen und Geschichte, vor allem aber Mathematik. 1664–1665 waren die ‹goldenen› Jahre Newtons. Viele Grundlagen

57: Isaac Newton (Kupferstich, 1702)

seiner Entdeckungen in Mathematik, Mechanik und Optik datieren aus dieser Zeit. 1669 wurde er in Cambridge Professor für Mathematik und blieb dort 27 Jahre. 1687 erschien die erste Auflage seines Hauptwerkes: ‹Mathematische Prinzipien der Naturlehre›. 1696 ging er an die königliche Münze nach London, 1699 wurde er Direktor. Es ist nicht klar, ob vor allem die ausgezeichnete Dotierung oder eine gewisse geistige Müdigkeit bei ihm den Ausschlag für diesen Wechsel gaben. 1703 wurde Newton auch Präsident der Royal Society. Er war um diese Zeit hoch berühmt, wurde mit Ehren überhäuft und nach seinem Tod 1727 in der Westminster-Abtei, dem ‹Mausoleum› der größten Engländer, beigesetzt.

Außer Kepler hatten auch andere Wissenschaftler vor Newton verschiedentlich die Vermutung geäußert, daß eine Kraft umgekehrt proportional zur Entfernung – nicht zum Quadrat der Entfernung – zwischen Sonne und Planeten, bzw. zwischen Planeten und Satelliten wirke.[50]

Aus dem dritten Keplerschen Gesetz und Newtons Untersuchungen – unabhängig von Huygens – zur Kreisbewegung um ein Zentrum folgte nun eindeutig, daß die auftretenden Fliehkräfte der Planeten – ‹conatus› nannte sie Newton in den frühen Manuskripten – im umgekehrt quadratischen Verhältnis der Abstände zur Sonne standen und nicht im einfachen Verhältnis. Doch hieß das für Newton zunächst nicht unbedingt die Annahme einer universellen Zentralkraft in jedem Himmelskörper, die diesen Fliehkräften das Gleichgewicht hielt.[51] Auch Wirbelerklärungen existierten in dieser frühen Periode bei ihm – wie in der Theorie seines großen französischen Gegenspielers Descartes (Abb. 58). Dieser glaubte ja an materiell existierende Kraftströmungen um jeden Körper im Weltall, die in einer Art Nahwirkung – wie beim Stoßvorgang zwischen Billardkugeln – Bewegungen anderer Körper beeinflußten.

Aus allgemeinen dynamischen Betrachtungen folgte jedoch wahrscheinlich 1684 endgültig – publiziert 1687 – für Newton das fundamentale Konzept einer Zentralkraft für jeden Himmelskörper. Das hieß für das System Erde–Mond:

«Die Kraft, welche den Mond in seiner Bahn erhält, ist nach der Erde gerichtet und dem Quadrat des Abstandes seiner Örter vom Zentrum der Erde umgekehrt proportional.»[52]

Doch war noch nicht bewiesen, daß diese Zentralkraft identisch mit der Schwerkraft (= Gravitation) der Erde war. Erst dann war auch der Mond ‹schwer›, erst dann konnte man Erd- und Himmelsphysik ideal verschmelzen. Dazu mußte herauskommen, daß diese Zentralkraft auf den Mond, d. h. in 60fachem Abstand des Erdradius, mit dem Faktor 60×60 multipliziert, genau die Schwerkraft auf der Erdoberfläche ergab. Da die Bewegung des Mondes nach Newton einem Fall von $15\frac{1}{12}$ Pariser Fuß (etwa 4,9 m) in der ersten Minute entsprach, mußte der freie Fall auf der Erde (ohne Luftwiderstand) mit $60 \times 60 \times 15\frac{1}{12}$ Fuß pro Minute beginnen – das waren $15\frac{1}{12}$ Fuß in der ersten Sekunde. Seine Überlegung stimmte genau!

Dieser Gedankengang ist allerdings in Newtons ersten Manuskripten nicht so eindeutig zu finden. Er scheiterte damals, vor 1670, wahrscheinlich an einem zu kleinen – noch antiken – Wert des Erdradius von etwa 10 500 km statt (modern) 12 760 km. Als er den 1669–70 gemessenen Wert des Franzosen Picard benutzte – spätestens vor Sommer 1685 – war jedoch alles klar.[53] (Picard vermaß den Meridianbogen zwischen Malvoisine – 36 km südlich von Paris – und Amiens. Er erhielt daraus für die Länge eines Grads des Kugelumfangs 57 060 Toise = 111,2 km. Das entspricht einem Erddurchmesser von $\frac{111{,}2 \cdot 360}{\pi} \approx 12\,740$ km). Vielleicht haben auch theoretische Probleme bei der langen Entwicklung Newtons ab den 60er Jahren mitgespielt.[54]

Der endgültige theoretische Triumph Newtons bei seiner Verbindung von Erd- und Himmelsphysik war die Ableitung der Keplerschen Gesetze aus seinen physikalischen Grundannahmen.

Newtons Konzept und die Folgerungen daraus favorisierten also eindeutig das Copernicanische System in der quantitativen Gestalt von Kepler. Es soll aber nicht vergessen werden, daß dieses Konzept lange Zeit,

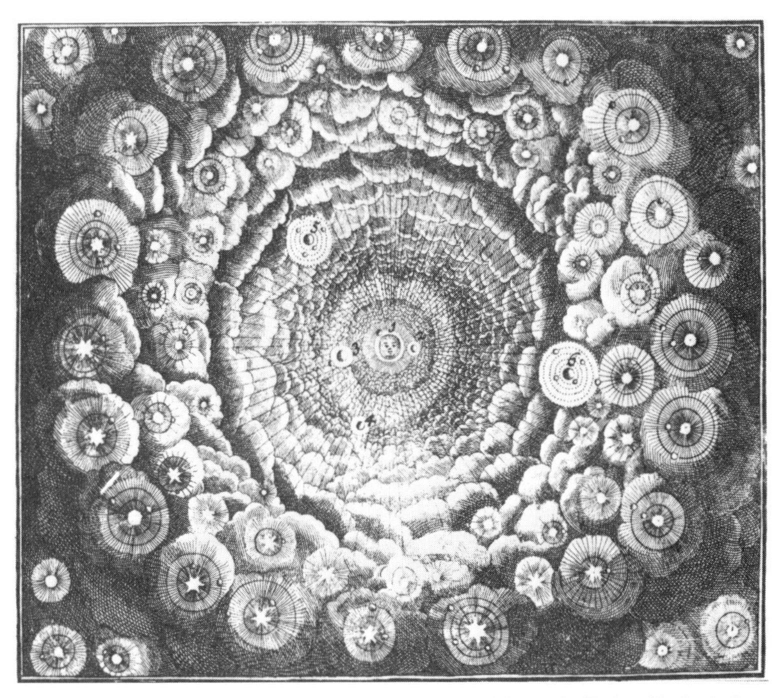

58: Das Weltall nach Descartes. Fontenelle, der berühmte Sekretär der Pariser Akademie der Wissenschaften und Popularisator der neuen Ideen, schrieb 1686 ein berühmtes allgemein verständliches Astronomiewerk: ‹Unterhaltungen über die Vielheit der Welten›. In der Abbildung – aus einer der vielen Ausgaben – erkennt man unsere Sonne und ihre Planeten und darum herum die Unzahl der Weltenwirbel wie Wolken in den Raum hineinwachsend (Kupferstich, 1750).

vor allem in Frankreich, nicht unwidersprochen blieb. Die Wirbeltheorie von Descartes – ebenfalls auf copernicanischer Grundlage – bot eine andere dynamische Erklärung an, ohne die verdächtig nach Scholastik aussehende, über den leeren Raum hinweg wirkende Anziehungskraft für jedes Masseteilchen zu bemühen. Doch war sie auf der quantitativen Seite dem Newtonschen System nicht gewachsen und konnte weder die Mondbewegung mit dem freien Fall auf der Erde vergleichen noch die Keplerschen Gesetze ableiten.

Das Newtonsche Konzept brachte andererseits neue Schwierigkeiten. So entstand, ähnlich dem später sogenannten Olbersschen Paradoxon der Addition der Sternhelligkeiten um die Erde herum, ein Gravitations-

Paradoxon, wenn man annahm, daß alle – nach Newton ruhenden – Sternmassen im Weltalldurchschnitt gleich verteilt waren. Sie müßten auf Grund der unendlich weit reichenden Gravitation aufeinander zufallen – das Weltall wäre nicht stabil. Obwohl erst im 19. Jahrhundert das schon kurz nach 1750 diskutierte und empirisch gesicherte Gegenargument: die Eigenbewegung der Sterne, als generelle Eigenschaft am Himmel akzeptiert wurde und erst im 20. Jahrhundert die allgemeine Fluchtbewegung aller Milchstraßen voneinander – die Expansion des Weltalls – festgestellt wurde, hat dieses Problem Newton nicht sehr geschadet. Heute ist es sogar in allgemeine kosmologische Theorien eingebaut.[55] In dem Modell eines oszillierenden Weltalls nimmt man an, daß dessen Dichte relativ groß ist. Dann könnte die Schwerkraft die beobachtete Fluchtbewegung der Milchstraßen wieder stoppen und in ein Aufeinanderzufallen verwandeln, bis alles in unglaublich hoher Dichte an einer Stelle ‹zusammenbäckt›. Nun gibt es einen erneuten ‹Urknall›, eine neue Expansion etc.

Das anschauliche Verständnis der Ellipsenbewegung bot damals enorme Schwierigkeiten, gerade wenn das Gravitationsgesetz zwischen Himmelskörpern nicht vorbehaltlos akzeptiert wurde. So wurde oft versucht – auch noch von Newton –, doch den leeren Brennpunkt und nicht den mit der Sonne besetzten zum Bezugspunkt der Ellipsenbewegung zu machen – das alte ptolemäische Äquantmodell! Vom leeren Brennpunkt aus gesehen lief der Planet – fast – gleichförmig und nicht mit so seltsamen Geschwindigkeitsänderungen, wie sie das zweite Keplersche Gesetz angab. Leere Bezugspunkte waren durchaus in Ordnung vom Standpunkt der neuen – klassischen – Physik aus. Dynamisch gesehen, konnten Kraftwirkungen jedoch nur von Massen ausgehen, mit Keplers Worten:

> «Das Zentrum ist lediglich ein mathematischer Punkt; was kein Körper ist, hat aber nicht die Kraft Bewegung zu erteilen.»[56]

Es war deshalb eleganter, Bewegungen auch von Massenzentren aus zu beschreiben. Allerdings ist ein leerer Schwerpunkt auch eine Art Massenzentrum: Ein System mehrerer Massen – etwa ein Doppelsystem – wirkt auf große Entfernungen, als wäre seine Gesamtmasse im Schwerpunkt konzentriert.

Die Newtonsche Physik siegte erst im 18. Jahrhundert gegen Descartes, als die Abplattung der Erde von zwei französischen Expeditionen gemäß der englischen Theorie entschieden wurde.

Vergleich der Weltsysteme von Ptolemäus, Copernicus, Tycho Brahe, Kepler/Newton

	Ptolemäus	**Copernicus**
Sonne	tägliche und jährliche Kreisbewegung von Sphären (Kugelschalen), an die die Sonne gebunden ist	in Ruhe, doch fallen die Mittelpunkte der Planetenbahnen nicht mit der Sonne zusammen
Erde	in Ruhe im Weltzentrum	jährliche Kreisbewegung einer Sphäre, an die die Erde mit täglicher und Deklinationsbewegung (zur Konstanthaltung der Achsenrichtung) gebunden ist
Mond	tägliche und monatliche Kreisbewegung um die Erde (feste Sphäre). Mittlere Entfernung 59 Erdradien	monatliche Bewegung um die Erde (feste Sphäre). Mittlere Entfernung 60 Erdradien
Planeten	tägliche und spezifische Kreisbewegung von mehreren Sphären, an die die Planeten gebunden sind, um die Erde	spezifische Kreisbewegung der Planetensphären um die Sonne
Fixsterne	tägliche Drehung einer Sphäre, auf der die Sterne festgeheftet sind	Fixsternsphäre in vollkommener Ruhe
Dimensionen des Weltalls	Entfernung Erde–Fixsterne 20 000 Erdradien. Die Saturnsphäre ist dicht unterhalb der Fixsterne	Sonne–Saturn 10 000 Erdradien. Sonne–Fixsterne: größer als 1,4 Millionen Erdradien
Beobachtungsinstrumente	Quadrant, Dreistab, Armillarsphäre	wie Ptolemäus
Beobachtungsfehler bei Planeten- und Sternörtern	Größenordnung 10 Bogenminuten	etwa wie Ptolemäus (doch gibt es in dieser Zeit schon genauere Messungen)
Einfachheitseigenschaften	Kreisbewegungen von Sphären als vollkommenste Form, gleichförmige Bewegung jedoch nur bezüglich eines Ausgleichspunktes. Keine sonstigen Veränderungen am Himmel erlaubt	Sphären mit gleichförmiger Geschwindigkeit bewegt. Sonne in Ruhe
Ursachen der Himmelsordnung	keine dynamische Betrachtung im modernen Sinn: qualitativer Unterschied zwischen unvollkommener Erde und vollkommenem Himmel	noch keine dynamische Betrachtung

Vergleich der Weltsysteme von Ptolemäus, Copernicus, Tycho Brahe, Kepler/Newton

	Tycho Brahe (nur als Skizze vorhanden)	**ab Kepler, Newton**
Sonne	wie Ptolemäus, doch moderne Vorstellung von frei sich bewegenden Himmelskörpern	in Ruhe (1. Näherung) bezüglich der Planeten in einem Brennpunkt der elliptischen Planetenbahnen; doch Rotation
Erde	wie Ptolemäus	tägliche Rotation, jährliche Ellipsenbewegung. Die Identifizierung mit einem Kreisel erklärt Richtungskonstanz der Achse und Präzession
Mond	ähnlich Ptolemäus	monatliche Ellipsenbahn (mit sehr viel Abweichungen) um die Erde, mittlere Entfernung: 60 Erdradien
Planeten	spezifische Kreisbahnen um die Sonne, tägliche Bewegung mit der Sonne um die Erde	spezifische Ellipsenbahnen um die Sonne, Rotation um die eigenen Achsen
Fixsterne	wie Ptolemäus	ruhende Fixsterne in sehr unterschiedlichen Entfernungen vom Sonnensystem (im 18. Jh.: Entdeckung von Eigenbewegungen)
Dimensionen des Weltalls	ähnlich Ptolemäus	Kepler: Sonne–Saturn 22 000 Erdradien, modern 220 000 Erdradien, Sonne–Fixsterne modern (als nächster Wert): 7 Milliarden Erdradien
Beobachtungsinstrumente	wie Ptolemäus, dazu Jakobstab, Sextant	ab Galilei: Fernrohr in Verwendung mit den Prinzipien der älteren Instrumente
Beobachtungsfehler bei Planeten- und Sternörtern	Größenordnung 1 Bogenminute	ständige Verbesserung, 19. Jh.: unter 1 Bogensekunde, 20. Jh.: 1/1000 Bogensekunde
Einfachheitseigenschaften	Kompromiß zwischen Copernicus und Ptolemäus. Keine Sphären mehr. Veränderungen am Himmel zugelassen (z. B. Kometen)	geometrisch möglichst einfache Bewegungsform (eine Ellipse pro Planet)
Ursachen der Himmelsordnung	wie Copernicus	Kepler: Analogie der Sonne als Kraftzentrum zu einem Magnetpol, ab Newton: allg. Gravitationskraft

Empirische Hinweise auf die jährliche Erdbewegung

‹Beweise› für das heliozentrische Weltbild, die unabhängig von der Newtonschen Gravitationstheorie waren, gab es bis nach 1700 nicht. Trotzdem zweifelte damals keiner der führenden Wissenschaftler mehr an der bewegten Erde, weil

– die Newtonsche Theorie so elegante dynamische Lösungen für die Beobachtungen bot und auch in anderen Bereichen anwendbar war (das galt für Newton-Anhänger),
– unabhängig davon sehr viele Analogiebetrachtungen zu Vorgängen auf der Erde und im Planetensystem eine jährliche Erdbewegung immer stärker favorisiert hatten (das war für Descartes-Anhänger wichtig),
– die Entwicklung von Copernicus bis Newton in einen neuen Zeitgeist eingebettet war, der sich mehr und mehr revolutionär gegenüber allem Vorhergehenden verstand.

Es war also gar nicht mehr so entscheidend, unbedingt ein ‹Experimentum crucis› für die bewegte Erde zu finden. Man suchte es zwar vielfach, doch das ständige Mißlingen behinderte die Festigung des heliozentrischen Weltbildes im 18. Jahrhundert so wenig, wie umgekehrt die Keplerschen Ellipsen im 17. Jahrhundert viel genutzt hatten.

Das gesuchte ‹Experimentum crucis› für die jährliche Bewegung der Erde mußte die Erdbewegung auf ein Koordinatensystem außerhalb unseres Sonnensystems beziehen, um nicht nur Relativbewegungen zwischen Erde und Sonne festzuhalten.

Das Koordinatensystem außerhalb aller Planetenbahnen sind natürlich die Fixsterne. Bezüglich dieses Koordinatensystems gibt es heute drei verschiedene Beobachtungen, die für die jährliche Erdbewegung sprechen:

– die Lichtaberration,
– die Fixsternparallaxe,
– die Dopplerverschiebung in Sternspektren im jährlichen Rhythmus der Erdbewegung.

Sind sie eigentlich eine endgültige Lösung des Problems im Sinne eines eindeutigen ‹Beweises›? Nein: Man beobachtet nun natürlich Relativbewegungen Sterne–Erde und könnte sich – wenn man wollte – aus der heliozentrischen Schlinge ziehen, indem man entsprechende *Stern*bewegungen annimmt. Jeder *einzelne* experimentelle oder durch Beobachtung entstandene Beweis kann mit Zusatzannahmen zu ganz anderen Interpretationen führen. Allerdings ist das hier nicht so simpel wie bei der Spiegelung der Erdrotation, da einzelne Sterne – je nach Lage gegenüber der Erdbahn – unterschiedliche Relativbewegungen zeigen.

Selbst wenn Copernicus die erforderliche Genauigkeit unterhalb einer

Bogensekunde gehabt hätte (wie Friedrich Wilhelm Bessel 1838), statt drei Größenordnungen schlechter zu liegen, wäre ihm die Entdeckung der Fixsternparallaxe nicht gelungen. Zu viele kleine astronomisch-physikalische Nebeneffekte überlagern sie und waren zu dieser Zeit noch quantitativ ungeklärt bzw. unentdeckt, z.B. die Brechung in der Atmosphäre, die Lichtaberration, die Nutation, die Eigenbewegung der Sterne, die Bewegung des Sonnensystems. Wie weit die Vorstellungen damals von der Wirklichkeit entfernt waren, zeigt das Beispiel Kepler. Er schloß aus den Beobachtungen Tycho Brahes, daß die Parallaxe des Polarsterns nicht größer als eine Bogenminute sein könne. In Wirklichkeit ist sie etwa ein Zehntausendstel davon, also auch heute nicht direkt meßbar!

Von Galilei stammt der Vorschlag, zwei eng zusammenstehende Sterne zu beobachten. Sie sollten sehr unterschiedlich hell sein, d.h. vermutlicherweise sehr unterschiedliche Entfernung von der Erde haben. Dann müßte eine merkliche Verschiebung zueinander im Abstand eines halben Jahres beobachtet werden.[57]

Der Vorschlag mit zwei Sternen war besser, als nur einen einzigen Stern im Halbjahresrhythmus zu beobachten, da die Instrumente nicht jedesmal präzise auf eine Normallinie justiert werden mußten. Unmittelbare Störungen galten ferner für beide Sterne und hoben sich bei der Differenz heraus.

Allerdings war sein Tip der unterschiedlichen Helligkeit nur bedingt nützlich, da ja auch andere Gründe dafür vorliegen konnten als die gewünschte unterschiedliche Entfernung.

Viele berühmte Wissenschaftler bissen sich in der Folge die Zähne an diesem Problem aus.

Die Lichtaberration

Ab 1725 entdeckten der reiche irische Edelmann Samuel Molyneux und der Professor für Astronomie James Bradley bei ihrer Suche nach einer Fixsternparallaxe am gleichen Stern Gamma im Kopf des Drachens (γ draconis) wie schon Hooke im Jahre 1674 seltsame Bewegungen, die überhaupt nicht zu der erwarteten Parallaxenbewegung paßten. Der Stern Gamma wurde gewählt, weil es bei Zenitbeobachtung (Abb. 59) keinen helleren für sie gab. Ähnliche Bewegungen fanden sie bald an weiteren Sternen.

Im Gegensatz zu ihren Vorgängern untersuchten sie ihre Ergebnisse systematisch:

– Sie waren gegenüber einer zu erwartenden Parallaxenbewegung um ¼ Jahr zeitverschoben.

– Sie waren viel größer als vermutet. Die maximale Bewegung in einem halben Jahr ergab beim Stern Gamma etwa 39 Bogensekunden (die Ge-

59: Die Beobachtungsmethode von Bradley. Der Beobachter ‹lag› unter dem Fernrohr und blickte durch das Okular (unten) fast senkrecht zum Himmel, d. h. zum Zenit. Deshalb hieß das Instrument Zenitsektor. Die lange geradlinig herabhängende Schnur mit Gewicht gab die Lotlinie, von der aus die eingestellte Neigung des Fernrohres bestimmt wurde. Letztere erfolgte um die Aufhängung (ganz oben) mit Hilfe zweier Schrauben (unten links). Das Gewicht (ganz links) drückte das Fernrohr gegen diese Schrauben (Stahlstich, 1908).

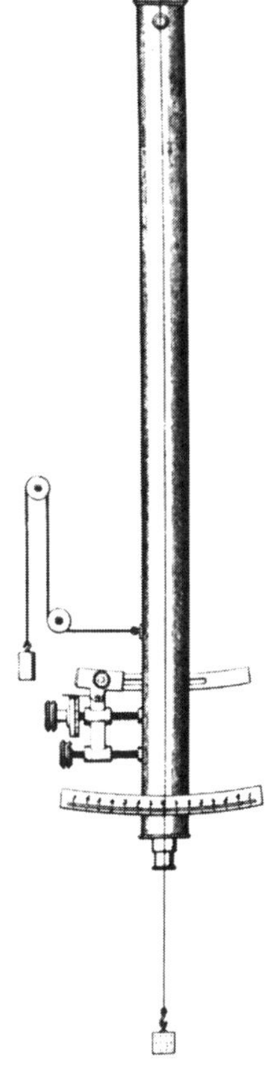

nauigkeit der Bradleyschen Messungen lag insgesamt bei etwa einer Bogensekunde[58]).
– Die Größe nahm bei vielen willkürlich herausgegriffenen Sternen, insgesamt 50, mit deren Breite über dem Himmelsäquator ab, während die maximale Größe der Fixsternparallaxe nur von der Entfernung zur Erde abhängen konnte.

Diese relativ großen Verschiebungen waren also von Bradley nicht als erstem gesehen worden. Er als erster aber empfand sie als dringend zu lösendes Problem, gerade weil sie von den erwarteten Parallaxenwerten stark abwichen. Das war die wichtigste Voraussetzung für ihre Erklärung.
– Bradley versuchte zunächst, die Ergebnisse auf Meßfehler zurückzuführen. So hätte die Veränderung seiner benutzten Vertikallinie Einfluß haben können, die er durch ein Bleilot markierte. Ferner konnten äußere

Effekte mitspielen, z. B. eine – von ihm tatsächlich später auch darin entdeckte – Schwankung der Erdachse. Auch an Brechungseffekte dachte er. Um diesen Effekt möglichst klein zu halten, hat er zunächst ausschließlich im Zenit beobachtet.

Schließlich erhielt er die richtige Erklärung: Die endliche Lichtgeschwindigkeit setzte sich mit der Erdgeschwindigkeit zu dem beobachteten Effekt zusammen. Das war die Entdeckung der Lichtaberration!

Übrigens war sie schon 1690 von Huygens theoretisch gefordert worden, ohne daß Bradley offenbar diese Herleitung kannte.[59]

Der Effekt ist im Prinzip sehr simpel – wenn man ihn mit einer korpuskularen Lichttheorie erklären kann. Das war bis zu Thomas Young kurz nach 1800 der Fall. Auf ähnliche Weise scheinen senkrecht fallende Regentropfen immer schräger von vorne zu kommen, je schneller man unter ihnen herläuft. Man muß also den Regenschirm mehr und mehr in Laufrichtung neigen, um nicht naß zu werden.

Tatsächlich müssen nach dieser Erklärung Sterne unterschiedlicher Himmelsbreite unterschiedliche Abweichung zeigen. Maximal ist sie im Zenit (Breite 90°) – nach Bradleys Werten 40,5 Bogensekunden –, hier wird die Erdbahn senkrecht auf den Himmel projiziert (Abb. 60). Der genaue Wert der Aberration im Zenit beträgt nach heutigen Messungen

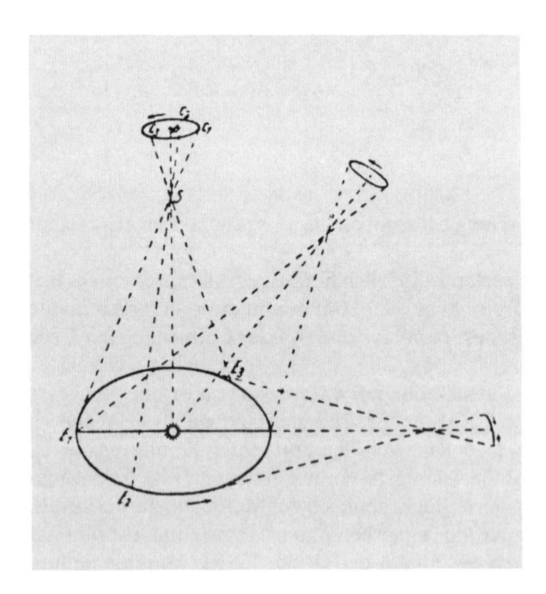

60: Der Effekt der Lichtaberration. Die Erdbahn spiegelt sich in den Fixsternen als kleine elliptische Bewegung (über maximal 1/90°). Der Effekt ist abhängig von der Breite des Sterns über der Ekliptik, aber unabhängig von der Entfernung des Sterns – im Gegensatz zur Fixsternparallaxe! (Zeichnung, 1948)

40,96 Bogensekunden; damit ergibt sich die ‹Aberrationskonstante› zu 20,48 Bogensekunden.

Zu dieser Erklärung muß also die Lichtgeschwindigkeit als endlich angenommen werden. Auch hier standen sich damals Newton-Anhänger (pro) und Cartesianer (contra) noch schroff gegenüber.

Bradley als Engländer nahm selbstverständlich Partei für Newton. Das Ergebnis war damit ein Beweis für die jährliche Erdbewegung, ein gänzlich unerwarteter Beweis und natürlich nicht so stark wie die voraussetzungslose Fixsternparallaxe. Auf der anderen Seite mußte man beide Annahmen, endliche Lichtgeschwindigkeit und Erdbewegung, leugnen, wenn man anticopernicanisch bleiben wollte. Das betonte Bradley ausdrücklich. Die Entdeckung der Lichtaberration ist deshalb ein ausgezeichneter Hinweis auf die Stärke naturwissenschaftlicher Argumente, die zwar einzeln in Teilen angreifbar sein können, aber in Verknüpfung miteinander Gegenargumentationen immer schwieriger machen.

Das das Copernicanische Weltbild für die Spitze der Wissenschaft nicht mehr in Zweifel stand, verwendete Bradley seine Ergebnisse gerade umgekehrt als weiteren Beweis für eine endliche Lichtgeschwindigkeit sowie zu deren genauerer Berechnung. Er gab allerdings nur ihren relativen Wert im Vergleich zur Erdgeschwindigkeit an, 10186:1 (modern 10060:1), die die Entfernung Erde–Sonne noch nicht gut genug bekannt war. Man konnte – äquivalent dazu – auch die Zeit für eine halbe Durchquerung der Erdbahn bestimmen. Dafür hatte Ole Römer 1676 in Paris mit der berühmten Methode der Verfinsterung der Jupitermonde 11 Minuten gefunden (Abb. 61), nach ihm kam man damit auf 7 Minuten. Bradleys Lichtaberration war tatsächlich viel besser. Er erhielt 8 Minuten und 13 Sekunden für die Lichtentfernung Erde–Sonne, nur 6 Sekunden unter dem modernen Wert!

Bradley sah sein Ergebnis ferner als Beweis dafür an, daß Licht vor seiner Reflexion die gleiche Geschwindigkeit hatte wie nachher. Denn nur beim reflektierten Licht der Jupitermonde sei bisher durch Römer die endliche Geschwindigkeit nachgewiesen worden. Jetzt könne man aber annehmen, daß auch unsere Sonne direkt Licht mit derselben Geschwindigkeit aussende, da verschiedene Fixsternsonnen trotz unterschiedlicher Helligkeit gleiche Lichtgeschwindigkeiten ergäben.

Für Bradley – und die Spitze der Wissenschaft (Abb. 62) – waren also Überlegungen zur Lichtgeschwindigkeit schon wesentlich interessanter als das ihnen zugrundeliegende ‹Experimentum crucis› für die Bewegung der Erde. Im historischen Rückblick sollte das besonders hervorgehoben werden! Aus einem ganz anderen, rein astronomischen Ansatz entstand ein Ergebnis mit überraschenden, physikalischen Konsequenzen. Es zeigt, wie unerwartet aus Spezialforschung neue Verknüpfungen zwischen Wissensgebieten entstehen können.

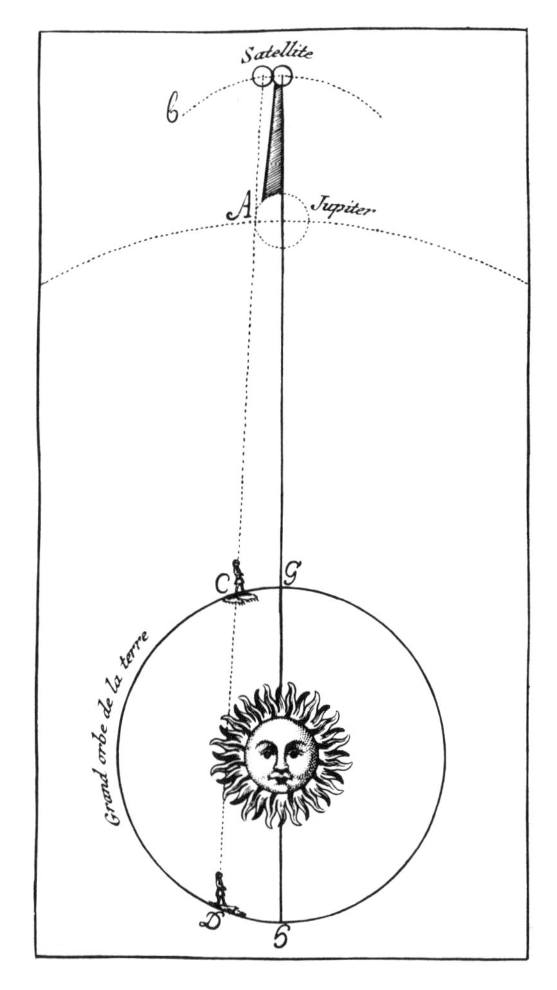

61: Lichtgeschwindigkeit und Jupitermonde. 1738 erläuterte Voltaire die Methode von O. Römer zum Nachweis einer endlichen Lichtgeschwindigkeit. Das Verschwinden eines Mondes (Bahn b) im Schatten des Jupiter (A) erfolgt für einen Beobachter von der Erdbahn bei C früher als für einen Beobachter um rund ein halbes Jahr später bei D, da das Licht vom Mond zusätzlich noch die Strecke CD zurücklegen muß, bevor es gesehen werden kann (Kupferstich, 1738).

Die Aberration spielte in der Entwicklung von Astronomie und Physik im 19. Jahrhundert noch eine wichtige Rolle. So brachte die Lichtwellentheorie kurz nach 1800 größere Probleme für ihre Erklärung. Dem für die Wellentheorie angenommenen Äther im Raum mußten, vor allem auf Grund der Aberration, komplizierte Eigenschaften bezüglich Ruhe und Bewegung in bzw. außerhalb der Erde zugewiesen werden. Man operierte auch mit einer veränderlichen Dichte.

62: Der Astronom mit seinen Kindern. Die Astronomie als erste exakte Naturwissenschaft erhielt ab dem 18. Jahrhundert große reale und symbolische Bedeutung. Ebenso stieg das Ansehen der Astronomen. Berühmte Fürsten wetteiferten als Mäzene. – In seinem ‹Studierzimmer› stellte der wohlhabende Astronom seine prachtvoll gekleideten Kinder genauso in Positur wie seine unzähligen Gerätschaften aus Astronomie, Meteorologie und Physik (Gemälde von V. Verlin, 1771).

Verschiedene Experimente dazu wurden angesetzt, z.B. von George Biddell Airy 1871, schließlich von Albert Abraham Michelson und Edward W. Morley 1887. Die beiden bewiesen, daß es keinerlei Ätherbewegung gegenüber der Erde gibt. Noch 1899 diskutierte Hendrik Antoon Lorentz mit Max Planck über Konsequenzen aus der Aberration für die Ätherhypothese.[60] Schließlich wurde von Einsteins Relativitätstheorie alles ganz anders erklärt: Es gibt keinen Äther.

Als man ab 1849 durch Wissenschaftler wie Hippolyte Fizeau und Léon Foucault irdische Verfahren zur genauen Bestimmung der Lichtgeschwindigkeit fand, hatte das wichtige astronomische Konsequenzen. Man konnte jetzt aus Lichtgeschwindigkeit und Aberrationskonstante die mittlere Entfernung Erde–Sonne berechnen. Noch 1905 ergab die

Rechnung – neben den Bestimmungen aus Planetoidenbewegungen – die besten Werte für diese grundlegende Konstante astronomischer Entfernungsmessungen.[61] Übrigens war sie auch als Winkel angebbar, unter dem der Erdradius von der Sonne aus erschien. Das war die berühmte Sonnenparallaxe – in der also der Erdradius als nicht angegebener Wert steckte. Noch Brahe hatte drei Bogenminuten für sie angesetzt, Kepler weniger als eine Bogenminute.[62] Die erste genauere Beobachtung durch Richer und Cassini 1672 lieferte 9,5 Bogensekunden, doch wurde der Wert nicht sehr sicher gemessen (s. Anm. 99). Newton setzte z. B. 10,5 an. (9,5 Bogensekunden entsprechen einer Entfernung der Sonne von 22 000 Erdradien – ca. 140 Millionen km. Moderner Wert der Sonnenparallaxe: 8,7964 ± 0,0002 Bogensekunden, rund 150 Millionen km Erde-Sonne.)

Neben späteren Messungen der Sonnenparallaxe über Venusdurchgänge vor der Sonne – wie etwa 1761, 1769, 1874, 1882 – gab es auch seit 1872 Messungen über Durchgänge der ab 1800 entdeckten Planetoiden, z.B. von Eros.

Die Fixsternparallaxe

Die immer engeren Beziehungen zwischen Physik, Meßtechnik und Astronomie werden an diesen Beispielen besonders deutlich. Copernicanisch oder nicht copernicanisch – diese Frage spielt jedoch keinerlei Rolle mehr, denn das letzte Glied in der traditionellen Diskussion, die Fixsternparallaxe, war 1838 gefunden worden.

Bradley hatte am Schluß seiner Veröffentlichung 1728 geschlossen, daß die Fixsternparallaxe beim Stern Gamma im Drachen auf jeden Fall kleiner als eine Bogensekunde sein müsse – bei anderen von ihm beobachteten Sternen kleiner als zwei Bogensekunden. Die Entwicklung zeigte, daß es tatsächlich keinen Stern am Himmel gab, der näher stand, als es dieser einen Bogensekunde entsprach. Doch war Bradley schon nahe an der erforderlichen Meßgenauigkeit gewesen. Es gab einige Sterne, bei denen die Parallaxe um eine halbe Bogensekunde lag!

Friedrich Wilhelm (William) Herschel glaubte, Fixsternparallaxen vor allem an Doppelsternen mit unterschiedlicher Helligkeit beider Teile finden zu können, da diese im Blickfeld nahe beieinander standen, gleichzeitig aber sehr unterschiedlich weit von der Erde entfernt waren, also eine Verschiebung des einen vor dem Hintergrund des anderen gut beobachtbar sein mußte. Das entsprach dem Vorschlag Galileis. Als Herschel ab 1779 systematisch nach Doppelsternen Ausschau hielt, fand er jedoch so viele, fast 1000, daß der Zufall des irdischen Blickwinkels nicht mehr zur Erklärung ausreichte. Es mußte sich um ‹physische› Doppelsterne handeln, bei denen die beiden Teile eng benachbart stehen und ein wirkliches System bilden – also unbrauchbar sind für die Parallaxenmessung. Er fand auch bald andere Gründe für diese Doppelsonnensysteme. Dafür sprach auch seine spätere Entdeckung – veröffentlicht 1802 –, daß manche dieser Systeme eine Ortsveränderung ihrer Teile gegeneinander aufwiesen – als Bewegung von zwei Sonnen um einen gemeinsamen Schwerpunkt deutbar, so etwa beim Stern 61 im Schwan. Hier konnte Bessel 1812 eine gegenseitige Umlaufszeit von mindestens 350 Jahren abschätzen.

Wieder war eine ganz neue, jetzt astronomische Entdeckung auf der Suche nach dem – gar nicht mehr so wichtigen – ‹Experimentum crucis› für die copernicanische These gemacht worden! Übrigens wurde bei dieser Suche Herschels auch der Uranus entdeckt und damit ein besonders aufsehenerregender Fortschritt der Astronomie seit Babylon dokumentiert. Ein neuer, dem Jupiter, Saturn etc. verwandter echter Planet existierte am Himmel! Die Fixsternparallaxe jedoch fand auch Herschel nicht. Dafür haben wir ihm noch die Eigenbewegung der Fixsterne und – davon unterschieden – des Sonnensystems zu danken. Jetzt war auch die Sonne nicht mehr Zentrum der Welt!

Als Friedrich Wilhelm Bessel anfing, nach Fixsternparallaxen zu suchen, kannte er alle störenden Nebeneffekte (Aberration, Nutation, Eigenbewegung etc.) und wußte natürlich, daß er Genauigkeit unterhalb einer Bogensekunde brauchte.

Frühe eigene Beobachtungen[63] – schon am Stern 61 im Schwan (61 cygni) – zeigten ihm, daß die bisher benutzten Methoden mit Passageinstrumenten zu ungenau waren. So erlaubte die Achsenlagerung dieser Instrumente keine exakten Teilungskreise. Das war beim Fraunhoferschen Heliometer, das er ab 1829 benutzte (Abb. 63), anders. Hier wurden die Hälften eines durchgeschnittenen Objektivs mit Hilfe von Mikrometerschrauben so lange gegeneinander verschoben, bis die zwei Bezugssterne im Blickfeld genau zur Deckung kamen.

Bessel bereitete seine Beobachtungen sorgfältig mit meßtechnischen und astronomischen Überlegungen vor:
– Er wählte den Stern 61 im Schwan, weil dessen Eigenbewegung besonders groß war: fünf Bogensekunden pro Jahr. Die Helligkeit sah er übrigens als nicht so entscheidend an.
– Dieser Stern war in Königsberg während der möglichen Beobachtungszeit in günstigem – großem – Abstand zum Horizont.
– Auch Bessel wählte die Methode der Relativmessung zwischen benachbarten Sternen. Der Stern 61 im Schwan war ein Doppelsternsystem mit 25 Bogensekunden Abstand zweier fast gleich heller Sterne – zwischen benachbarten anderen.
– Das Fraunhofersche Heliometer hatte ihm ab 1829 bewiesen, wie ungewöhnlich genau und geeignet es für diese Art Messungen war.

1838 war Bessel soweit. Aus den Beobachtungen berechnete er mit der noch ziemlich jungen Methode der Gaußschen Fehlerquadrate die Parallaxe des Sterns 61 im Schwan zu 0,31 Bogensekunden einschließlich

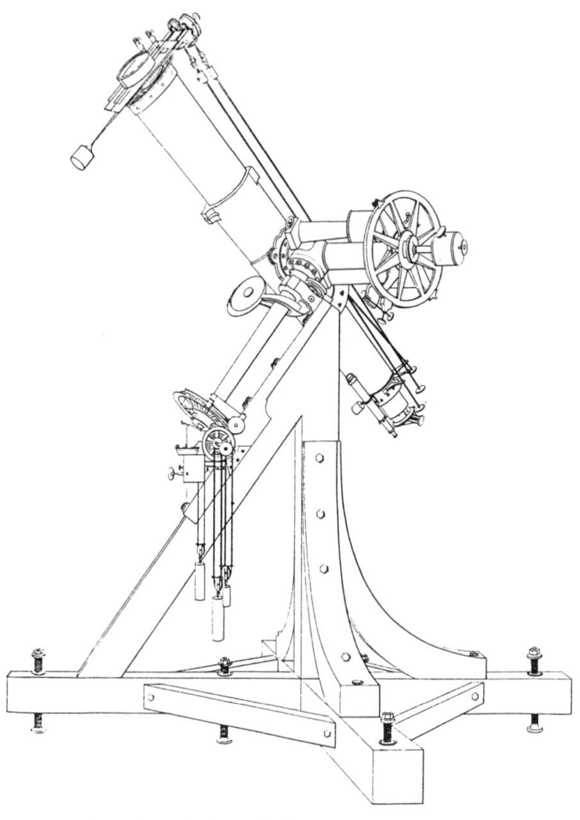

63: Die Instrumentenkunst Fraunhofers. Mit diesem Fernrohr entdeckte Bessel 1838 die Fixsternparallaxe am Stern 61 im Schwan. Fraunhofers Instrumente waren um diese Zeit die weltbesten. Deutlich erkennt man die langen Stäbe entlang des Fernrohrtubus, beginnend oben am Objektiv, durch deren Drehung vom Okular aus die Objektivhälften gegeneinander verschoben werden konnten. Das Objektiv hatte einen freien Durchmesser von 20 cm (Zeichnung, 1876).

einer Ungenauigkeit von ± 0,02 Bogensekunden. Der Stern Alpha mußte also etwa 100 Billionen km, d. h. 10,5 Lichtjahre entfernt sein. (Moderner Wert der Parallaxe des Sterns Alpha im Schwan = 0,292 Bogensekunden ± 0,01. Das entspricht einer Entfernung von 11,2 Lichtjahren.[64])

Das war nun über 10000mal weiter, als Copernicus – wahrscheinlich – für seine Fixsternsphäre als Minimum angenommen hatte. Und es handelt sich hier zweifellos um einen besonders nahen Stern!

Um die gleiche Zeit fand Georg Friedrich Struve in Dorpat die Parallaxe des Sterns Alpha in der Leier (α lyrae) zunächst zu 0,125 Bogensekunden, dann zu 0,261 Bogensekunden. (Moderner Wert der Parallaxe des Sterns Alpha in der Leier = 0,123 Bogensekunden ± 0,01. Das entspricht einer Entfernung von 26,5 Lichtjahren.) Er benutzte ebenfalls ein Fraunhofersches Instrument, jedoch nicht mit Objektivverschiebung nach dem Heliometerprinzip, sondern mit Fadenmikrometer.

Schließlich hatte der Engländer Thomas Henderson schon 1831 bis 1833 am Kap der Guten Hoffnung den Doppelstern Alpha im Kentauren (α centauri) beobachtet, wertete aber die Messungen viel später aus und veröffentlichte die daraus erhaltene Parallaxe erst 1839. Er erhielt den relativ großen Wert 0,91 Bogensekunden, was einer Entfernung von 3,6 Lichtjahren entsprochen hätte. (Moderner Wert der Parallaxe von Alpha im Kentauren = 0,751 Bogensekunden ± 0,01, von Proxima im Stier, dem nächsten uns heute bekannten Fixstern = 0,762 ± 0,01. Beides entspricht innerhalb der Fehlergrenzen etwa 4,3 Lichtjahren.)

Die Entdeckung hatte also in der Luft gelegen, vor allem auf Grund der verbesserten Instrumente und der inzwischen bekannten Nebeneffekte – ein Triumph über die vielen vergeblichen Versuche seit der Antike.

Meist geben in der Wissenschaft jedoch nicht plötzliche Erfahrungen, also Beobachtungen, Experimente oder theoretische Ergebnisse, für die Annahme oder Verwerfung einer Theorie den Ausschlag, sondern langdauernde fruchtbare Entwicklungen. Das war hier die Newtonsche Mechanik mit ihren Erfolgen. Ihr Postulat, daß die größere Masse mehr Gravitationskraft ausübe und entsprechend träger sei, ließ kein geozentrisches System mehr zu. Auch die Einsteinsche Mechanik hob diese Vorzugsstellung großer Massen nicht grundsätzlich auf.[65] Doch war nun die Gesamtmasse des Weltalls Bezugsgröße. Vom Ptolemäischen System aus hätte man die Parallaxenbewegung der Fixsterne wie auch die Aberrationsbewegung erklären können, wenn man die Fixsternsphäre in einzelne Sternsphären mit Zusatzepizykeln aufgeteilt hätte. Diese These wäre – ohne neue Physik und ohne geistesgeschichtlichen Umsturz – wahrscheinlich immer noch ‹einfacher› gewesen als das Fallenlassen des Gesamtsystems. Nur im nachhinein ist es leicht möglich, einen solchen Rettungsversuch als ‹Ad hoc›-Hypothese beiseite zu wischen.

Strenggenommen gilt also: Die Fixsternparallaxe war gar kein Beweis für das heliozentrische Weltsystem.

Die jährliche Dopplerverschiebung in Sternspektren

1842 wurde von Christian Doppler[66] ein interessantes Prinzip zunächst für akustische Phänomene formuliert: Bewegt sich eine Schallquelle gegenüber einem Beobachter, wird ihr Ton höher (bei Annäherung) bzw. tiefer (bei Entfernung). Die Frequenz des Tones verändert sich also.

Doppler glaubte damit nun, die Farben – das sind ja Frequenzen des Lichtes – von Fixsternen auf reine Bewegung zurückführen zu können. Doch zeigte die Entdeckung der Spektralanalyse ab 1859 sehr schnell, daß dieser Schluß so allgemein falsch war. Spektrallinien, d.h. bestimmte sehr enge Farbbereiche, mußten jedoch – je nach Bewegung – um ein weniges verschoben erscheinen. Man besaß plötzlich eine ganz neue Methode zur Untersuchung der Eigenbewegung der Fixsterne, aber auch zur Untersuchung der jährlichen Bewegung der Erde.

Hierzu fanden erste systematische Versuche um 1875 statt, doch gelangen erst mit Hilfe fotografischer Auswertung 1888 brauchbare Erfolge.[67] Die Astronomie dachte natürlich keineswegs an einen neuen Beweis für das heliozentrische Weltsystem. Sie war dringend an genaueren Werten der Sonnenparallaxe, d.h. der mittleren Entfernung Erde–Sonne interessiert.

1909 erhielt man aus 280 Sternspektren den Wert der Sonnenparallaxe zu 8,800 ± 0,006 Bogensekunden. Physikalisch-technische Meßmethoden überboten also langsam die klassische Beobachtungsastronomie. Das ging weiter bis zur Benutzung der Radiotechnik. Heute laufen Radarsignale von der Erde etwa zur Venus und zurück. Aus der Entfernung Erde–Venus kann dann die Sonnenentfernung mit Hilfe des dritten Keplerschen Gesetzes berechnet werden.

3. Die Erde als Kugel – Rotation und Schwerkraft

Volker Bialas: Die Gestalt der Erde

Die älteste Vorstellung, die sich die Menschen von der Gestalt der Erde gemacht haben, ist die von der Erdscheibe. Sie wurde als in der Luft schwebend oder vom Ozean umspült angenommen. Freilich sprachen gegen diese Anschauung, wie sie beispielsweise von Homer vertreten wurde, eine Reihe von Beobachtungstatsachen, die auf die Dauer nicht verborgen bleiben konnten.

Dennoch ging die Annahme von der Kugelgestalt der Erde bei den Pythagoräern um 500 v. Chr. nicht von Beobachtungen, sondern von naturphilosophischen Prinzipien aus, so dem Prinzip von der Vollkommenheit der Schöpfung. Hieraus wurde bei der Suche nach unveränderlichen Elementen in Natur und Gesellschaft auf die ideale Kugelgestalt der Erde geschlossen.

Erst bei Aristoteles werden Beweise für die Kugelgestalt der Erde aufgeführt. So gab er an, daß alle Körper infolge des ihnen innewohnenden Zwanges zum Weltmittelpunkt streben und dadurch infolge der Gleichmäßigkeit der Bewegung und der Symmetrie in der Anordnung der Teile ein allseits abgerundeter Körper – eben die Erdkugel – entstanden sei.

Neben diesen philosophisch-hydrostatischen Überlegungen finden sich bei Aristoteles auch Einzelheiten über Beobachtungen. Er wies darauf hin, daß bei einem Standortwechsel des Beobachters gegen Norden oder Süden sich der Horizont verschiebe und dementsprechend die Gestirne am Himmel ihren Horizontabstand – also ihre Höhe – verändern. Ein anderer Beweis für die sphärische Gestalt der Erde knüpfte an die Beobachtung von Mondfinsternissen an: Die kreisförmigen, konvexen Begrenzungslinien am Mond durch den Erdschatten lassen erkennen, daß der Schattenkegel stets vom kugelförmigen Körper der Erde geworfen wird. Allerdings sind diese Linien in Wirklichkeit Kurven vierter Ordnung, und die Projektion zweier dreidimensionaler Körper aufeinander ist so kompliziert, daß man auch hier von einem Beweis für die Kugelgestalt der Erde in strengem Sinne nicht sprechen kann.[68]

Im einzelnen wurden in der Antike folgende Beobachtungen als Beweise für die Erdkrümmung angesehen:

– Der Auf- und Untergang von Sonne (und Sternen) erfolgt für verschiedene Orte der gleichen Breite zu verschiedenen Zeiten.

– Süd- und Nordhimmel weisen, bis auf Randgebiete, völlig verschie-

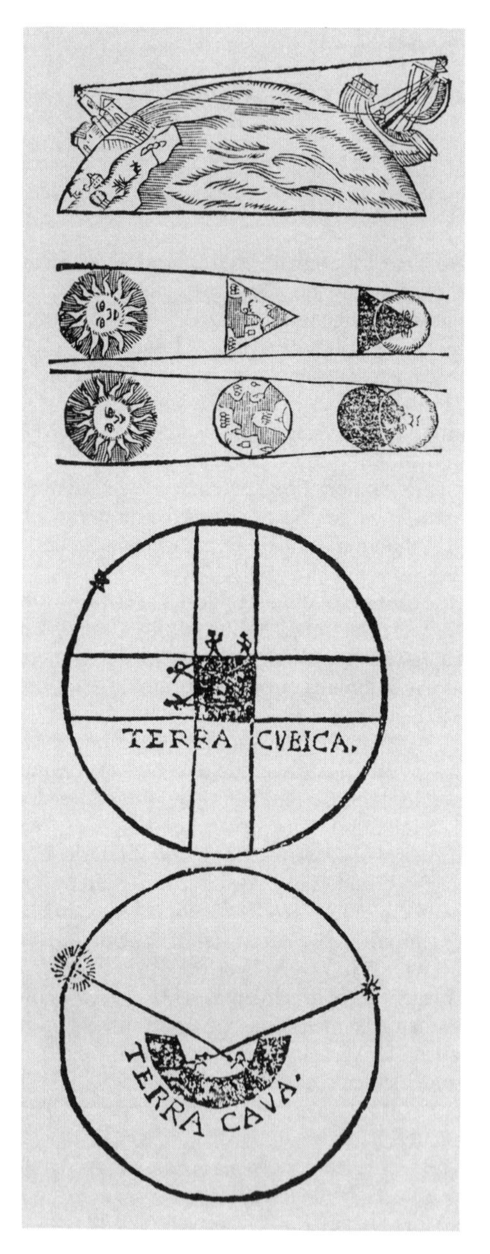

64: Die Kugelform der Erde. So argumentierte schon die Antike für die sphärische Erde. Vom Mastkorb eines Schiffes waren höhere Teile des Landes zuerst zu sehen, der Schatten der Erde auf dem Rand bei Mondfinsternissen war rund (und nicht etwa dreieckig). Die Anzahl der sichtbaren Gestirne am Himmel veränderte sich kontinuierlich und charakteristisch mit der geographischen Breite (und nicht etwa sprunghaft wie bei einer kubischen Erde mit Kanten oder in umgekehrter Folge wie bei einer Hohlerde) (Holzschnitte, 1610).

dene Sternbilder auf, deren Sichtbarkeit sich von Süden nach Norden (und umgekehrt) stetig verändert (Abb. 64).
– Von einem Schiff werden zuerst die höheren Teile eines Landes sichtbar (Bergspitzen usw.), nach und nach bei Annäherung die niederen Teile (Abb. 64).
– Der Horizont erweitert sich mit der Höhe des Beobachters.
– Der Schatten der Erde auf dem Mond bei Mondfinsternissen hat stets Kreisform (Abb. 64).
Erst sehr viel später kamen weitere Hinweise hinzu:
– die Erdumsegelung – als erster Magellan 1520/22.
– die direkte Beobachtung der Erdkrümmung aus sehr großen Höhen (Raketen, künstliche Satelliten, Mondlandung).

Nur die Beobachtungen bei Mondfinsternissen und aus großen Höhen auf die Erdoberfläche machen die Erde als Ganzes sichtbar.

War somit die Kugelgestalt der Erde schon in der Antike auf vielerlei Weise plausibel gemacht worden, so stellte sich nun die Aufgabe, die Größe der Kugel zu bestimmen (Abb. 65). Sie bestand einmal aus einer Winkelbestimmung, durch die der Meridian und die Zenitrichtungen in den Endpunkten eines Bogenstücks auf dem Meridian festgelegt wurden, zum anderen aus einer Längenbestimmung des Bogenstücks selbst. So umfaßt eine Erdmessung seit der Antike immer einen astronomischen und einen vermessungstechnischen Teil.

Die berühmteste Erdmessung der Antike ist die des Eratosthenes aus dem 3. Jahrhundert v. Chr. Eratosthenes gilt als der vielseitigste Schriftsteller und Gelehrte des Hellenismus. Er beobachtete mit einem in Alexandria gebräuchlichen Instrument, der Skaphe, einer hohlen, nach oben offenen Halbkugel, auf deren Innenfläche parallele Kreise zur Höhenmessung gezeichnet waren. In der Mitte war ein senkrecht stehender Stab als Schattenwerfer, der Gnomon, befestigt. Aus der Schattenlänge des Gnomon konnte an der Skaphe unmittelbar die Zenitdistanz bzw. die Höhe der Sonne abgelesen werden (Abb. 66).

Die Bestimmung der Kugelgröße durch Eratosthenes zeigt stellvertretend für andere Messungen[69] der Antike die Mängel des Verfahrens, die in erster Linie in der Unsicherheit der Angabe der Entfernung zwischen den Endpunkten des Bogens liegen. Es ist daher kaum verwunderlich, daß die überlieferten Werte teilweise um mehr als 10 % vom wahren Wert des Erdumfanges abweichen.

Hinzu kommt noch, daß erst in neuerer Zeit die Umrechnungswerte für die oft wechselnde Länge des Stadions der Antike genau bekannt geworden sind, so daß sich zunächst durch Umrechnungen eine zusätzliche Unsicherheit ergab. Heute kann man 250000 Eratosthenische Stadien zu ca. 37125 km annehmen. (Moderner Wert des Erdumfangs am Äquator: ca. 40000 km.)

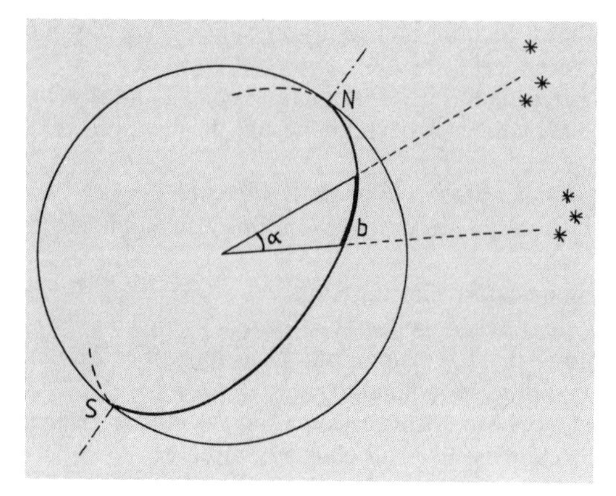

65: Erdvermessung und Astronomie. Man muß nur ein einziges geeignetes Beobachtungspaar bestimmen, um daraus den Erdumfang und damit den Radius der Erdkugel zu berechnen. Zunächst wird die Länge eines Teilstückes eines Großkreisbogens an der Erdoberfläche – d. h. die kürzeste Entfernung zwischen zwei Punkten – gemessen (b) und dann der dazugehörige Winkel am Erdmittelpunkt ermittelt (α). Am einfachsten läßt sich als Großkreisbogen aus Sonnen- und Sternbeobachtungen der in Nord-Süd-Richtung verlaufende Meridianbogen realisieren. Der gesuchte Winkel am Erdmittelpunkt ist dann nichts anderes als die Richtungsänderung der Kugelradien in den Endpunkten des gewählten Abschnittes des Meridiankreises bezüglich des Fixsternhimmels.

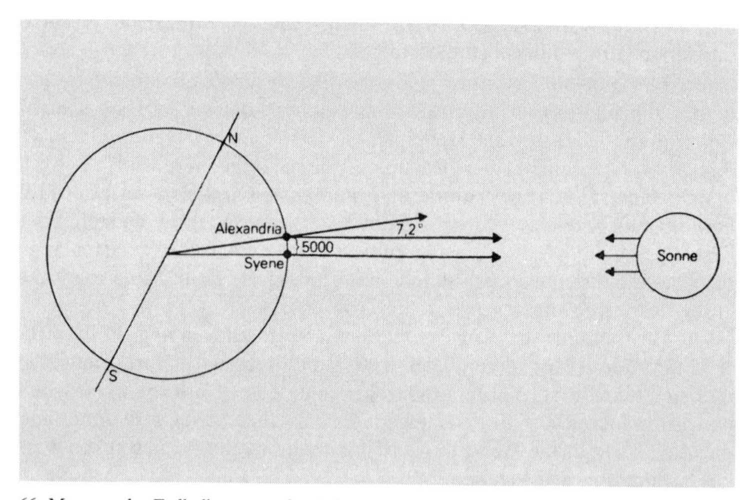

66: Messung des Erdhalbmessers durch Eratosthenes. Eratosthenes wußte, daß zur Zeit der Sommersonnenwende die Sonne in Syene senkrecht über der Stadt steht. Da Alexandria auf ungefähr demselben Meridian, nur nördlicher, liegt, war hier zur gleichen Zeit Mittag, doch bildete die Richtung zur Sonne gegen die Zenitrichtung einen Winkel, der 1/50 des Vollkreises entspricht (= 7,2°). Das war gleichzeitig der Winkel zwischen Alexandria und Syene – vom Erdmittelpunkt aus betrachtet. Aus der bekannten Entfernung zwischen Syene und Alexandria folgte daraus der Erdumfang U. 360°:7,2° = U:5000 Stadien. Das ergab U zu 250000 Stadien (Zeichnung, 1977).

Das Wissen um die Kugelgestalt der Erde ging in der Spätantike und im frühen Mittelalter für mindestens 1000 Jahre – als Forschungsaspekt – verloren. Der tiefere Grund dafür ist auf der einen Seite darin zu sehen, daß die politische und kulturelle Führung der Antike vom Hellenismus auf das Römische Reich überging. Waren die Griechen ein seefahrendes Volk, bei dem Naturbeobachtungen zur Wissenschaft, im besonderen auch zu Astronomie und Geographie gehörten, so waren die Römer mehr landgebunden. Das galt auch für ihre Kriegszüge. Der sichtbare Teil der Erde war für die Römer in der praktischen Tätigkeit der Landvermessung eine vom Horizont begrenzte Kreisscheibe (‹orbis terrae›). Auf der anderen Seite blieb die wissenschaftliche Tradition der Antike im späteren Römischen Reich weitgehend unbeachtet und war schließlich dem Bereich der Westkirche für viele Jahrhunderte kaum zugänglich.

Im Christentum war das Heilswissen der Bibel jahrhundertelang auch letzte Instanz für alle Fragen der Wissenschaft. So sind auf mittelalterlichen Mönchskarten, den ‹Radkarten›, Darstellungen der Erde – scheinbar – als kreisrunde Scheibe (Abb. 67) – manchmal auch als ovale oder rechteckige ebene Fläche – zu finden, mit Rom oder Jerusalem als Zentrum.

Erst vom Hochmittelalter an wurde die Kugelgestalt der Erde – von den Gelehrten zumindest – bewußter akzeptiert. Die Gründe hierfür sind vielfältiger Art. Die Kontakte des Westens zum Ostreich (Byzanz) und zum arabischen Kulturkreis – Gebiete, in denen das wissenschaftli-

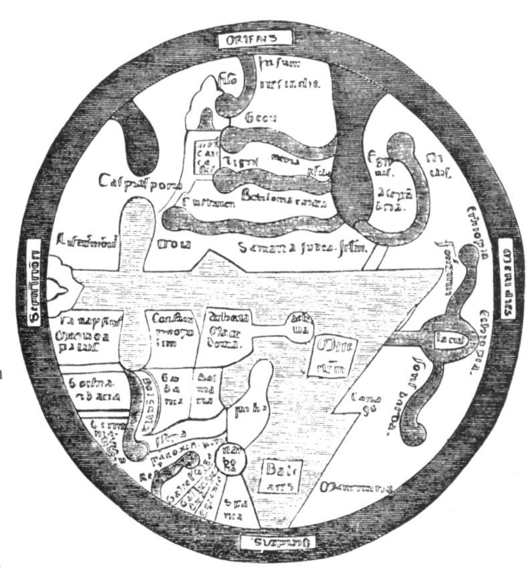

67: Mittelalterliche Radkarte. Die Erde sieht hier wie eine von Wasser umflossene Scheibe aus. Osten ist hier oben (die Richtung nach Jerusalem), Westen unten; unter der Mitte liegen Mazedonien und Griechenland. Die Erde als Kugel wurde aber theologisch (Weltei) und politisch (Reichsapfel) tradiert. (Zeichnung, 1119).

che Wissen der Antike aufbewahrt und weiterentwickelt wurde – nahmen zu. Im südlichen und westlichen Europa blühten ab 1100 die Städte auf, der Handel entwickelte sich. Eroberungsfahrten der Spanier und Portugiesen ab dem frühen 15. Jahrhundert leiteten das Zeitalter der Entdekkungen ein. Die Türken breiteten ihren Machtbereich über Südosteuropa aus (‹Fall von Konstantinopel› 1453), Gelehrte aus jenen Gebieten flohen mit wertvollen wissenschaftlichen Schriften in westliche Länder, vor allem nach Italien. In Italien setzte mit der Wiederentdeckung der antiken Literatur ein ungeheurer Aufschwung des wissenschaftlichen Lebens ein.

1492 konstruierte Martin Behaim den ersten Erdglobus, der seit der Antike entstanden war, mit Längen- und Breitenangaben nach Ptolemäus, nach denen Eurasien in der Ost-West-Ausdehnung weitaus größer erschien, als es in Wirklichkeit ist.

Mit den weltanschaulichen Konsequenzen aus dem Werk von Copernicus, die vor allem in der Freistellung des philosophischen Denkens und wissenschaftlichen Forschens von der mittelalterlichen Theologie und Scholastik zu sehen sind, brach nach 1600 für die Naturwissenschaften eine neue Epoche an. Diese Zeit wird häufig als ‹wissenschaftliche Revolution› bezeichnet. Nunmehr war die Kugelgestalt der Erde unumstritten und schien für alle Zeiten Gültigkeit zu besitzen. Die antike Erdmessungsaufgabe, die Dimension der Erdkugel zu bestimmen, konnte nun genauer als jemals zuvor gelöst werden.

Das erste neuere Ansprüche befriedigende Resultat konnte der französische Astronom Jean Picard gegen Ende des 17. Jahrhunderts vorlegen. Als eine der ersten großen Arbeiten der 1666 in Paris gegründeten Akademie der Wissenschaften führte er nach dem Vorbild des Niederländers Snellius eine ‹Triangulation› in Frankreich aus. Die Länge des Meridianbogens wurde nicht mehr direkt gemessen, sondern über Dreiecksseiten berechnet (Abb. 68). Die Ausdehnung des Bogens in Winkelmaß, seine Amplitude, wurde aus Fixsternbeobachtungen als Differenz der geographischen Breiten (Polhöhen) zu den Endpunkten des Bogens abgeleitet. Als Beobachtungsinstrument verwendete Picard einen Quadranten mit Zielfernrohr, dessen Zielrichtung durch ein Fadenkreuz in der Brennebene des Okulars und durch den anvisierten Zielpunkt genau definiert war. Er besaß eine neue Ablesevorrichtung, ein Mikrometer mit beweglichem Faden.

Diese Gradmessung ist nicht nur wegen ihrer Genauigkeit, sondern auch wegen ihres Zusammenhangs mit dem Gravitationsgesetz bekannt geworden (s. Kap. 2, Abschn. ‹Copernicus und seine Nachfolger›). Newton benutzte den neuen Wert des Erdradius von Picard zum letzten Nachweis der universellen Gültigkeit seines Gravitationskonzeptes. Mit der Publikation seines Werkes ‹Philosophiae naturalis principia mathematica›, 1687, begründete Newton die neuzeitliche Mechanik, und auf ihrem

68: Bestimmung des Erdradius durch Picard 1671. In üblicher Weise schloß Picard aus dem Gradbogen – hier zwischen Paris und Amiens (Ligne Meridienne) – auf den Umfang und dann auf den Radius der Erdkugel. Dieser erste genaue Wert in der Geschichte der Erdmessung war für die Bestätigung des Gravitationsgesetzes durch Newton von Bedeutung. Die Bestimmung des Meridianbogens mit Hilfe von aneinandergereihten Meßdreiecken (Triangulation) hat den Vorteil, nur eine kurze Strecke wirklich messen zu müssen und alle anderen Dreiecksseiten aus Winkelbeobachtungen in den Dreiecken berechnen zu können (Kupferstich, 1671).

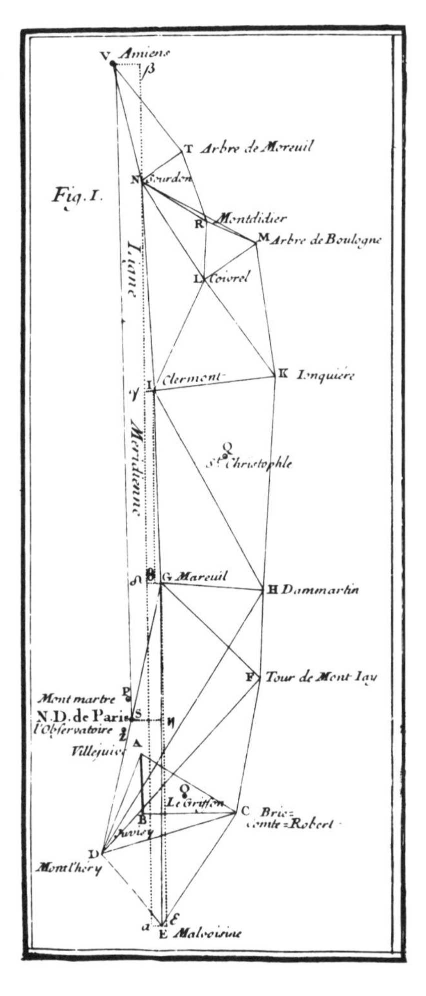

Fundament leitete er eine neue Entwicklungsphase in der Bestimmung der Gestalt der Erde ein.[70]

Er ging von einem ursprünglich flüssigen Zustand der Erde aus (Abb. 69), die wegen der ‹überall gleichen Schwere ihrer Teilchen› kugelförmig sein müßte. Infolge der Rotationsbewegung der Erde streben die Teilchen von der Achse weg und steigen gegen den Äquator an, so daß es

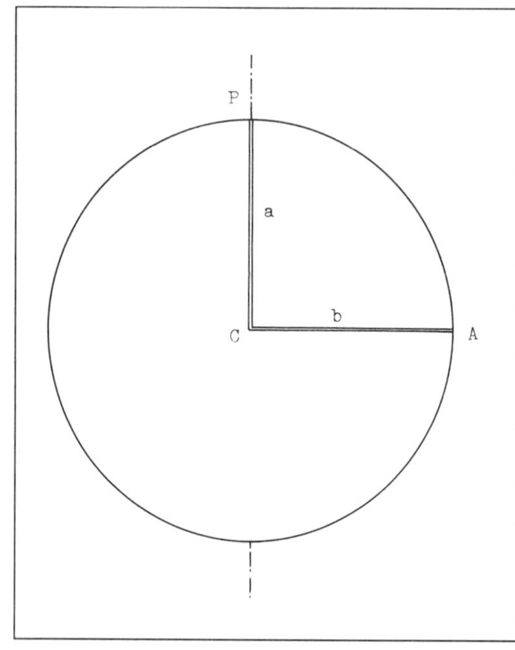

69: Newtons Abplattungstheorie. Das Gedankenexperiment Newtons lautet: Für das Erdellipsoid homogener Massenzusammensetzung nimmt man einen Meridianschnitt vor und betrachtet hierin zwei geradlinige mit Wasser gefüllte Kanäle, einen, der vom Pol P zum Erdzentrum C führt (a), und einen zweiten Kanal, der den Äquatorpunkt A mit C verbindet (b). Während in Kanal b die Zentrifugalkraft mit wachsendem Abstand der Teilchen von der Rotationsachse zunimmt, wirkt sie auf Teilchen im Kanal a überhaupt nicht. Newton kann zeigen, daß am Äquator gerade 1/289 der Erdanziehung infolge der Erdrotation durch die nach außen wirkende Zentrifugalkraft aufgehoben wird. Diesen Wert der wirklichen Erde vergleicht er mit dem Verhältnis der wirkenden Kräfte eines Modellellipsoids, für das er ein Verhältnis von großer und kleiner Halbachse willkürlich angenommen hat. Auf diese Weise erhält er schließlich den Wert für das Achsenverhältnis des Erdellipsoids zu 229:230.

hier zu einer gleichmäßigen Erhebung kommt. Umgekehrt sinken Teilchen von den Polen her ab. Als Rotationsfigur stellt sich also ein an den Polen – schwach – abgeplattetes Ellipsoid ein. Newton erhielt für dessen Achsenverhältnis 229:230. (Achsenverhältnis des Erdellipsoids nach modernen Erkenntnissen 297:298.) Dieses Resultat, das Newton aus hydrostatischen Überlegungen abgeleitet hat, stand ganz in Übereinstimmung mit der Beobachtung des französischen Astronomen Richer 1672. Dieser hatte im Zusammenhang mit der Neubestimmung der Marsparallaxe herausgefunden, daß die Länge des Sekundenpendels mit abnehmender geographischer Breite abnimmt. Wird eine gleichmäßige Massenverteilung innerhalb der Erde vorausgesetzt, so kann dieses Phänomen erklärt werden, wenn man annimmt, daß sich der Abstand von Punkten der Erdoberfläche zum Erdschwerezentrum mit abnehmender geographischer Breite vergrößert. Das aber ist bei dem von Newton abgeleiteten Ellipsoid der Fall.

Zur gleichen Zeit wie Newton diskutierte auch Huygens das Problem der Figur der Erde. Er erkannte, daß die Oberfläche des Erdsphäroids in allen Punkten normal zur Resultierenden aller wirkenden Kräfte verläuft (‹Huygenssches Prinzip›). Aber anders als Newton folgte er nicht der Theorie von der allgemeinen Massenanziehung, sondern modifizierte die Wirbeltheorie von Descartes in der Weise, daß die wirkenden Kräfte der Erdanziehung als Folge von rotierenden Wirbeln einer fein verteilten Äthermaterie aufzufassen seien. Die Wirkung erscheine im ganzen gesehen so, als ob ein zentraler Punkt im Erdinnern als Ursprung der Erdanziehung anzusehen sei. Unter Beachtung dieser Voraussetzung erhielt er nach dem Vorbild der Newtonschen Wasserkanäle für das Ellipsoid ein Achsenverhältnis von 577:578 und bekräftigte mit diesem Ergebnis die Theorie von dem an den Polen abgeplatteten Erdellipsoid.

Mit diesen Ergebnissen der Physiker – ob sie nun experimentell aus Pendelbeobachtungen oder auf theoretischem Weg auf der Grundlage der allgemeinen Massenanziehung oder der cartesischen Wirbeltheorie abgeleitet waren – schien die Frage nach der Figur der Erde eindeutig beantwortet zu sein.

Indessen, wenn – unabhängig von den Resultaten aus diesen Theorien – die bisher vorliegenden Ergebnisse der verschiedenen Erdmessungen miteinander verglichen wurden, wie es der Straßburger Mathematiker Eisenschmidt am Ende des 17. Jahrhunderts unternahm, ergab sich ein völlig anderes Bild: Die Meridiangrade wuchsen in ihrer Ausdehnung gerade in dem Maße, wie sie sich vom Pol entfernten. Also müßte die Gestalt der Erde ein an den Polen verlängertes Ellipsoid sein (s. Kap. 3, Abschn. ‹Copernicus bis Newton ...›) – so lautete die Gegenhypothese, die der französische Astronom Jacques Cassini auf Grund eigener Messungen in Frankreich bestätigte. Eine notwendige Kritik der einzelnen Messungen und Resultate war nicht vorgenommen worden. These stand nun gegen These: auf der einen Seite die aus der Theorie physikalisch begründete Abplattung, auf der anderen Seite die aus Messungen geometrisch hergeleitete Verlängerung des Erdsphäroids an den Polen; hier die Vertreter der Theorie von der allgemeinen Massenanziehung, gruppiert um die Royal Society in London, dort Wissenschaftler, die darin nur den Ausdruck einer neuen Metaphysik zu sehen glaubten, gruppiert vor allem um die Akademie der Wissenschaften in Paris.

Es ist, um die Brisanz dieses Streites verstehen zu können, wichtig, sich zu vergegenwärtigen, daß zu dieser Zeit die politische Situation in Europa von starken Spannungen zwischen England und Frankreich gekennzeichnet war. Ging es England in erster Linie um die Sicherung seines Kolonialreiches, so strebte Frankreich als absolutistischer Staat unter der Führung von Ludwig XIV. die Vormachtstellung in Europa an. Bereits vor 1700 hatte der Monarch einen Eroberungskrieg gegen die Pfalz geführt, der erst auf Intervention Wilhelms von Oranien, seit 1689 auch König von England, gestoppt wurde. Über die spanische Thronfolge brach dann erneut der gewaltsam ausgetragene Konflikt zwischen Frankreich und anderen europäischen Mächten, im besonderen Österreich und England, wieder auf.

Vor diesem politischen Hintergrund ist der Streit um die Figur der Erde zwischen bedeutenden Vertretern der gelehrten Gesellschaften in England und Frankreich zu sehen, ein Streit, bei dem es nicht allein um die Klärung eines wissenschaftlichen Problems ging, sondern auch um das Ansehen der jungen Akademien und darüber hinaus der beteiligten Länder. Zu Recht spricht der berühmte Aufklärungsphilosoph Voltaire, als er über die unterschiedlichen wissenschaftlichen Vorstellungen dieser Zeit nachsinnt, von zwei verschiedenen Welten, die ein Naturforscher auf einer Reise nach Paris und London kennenlernen könnte.

Nun wurde von Frankreich her der Versuch einer Klärung unternommen. Hier, wo man der Theorie von der gravitierenden Fernwirkung von Massen auch weiterhin mißtrauisch gegenüberstand, wurde vorgeschlagen, die Figur der Erde aus geeigneten Gradmessungen, also auf experimentellem Wege, neu abzuleiten. So wurden 1736 von der Akademie im Auftrag des französischen Staates zwei Expeditionen ausgerüstet, von

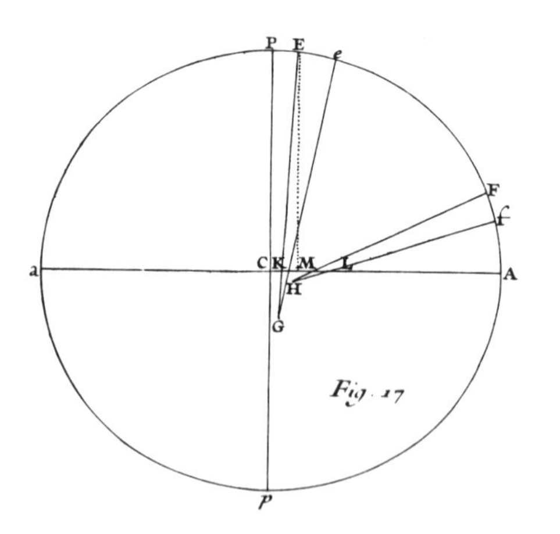

70: Die Messungen zur Abplattung der Erde. Rund 70 Jahre nach Picard wurde unter anderem durch Maupertuis ebenfalls über eine Triangulation ein Gradbogen der Erde in Lappland gemessen. Er bestimmte aus dem astronomisch gemessenen Winkel EGe und der über die Triangulation abgeleiteten Bogenlänge Ee die örtliche Krümmung der Erdoberfläche und verglich sie mit dem entsprechenden äquatornahen Bogen. Hier war in Equador die andere Expedition der Französischen Akademie der Wissenschaften tätig – so erhielt man den eindeutigen Nachweis für die Abplattung der Erde zum Nordpol P hin, denn die Bogenlänge Ee war größer als Ff in Äquatornähe, trotz gleicher Winkel EGe und FHf (Kupferstich, 1738).

denen die eine an den Polarkreis (Lappland), die andere aber an den Äquator (Equador) führte (Abb. 70). Damit war der Forderung Genüge getan, daß die Länge der Meridiangrade in Gegenden mit möglichst unterschiedlicher geographischer Breite bestimmt werden sollte.

Warum war es besonders günstig, Gradmessungen in dieser Weise auszuführen? – Die Verlängerung des Pariser Meridianbogens zwischen 1683 und 1718 hatte gerade gezeigt, daß angesichts der noch unzureichenden Meßtechnik bei der Polhöhenbestimmung und Grundlinienmessung sich immer wieder Meßfehler einstellten, die das Ergebnis der Meridianmessungen verfälschten. Auch war die Ausdehnung eines zu messenden und in sich zusammenhängenden Bogens zu klein, um daraus eindeutig die Größe der Abplattung der Erde ableiten zu können. Diese Schwierigkeiten, die also in erster Linie aus dem Entwicklungsstand der Wissenschaft selbst resultierten, konnten durch die Realisierung des obigen Vorschlages überwunden werden.

Die Weise, wie das Problem gelöst wurde – so rein wissenschaftlich es auch aussehen mag –, zeigt in aller Deutlichkeit die gesellschaftliche Einbindung des wissenschaftlichen Erkenntnisstrebens. Hier sind nicht nur die scheinbar ganz persönlichen Motive der Forscher, wie Ehrgeiz und Reputation, gemeint, die letztlich dem Denken einer hierarchisch geordneten Gesellschaft entsprechen. Mit der Ausführung des Vorhabens aus der Absicht des französischen Staates, sich ein unvergängliches Ruhmesdenkmal zu setzen, füllt die Wissenschaft bereits in der ersten Hälfte des 18. Jahrhunderts eine Legitimationsfunktion für Staat und Gesellschaft aus.

Das Motiv der Reputation für den Wissenschaftler wird am Beispiel von Maupertuis, Mitglied der Französischen Akademie der Wissenschaften und Teilnehmer der Lappland-Expedition, besonders deutlich. Er ließ sich im Winter Lapplands malen, in Pose stehend, mit der flachen Hand ein Modell der Erde berührend, als ob er selbst die Erde abgeplattet hätte (Abb. 71). Gänzlich unbegründet war diese Selbsteinschätzung auch in wissenschaftlicher Hinsicht nicht, hatte Maupertuis doch erheblichen Anteil am Gelingen des Unternehmens in Lappland und damit an dem ersten experimentellen Nachweis, daß die Erdfigur am ehesten einem an den Polen abgeplatteten Ellipsoid entspreche. Er legte auch das Formelsystem vor, das die Berechnung des Ellipsoids aus zwei Gradbögen mit möglichst weit auseinanderliegenden geographischen Breiten gestattete.

Auch die Ergebnisse der südamerikanischen Messungen bestätigen die Abplattung der Erde an den Polen. Damit hatten sich die hydrostatischen Überlegungen von Newton und Huygens als richtig erwiesen. Fortan konnte die Frage nach der Figur der Erde nicht mehr allein als geometrisches Problem behandelt werden, ebenso wie in der Astronomie das Pro-

71: Maupertuis und die abgeplattete Erde. Durch seine Gradmessungen in Lappland trug Maupertuis entscheidend zum Nachweis der Erdabplattung bei. Das Pathos des Bildes könnte fast glauben machen, er würde die Erdkugel mit eigener Hand abflachen. Seine Eitelkeit verspottete später Voltaire im ‹Doktor Akakia› (Kupferstich, 1744).

blem der Bahnbestimmung der Planeten nur mit Hilfe der Himmelsmechanik ab Newton zufriedenstellend gelöst werden konnte.

Die Ergebnisse der Gradmessungen fanden am Ende des 18. Jahrhunderts eine weitere ruhmvolle Anwendung. Immer deutlicher zeigte sich die Notwendigkeit, entsprechend dem wirtschaftlichen Aufschwung in Europa und der Zunahme des internationalen Handels das Maßsystem zu vereinheitlichen.

Die Zeit stand vor großen Veränderungen. In England hatten technologische Neuerungen im Textilgewerbe eine neue Produktionsweise eingeleitet, die bald die gesamte materielle Produktion – später auch außerhalb

Englands – umwälzen sollte. Auch in Frankreich hatte sich die wirtschaftliche Situation verbessert, als deren Folge das aus Vertretern von Wirtschaft und Finanzen zusammengesetzte Bürgertum gegen die Privilegien des Adels antrat und schließlich in der Französischen Revolution zur herrschenden Klasse aufstieg.

Im Zusammenhang mit diesen Ereignissen wurde auf Beschluß der französischen Nationalversammlung 1790 das Maßsystem reformiert. Neues Längenmaß wurde das Meter, das als der zehnmillionste Teil des Meridianquadranten (= Meridianbogen mit der Ausdehnung von 90°) definiert wurde. Der Meridian bezog sich auf ein Ellipsoid, dessen große Halbachse aus den einzelnen Teilstücken des Pariser Meridianbogens und dessen Abplattung aus dem französischen Bogen und dem südamerikanischen Bogen – in der Auswertung durch den französischen Geometer Bouguer – abgeleitet waren. Im übrigen Europa setzte sich das metrische System erst durch, nachdem 1875 die internationale Meterkonvention vereinbart wurde. Das internationale Meter wurde 1882 mit Hilfe von neugeschaffenen Prototypen realisiert. Seit 1960 ist allerdings die Längeneinheit durch eine atomphysikalische Größe (über die Strahlung des Isotops 86 Krypton) definiert.

Mit der Klärung der Frage nach der Form des Ellipsoids ist im Grunde genommen das alte Erdmessungsproblem gelöst. Durch Verfeinerung der Meßmethoden und Instrumente, vor allem aber durch die Anwendung des Ausgleichsverfahrens nach der Methode der kleinsten Fehlerquadrate, konnten immer genauere Ellipsoide abgeleitet werden. Von ihnen galt lange Zeit hindurch das von dem Astronom Bessel 1841 bestimmte Ellipsoid als die beste Annäherung an die Figur der Erde.

Eine neue Schwierigkeit prinzipieller Art wurde offenbar, als sich merkliche Widersprüche einerseits zwischen den verschiedenen Ellipsoiden, andererseits zwischen den auf den Ellipsoiden ausgeführten Rechnungen und den astronomisch-geodätischen Bestimmungen zeigten. Die zuletzt genannten Differenzen beruhen auf der Lotabweichung, also darauf, daß die Normalen zur Ellipsoidfläche nicht mit den wirklichen, durch die Richtung frei fallender Körper realisierten Lotrichtungen zusammenfallen. Mit anderen Worten: Das Problem der Gestalt der Erde ist letztlich kein geometrisches, sondern ein geodätisch-physikalisches. Das hatte bereits Huygens im 17. Jahrhundert in aller Deutlichkeit ausgesprochen. Er stellte das Prinzip auf, daß sich die Oberfläche des Sphäroids an jedem Ort senkrecht zum Faden einer aufgehängten Bleikugel, also senkrecht zur Resultierenden aus Anziehung und Zentrifugalkraft der Erde, einstellt. Die damit aufgeworfene Frage, welche Schlußfolgerungen aus dem Schwerefeld der Erde für die Form ihrer Oberfläche zu ziehen sind, konnte erst nach der weitgehenden Mathematisierung naturwissenschaftlicher Theorien und Technisierung der Beobachtungspraxis beantwortet werden. Diese ‹mathematisch-physikalische Oberfläche› der Erde wird durch die Meeresoberfläche in mittlerem Niveau und unterhalb der Kontinente durch ein Netz von gedachten Kanälen realisiert, die unter sich und mit dem Meer kommunizierend angelegt vorzustellen sind. Diese Fläche, vom Göttinger Mathematiker Listing als «Geoid» bezeichnet, wird durch die mathematische Gleichung einer Äquipotentialfläche, einer Fläche gleichen Schwerepotentials, dargestellt.

Wir erkennen nun: Die im Laufe vieler Jahrhunderte entwickelten Vorstellungen von der Gestalt der Erde als Scheibe, als Kugel und als Ellipsoid sind nur jeweils mehr oder weniger grobe Annäherungen an eine Fläche ganz anderer Qualität – entsprechend dem Wissensstand, der Erfahrungswelt und den gesellschaftlichen Bedingungen der jeweiligen Epoche der Geschichte.

(Literaturhinweis: Bachmann, Berger, Bialas 1972, Bialas 1982, Delambre, Jordan/Eggert/Kneissl, Klein, Maupertuis, McKie, Perrier, Prell, Picard, Schmid.)

Rotation der Erde – ein unlösbares Problem für die Aristotelische Physik

In der Aristotelischen Physik waren alle (Orts-)Bewegungen auf der Erde in Klassen eingeteilt:
– vor allem in natürliche Bewegungen, die ihren Bewegungsantrieb in sich selbst hatten: absolut Leichtes strebte immer in die Höhe: das Element Feuer – absolut Schweres immer nach unten: das Element Erde. Wasser und Luft stiegen oder fielen, je nachdem, wo sie sich befanden – alles wollte zu seinem angestammten Platz;
– ferner in künstliche Bewegungen, die zu ihrer Aufrechterhaltung ständiger Anstrengung von außen bedurften, wie Zug, Stoß, Wurf.

Das Beispiel Ochsenkarren beim Zug paßte ideal in diese Vorstellung: Sobald die Verbindung zwischen Ochsenkraft und Karren verschwand, hörte die Bewegung auf. Doch die Wurfbewegung machte Schwierigkeiten: Warum flog ein Pfeil, auch wenn er die Hand, also die antreibende Kraft des Schützen, verlassen hatte? Hier konstruierte Aristoteles eine Übertragung der Bewegungskraft auf das Medium Luft, das den Pfeil weiterbewegte. Das Problem ließ die Geister nicht ruhen. Im frühen Mittelalter finden wir einen Vorschlag, der näher an die Gegenwart herankommt: Dem Pfeil würde durch den Schützen ein ‹Impetus› eingeprägt, der ihn in der Luft weitertreibt, aber mit der Zeit, ähnlich wie die Wärme aus einem anfänglich erhitzten Körper, wieder verschwindet.

Im Gegensatz zur späteren klassischen Physik wurden beschleunigte und gleichmäßige Bewegungen gar nicht wesentlich unterschieden. Ihr gemeinsamer Gegensatz war die Ruhe! Nur diese hatte keine Ursachenerklärung nötig. Jede Bewegung dagegen hatte unmittelbare Ursachen: Alles was sich bewegt, wird von etwas anderem bewegt[71] (vgl. Anm. 112). Das klingt unmittelbar einsichtig.

Die Aristotelische Physik war eine Physik der unmittelbaren, anthropomorphen, d.h. nicht analytisch zerlegten Einsichten. Die Newtonsche These, für die Ruhe und gleichförmige Bewegung dasselbe waren – Ruhe war Geschwindigkeit Null –, ist sehr viel schwieriger zu ‹glauben›: Noch immer erscheint es verwunderlich, daß sich Raketen im Weltall ohne Antrieb ewig weiterbewegen. Es gibt eben keine unmittelbare Erfahrung zum Vergleich.

In der Antike wurde teleologisch auf das Ende einer Veränderung hin gedacht – Bewegung hieß nicht nur Ortsveränderung –, die Frage nach dem Ziel war wesentlich, nicht die funktionale Untersuchung von bestimmten Ausgangsbedingungen. So waren auch Bewegungen ohne Ziel, die in sich zurückführten, wie die des Himmels, von grundsätzlich anderer Art als alle natürlichen Bewegungen auf der Erde. Sie wurden von der ewig kreisenden Himmelsmaterie, dem 5. Element – neben Erde, Wasser, Luft, Feuer – ausgeführt. In dessen Sphären waren die Planeten eingebettet. Auf der Erde hingegen war alles vergänglich, wurde ständig behindert. Auch das klingt sehr plausibel.

Für den freien Fall auf der Erde lautete das Grundprinzip: Je schwerer ein Körper, desto mehr Bestreben hat er, zu seinem angestammten Platz im Weltzentrum – dem Erdmittelpunkt – zu gelangen. Innerhalb des Prinzips ‹schwer› gab es also schon eine komparative Steigerung: Blei ist schwerer als Holz. Eine große Holzkugel ist schwerer als eine kleine. Aber alle diese ‹fallenden› Körper standen im Gegensatz zu den ‹absolut leichten›. Die Erkenntnis seit Galilei, daß schwere Körper – abgesehen vom Luftwiderstand – gleich schnell fallen, war nun nicht so einfach zu gewinnen. Versuche dazu sind nicht so eindeutig, wenn man noch nichts vom Einfluß des Mediumwiderstands weiß. So sinken etwa in Flüssigkeiten bestimmter Zähigkeiten gleich große Körper auffallend unterschiedlich zu Boden – je nach Gewicht. Das sieht ganz aristotelisch aus. Auch beim freien Fall in Luft gibt es – allerdings geringere – Differenzen. Das zeigten viele historische Experimente, z.B. von Galilei in Pisa vor 1600!

Das Problem war die Analyse der Erscheinungen. Die ganzheitliche klassifikatorische Betrachtung der Natur, d.h. die Aufteilung in Gegensätze wie schwer und leicht, natürlich und künstlich, verhinderte grundsätzlich eine Abwägung verschiedener Einflüsse an einem Phänomen. Deshalb auch wurde der Unterschied von himmlischen Bewegungen und natürlichen irdischen als qualitativer gesehen: Das eine waren vollkommene Bewegungen, das andere unvollkommene. Wir betrachten heute den Unterschied rein quantitativ: Die sehr geringe Gasdichte bewirkt im Weltall minimale Reibung.

Die moderne Beurteilung der Aristotelischen Physik kann keine Wertung über ihre ‹Wissenschaftlichkeit› sein. Wissenschaftlichkeit wurde mit der klassischen Physik ganz neu definiert, wobei die Technik als

- Anknüpfungspunkt für das Denken und als
- Lieferant von Instrumenten

eine wesentliche Rolle spielte – ganz im Gegensatz zur antiken Physik!

Für Aristoteles und seine Anhänger folgte aus dieser Physik die Ablehnung der Erdrotation.[72] Ptolemäus fand immerhin ein astronomisch-philosophisches Argument *dafür*: die größere Einfachheit, da alle täglichen Bewegungen der Gestirne wegfallen würden. Doch sah er physikalisch, d. h. auf die Zustände auf der Erde bezogen, Gegenargumente, die die These sofort lächerlich machten:

- Die Himmelsmaterie als feinste und leichteste Substanz müßte doch mehr Bewegungs‹trieb› zeigen als die gröbste und schwerste Materie auf der Erde.
- Bei einer solchen ‹gewaltigen› Bewegung der Erde würden alle nicht fest mit der Erde verbundenen Körper, z. B. Wolken, sofort hinter der Drehung zurückbleiben, also scheinbar ständig nach Westen ziehen. Und selbst wenn die Atmosphäre mit der Erde mitgeführt würde, müßten bewegliche Körper in der Luft zurückbleiben (Abb. 72). Und wenn selbst diese mitgerissen würden, könnten sie zumindest keine weitere Bewegung mehr erhalten – etwa beim Wurf, würden also für den Beobachter scheinbar stillstehen.

Hier lag zugrunde: Es war in der Aristotelischen Physik nicht denkbar, verschiedene Bewegungen eines irdischen Körpers – natürliche und künstliche – beliebig zusammenzusetzen.

Das Argument mit der Erdatmosphäre wirkt besonders stark, da verschiedene Konsequenzen untereinander verschränkt werden, eine methodologische Möglichkeit, die später auch die klassische Physik nutzte (Bradley, Kap. 2, ‹Empirische Hinweise auf die jährliche Erdbewegung›).

Beide Argumente waren in der Tat aus der Aristotelischen Physik heraus nicht zu entkräften. Das zeigt eine Vielzahl von Diskussionen über die tägliche Rotation der Erde vom Mittelalter bis in das 17. Jahrhundert. Allerdings konnte man aus ähnlichen Gedankengängen, zum Teil unter Bezug auf antike oder arabische Quellen, auch Argumente *für* die Erdrotation finden. Das taten die scholastischen Gelehrten Buridan und Oresme im 14. Jahrhundert.

72: Wird die Kanonenkugel zurückkommen? Bei einer rotierenden Erde wäre nach der Aristotelischen Physik auch bei Windstille keine Rückkehr der Kugel zum Ausgangspunkt zu erwarten, da sich die Erde mit Kanonenrohr inzwischen unter der Kugel wegdrehen würde. Die ersten Ansätze einer neuen Physik mußten klarmachen, daß jeder Gegenstand auf der Erde deren Bewegung mitmachte, also mitunter mehrere Bewegungen gleichzeitig ausführte (Holzschnitt, 1690).

Buridan

Jean Buridan lebte von ca. 1300–1358 und war Gelehrter an der Universität Paris. Er führte folgende mögliche Gründe für eine tägliche Bewegung der Erde an[73]:

– Der Himmel hat die Erde nicht nötig. Bei der Erde ist es umgekehrt, sie braucht den Einfluß des Himmels. Also müßte sie, als ‹Bedürfende›, bewegt werden und nicht der Himmel. (Ein technisches Beispiel aus dem gleichen Argumentationskreis verdeutlicht das: Es dreht sich auch der Bratspieß mit Braten um sich selbst und nicht das Feuer um den Bratspieß.)

– Die höchste Sphäre der Fixsterne ist im ‹idealsten Verhältnis› (optime se habens) im Vergleich zu den übrigen Sphären und bedarf deshalb keiner Bewegung.

– Himmelskörper sind edler als die Erde, und die höchste Sphäre der Fixsterne ist die edelste. Deshalb sollte die höchste Sphäre auch in Ruhe sein, denn Ruhe ist vollkommener als Bewegung. (Dieses Argument bezieht sich auf die Substanz der Sphären, das vorige auf ihre Anordnung.)

– Mit der angenommenen Erdrotation können alle übrigen Bewegungen am Himmel von Westen nach Osten stattfinden, während im Ptolemäischen System die tägliche Bewegung des Himmels von Ost nach West erfolgt, im Gegensatz zur Eigenbewegung der Planeten.

– Da weniger Gründe bei naturphilosophischen Erklärungen, zur «Rettung der Phänomene» (salvare apparentia) besser sind als viele, gilt das auch für einen einfacheren Weg der Erklärung gegenüber einem komplizierteren. Und es ist eindeutig einfacher, die sehr kleine Erde sich bewegen zu lassen, als die höchste und damit sehr große Fixsternsphäre.

Die ganze Argumentation war also auf die schroffen Gegensätze von Himmel und Erde, von Ruhe und Bewegung aufgebaut. – Die Eigenschaften «bedürfend» und «weniger edel» bei der Erde kann man durchaus mit dynamischen Betrachtungen der späteren ‹klassischen› Physik vergleichen. Die große Masse der Sonne setzte ab Newton alle Planeten in ihrer Bedeutung zurück – deshalb erhielten sie Bewegung im Gegensatz zur (in erster Näherung) ruhenden Sonne.

Der Glaube an einen wirklichen Gegensatz und nicht an die Gleichwertigkeit von Ruhe und gleichförmiger Bewegung wird auch aus folgendem Beispiel deutlich, das oft in variierter Form gebracht wurde, um die Erdrotation als durchaus denkbar zu kennzeichnen: Begegnen sich zwei Schiffe, kann die Beobachtung von einem der Schiffe nie entscheiden, wie Bewegung und Ruhe verteilt sind. Denkbar ist es also, daß jedes sich bewegt oder auch nur eines. Aber man wußte eben aus anderen Gründen – weil man sich außerhalb der zwei Schiffe stellen konnte –, was wirklich galt.

So wurde auch die Erdrotation nur als ‹denkbar› erörtert. Man wußte aus anderen Prinzipien, daß sie nicht sein konnte. Wieviel Trugschluß bei einer solchen Gewißheit mitspielen kann, zeigt noch heute die Vorstellung jedes Laien, Weltraumfahrer außerhalb der zwei ‹Schiffe› Erde und etwa Mond hätten nun eindeutig, fast ‹handgreiflich›, die sich drehende Erde gesehen und damit die Erdrotation *bewiesen*.

Buridan führte anschließend Argumente gegen eine Rotation der Erde an, an der Spitze die Autorität des Aristoteles und aller Astronomen. Die Verteidiger der Erdbewegung ließ er antworten: Autorität beweise nichts, und für Astronomen genüge es, «Methoden» anzugeben, die die «Phänomene retten», unabhängig davon, ob jene real zutreffen. Die Realität der Methoden zu untersuchen, sei Aufgabe des Physikers. Die anderen Argumente gegen die Erdrotation waren vor allem Abwandlungen der Einwände von Ptolemäus, z. B.: Ein senkrecht hochgeschossener Pfeil könnte zwar von der durch die Erde mitgeführten Luft mitgerissen werden, aber doch nicht ganz, wie ja auch seine nur teilweise Ablenkung durch starken Wind zeige. Man müßte also, falls die Erde sich dreht, auch bei Windstille eine Abweichung des Pfeiles sehen.

Welche Einwände sind gegen dieses Argument Buridans denkbar? Dann müßte auch ein menschlicher Arm, der ständig senkrecht hochbewegt wird, solche Abweichungen zeigen. Antwort: Ein Arm ist eben am ruhenden Körper befestigt. Ein weiterer Einwand wäre das Experiment, auf einem fahrenden Schiff, als Modellerde, einen Pfeil senkrecht hochzuschießen. Aber hier sind die Verhältnisse tatsächlich komplizierter (Fahrtwind auch bei Windstille!). Diesen Vorschlag findet man z. B. 1632 bei Galilei.

Buridan widerlegte nun selbst seine Argumente für eine Erdrotation durch ähnliche Gedankengänge, wie er sie schon zu deren Unterstützung verwendet hatte. Die Kreisbewegung sei eine «erste» Bewegung und solle deshalb den «ersten» Körpern zuerkannt werden – das wären aber die Himmelskörper und nicht die Erde. Gegen sein früheres Argument, kleinere Körper lassen sich leichter bewegen als große, führte er nun an, das gelte nur, wenn alle übrigen Eigenschaften gleich wären. Und Himmel und Erde waren eben nicht gleich! «Schwere irdische Körper» seien schwierig in Bewegung zu setzen – Wasser sei schon leichter als Erde zu bewegen und Luft noch leichter als Wasser, und deshalb blieben die Himmelskörper von ihrer Natur aus am leichtesten beweglich. Gerade weil der Himmel etwas völlig Verschiedenes gegenüber der Erde war, durften die aristotelischen Verteidiger der ruhenden Erde doch das letzte Wort behalten. Erst mit der Einebnung dieses Unterschiedes gewannen dieselben Argumente – wie sie später auch Copernicus verwenden sollte – mehr an Überzeugungskraft!

Innerhalb des Aristotelischen Systems war also beides möglich: pro und contra Erdrotation zu diskutieren. Das gilt allerdings auch für Hypothesen und deren Gegenteil in neueren Systemen, sofern man bei rein theoretischer Diskussion bleibt.

Oresme

Nicole Oresme wurde um 1323 geboren, starb 1382 und war ebenfalls Gelehrter an der Universität Paris. Er griff wie Buridan antike Überlegungen zur Erdrotation auf und wollte zeigen, daß keine Erfahrung und kein Vernunftschluß das eine oder das andere beweisen könne. Man könne abwechselnd feststellen, das eine sei «scheinbar», das andere sei «Wahrheit».[74]

Er wandelte die schon diskutierten Pro- und Contra-Argumente ab, kam aber doch erstaunlich weiter als Buridan. So fand er interessante Erfahrungshinweise auf ein Mitschleppen der Lufthülle durch die Erde: Auch in einem fahrenden geschlossenen Boot wird die Luft mitbewegt und ist doch für die Insassen scheinbar in Ruhe.

Gegen das Pfeilargument der Ptolemäus-Anhänger brachte er nun den vertikal bewegten Arm eines Mannes auf einem fahrenden Schiff. Er führte ferner aus, daß alle Bewegungen auf diesem Schiff so verlaufen, als ob es in Ruhe wäre. Das erörterte ausführlich Galilei über 200 Jahre später!

Er setzte schließlich – auch mit einer geometrischen Demonstration –

zwei zueinander senkrechte Bewegungen zu einer gekrümmten zusammen, eine vertikale Wurfbewegung nach oben und eine kreisförmige der Luft- und Feuersphäre, durch die die erstere führte. Letzteres war – auch als bloßes Denkmodell – ein erheblicher Schritt aus der Aristotelischen Physik heraus. In der Sphäre unterhalb des Mondes sollte also mehr als eine Bewegung *gleichzeitig* durch einen Körper ausgeführt werden können. Diese Überlegung machte noch bis in das 17. Jahrhundert hinein große Schwierigkeiten, obwohl die der Praxis nahestehenden Denker, z. B. Ingenieure der Renaissance, schon bald die gleiche Antwort wie Oresme gaben (Abb. 73).

Gegen eine Erdrotation führt er an, daß die Erde ein einfaches Element sei, das, wie man an der (Fall-)Bewegung ihrer Teile sehe, geradlinige Bewegungen, aber keinerlei Kreisbewegung als natürlich aufweise. Und wäre eine eventuelle Erdrotation künstlich, also durch eine äußere

73: Philosophie, Wissenschaft und Technik. Praktikern war es natürlich schon lange klar, wie Kanonenkugeln flogen. Aber erst mit der Neuzeit interessierte sich die Wissenschaft stärker für die technische Praxis. – Im Garten der mathematischen Wissenschaften steht Euklid am Eingang. Nur über ihn, das heißt über das Studium der euklidischen Elemente der Geometrie, geht der Zugang zu den Wissenschaften. Sie geben Erkenntnis über die Natur und die Technik, z. B. über die wahre gekrümmte Bahn einer Kanonenkugel. Die Krönung aller Wissenschaft bleibt die Philosophie mit den zwei «Wächtern» Aristoteles und Plato (Holzschnitt, 1537).

Kraft hervorgerufen, dann könnte sie nicht ewig dauern. Ferner müsse alle Bewegung relativ zu einem wirklich ruhenden Körper stattfinden – und das ist die Erde. Schließlich führe die These der Erdrotation zu Widersprüchen mit der Heiligen Schrift.

Als Argumente für eine Erdrotation bringt er: Eine geradlinige (Fall)-Bewegung des Elements Erde erfolge nur, wenn dieses nicht an dem ihm eigenen Platz sei. Das entspreche der Bewegung des Eisens zum Magneten hin, der es anzieht. – Das gleiche gelte auch für Teilstücke des Himmels, falls sie aus ihren Sphären herausgebrochen würden. Deshalb scheine eine Drehbewegung der ganzen Erde an ihrem natürlichen Platz besonders wahrscheinlich, wie bei allen anderen einfachen Körpern im Weltall, mit Ausnahme eventuell des obersten Himmels. Hier wird also wieder mit Aristotelischer Physik (natürlicher Platz der Erde) eine aristotelische Grundannahme aufgehoben (die Unvergleichbarkeit von Erde und Himmel).

Die Widersprüche zur Heiligen Schrift kann man nach seiner Meinung beseitigen. Der Sprachgebrauch dort: Die Sonne geht auf und unter, dürfe eben nicht wörtlich genommen werden, ebensowenig wie das für andere Stellen der Heiligen Schrift gelte, wie: Gott wurde ‹wütend›. Die Eigenschaft wütend passe nicht zu einem vollkommenen Gott und sei deshalb auch gar nicht so gemeint.[75] Gegen solche Anmaßung von naturphilosophischer Seite, die Bibel auszulegen, wehrte sich später die Kirche ganz entschieden. Das traf Giordano Bruno und Galileo Galilei. Der Oresmesche Exkurs zeigt aber, daß es ihr durchaus möglich gewesen wäre, eine andere Lehrmeinung einzunehmen.

Für eine Erdrotation gilt ferner nach Oresme, der sich hier direkt auf Aristoteles beruft, daß Ruhe edler als Bewegung sei, weil Ruhe am natürlichen Ort das Endziel der Bewegung sei. Auch vom christlichen Standpunkt aus bete man z. B. um ‹ewige Ruhe›. Deshalb sollte der Fixsternhimmel in Ruhe sein (bis auf eine Umdrehung in 36000 Jahren; das war der Wert des Ptolemäus für die Präzession). Oresme zitierte wieder Aristoteles: Die Natur arbeite nicht kompliziert, wenn es einfach auch ginge. Deshalb sei die Erdrotation viel glaubhafter als die soviel riesigere Geschwindigkeit, die der Himmel täglich haben müßte. Hier hätte natürlich wieder das Gegenargument gepaßt: Die feine Himmelsmaterie ist etwas ganz anderes als die schwere Erde. Wir sind doch noch weit von der klassischen Physik weg! Solange über die Art der obersten Sphäre nicht entschieden war, konnte man auch nichts Endgültiges über die Wahrscheinlichkeit oder Unwahrscheinlichkeit einer riesigen Rotationsgeschwindigkeit sagen.

Eine vergleichbare Problematik, aber mit dem ganz anderen methodischen Hintergrund des ‹Modell›denkens, zeigt ein Beispiel aus dem 20. Jahrhundert: Nimmt man für das Elektron ein magnetisch-mechanisches Modell an – einen sich schnell drehenden kleinen Stabmagneten –, so folgt aus der bekannten Masse und dem bekannten magnetischen Moment eine riesige Rotationsgeschwindigkeit des Elektrons. Solange man keine andere Natur des Elektrons annimmt, ist diese Antwort durchaus zulässig. In den sehr kleinen Dimensionen der Mikrophysik könnte so etwas vorkommen, ohne daß die klassischen Erfahrungen von Stabilitätsgefährdung eines schnell rotierenden Körpers gelten müssen.

Oresme fand jedoch ein weiteres Argument für eine Entscheidungsmöglichkeit: Ein Anhalten der bewegten Erde durch Gott sei ein viel geringeres Eingreifen in die Natur als ein Anhalten der Sonne – von dem im Alten Testament berichtet wurde.

Oresme schloß endgültig, daß jeder und er selbstverständlich auch, davon überzeugt bleibe, daß die Erde ruhe, da Gott sie so eingerichtet habe (Abb. 74). Doch könnte man auf Grund der Argumente glauben, daß die Erde sich bewege. Das alles scheine gegen die «natürliche Vernunft» zu sprechen.[76] So gebe es auch Argumente gegen die «natürliche» Vernunft vieler Glaubensartikel. Seine Arbeit könne deshalb dazu dienen, Glau-

74: Woher wird die Welt bewegt? Noch Anfang des 17. Jahrhunderts versuchte man, mit dem Hebelsatz zu beweisen, daß es schwerer sei, die Welt von ihrem Zentrum aus zu bewegen als von der Peripherie – d. h. vom Himmel aus. Das favorisierte natürlich – mechanisch – die alte Geozentrik mit der Vorstellung eines ‹ersten Bewegers› außerhalb der Welt (Holzschnitt, 1617).

bensfeinde, die gegen den Glauben operieren, von ihrem Vorhaben abzubringen. – Dieser Schluß erscheint uns heute äußerst künstlich, als wolle Oresme die Kirche über die Brisanz des vorhergehenden Inhalts täuschen. So ähnlich verfuhr Galilei in seinem ‹Dialog› 1632. Aber das war fast 250 Jahre später! Oresme tun wir sicher unrecht. Es war die feste Überzeugung des Mittelalters, daß der Mensch über wahr und scheinbar diskutieren, aber nicht entscheiden konnte. Als letzte Instanz gab es die göttliche Offenbarung.

Copernicus bis Newton – von den Nachwehen der Scholastik zur Geburt der klassischen Dynamik

Alle Argumentation für die Erdrotation kreiste auch bei Copernicus in den gleichen Dimensionen wie die mittelalterliche Scholastik:
– Man kann die Rotation der Erde als natürliche Bewegung annehmen und braucht dann nicht, wie Ptolemäus, ein Auseinanderbersten der Erde zu befürchten. (Diese Befürchtung ist übrigens bei Ptolemäus nicht nachzuweisen.)
– Die Erdrotation stimmt mit der runden Form der Erde überein.
– Wasser und Luft bewegen sich mit der Erde mit. Sie sind Bestandteile der Erde. Das gleiche gilt deshalb auch für die Wolken.
– Fallende und steigende Körper haben auf Grund der Erdrotation zur gleichen Zeit zwei verschiedene Bewegungen. Nur wenn einfache Körper – wie die Erde bzw. Teile von ihr – an ihrem natürlichen Ort stehen, gibt es ausschließlich rotierende Bewegung. Fallende Körper hätten aber auch ohne zusätzliche Erdrotation keine einfache Bewegung; denn die Geschwindigkeit erhöht sich beim Fall laufend. (Es ist interessant, daß diese Tatsache, die in der Aristotelischen Physik nicht besonders beachtet wurde, nun gegen sie gewendet wird!) Die Festsetzung von drei einfachen Bewegungsarten bei Aristoteles: von der Mitte weg, zur Mitte hin, um die Mitte herum, ist rein spekulativ. So wird auch in der Geometrie nach ‹Linie, Punkt und Oberfläche› unterschieden, obwohl doch das eine nicht ohne das andere und keines ohne – dreidimensionalen – Körper auskommen kann.
– Die Ruhe ist edler und göttlicher als die Bewegung. So führt ja auch Aristoteles den unbeweglichen ersten Beweger des Weltalls ein.
– Es ist vernünftiger, die Erde als im Himmel «Enthaltenes» in Bewegung zu sehen, als den Himmel, der die Erde enthält.

Scholastisch argumentierend wandte sich auch Kepler gegen die Annahme rotierender Sphären in der Ptolemäischen Astronomie (und damit gegen das Festhalten dieser Vorstellung durch Copernicus): Gott habe auch keine rotierenden Glieder an Lebewesen geschaffen.[77] So hielt er sogar den traditionellen Gegensatz zwischen Ruhe und Bewegung durch Analogiebetrachtungen aufrecht: Ruhe entspreche der Dunkelheit – wofür keine Ursache angegeben werden mußte –, Bewegung dem Licht.

Doch war die Verwandtschaft zwischen Himmel und Erde für Kepler schon selbstverständlich:

«Mögen mir die Gelehrten verzeihen, daß ich von Körpern, die man mit Händen greifen kann, auf das Verhalten von Weltkörpern schließe ...»
«Denn ich habe soviel gestudiert und erwiesen, daß zwischen Himmel und Erde eine größere Verwandtnis sei als Aristoteles und mit ihm Röslinus meinet, und sich sogar von unten hinauf argumentieren und folgern lasse.»[78]

Galilei führte 1632 im ‹Dialog› (Abb. 75) zunächst sein Relativitätsprinzip an, nach dem *alle* Bewegungen, die für Teile eines Systems gleich verlaufen, das Verhalten dieser Teile zueinander nicht ändern. Noch Huygens und – zum Teil – Leibniz beharrten auf diesem sehr allgemeinen Prinzip, während die klassische Mechanik es auf geradlinige Bewegungen mit konstanter Geschwindigkeit beschränkte.

Mit seinem Relativitätsprinzip entkräftete Galilei aristotelische Argumente gegen die Erdbewegung. So behandelte er ausführlich den Einwand, von einer bewegten Erde müßte alles fortgeschleudert werden wie die Wassertropfen von einem drehenden Rad. Für ihn gab es auf der Erde grundsätzlich kein Problem dieser Art, wie er durch geometrische Betrachtungen belegen wollte.[79] Kreisbewegungen um Schwerezentren waren natürliche Bewegungen und deshalb frei von Kräften.

In Wirklichkeit war der Einwand berechtigt – bei der Rotation der Erde treten wie bei der des Rades (Flieh-)Kräfte auf. Doch sind sie sehr gering im Vergleich zur Schwerkraft. Das konnte allerdings erst später im 17. Jahrhundert berechnet werden. Immerhin zeigt Galileis Erörterung, daß sich Fragen über Kräfte immer stärker aufdrängten und damit neue dynamische Überlegungen und Untersuchungen in dieser Zeit in Reichweite gerieten.

Galileis Gründe für das Copernicanische System blieben im allgemeinen im Rahmen der scholastischen Diskussion – so das Argument der größeren Einfachheit und besseren Ordnung am Himmel, wenn man auf die 24stündige Drehung der Fixsternsphäre verzichten würde. Die Vorstellungen über ‹Schwere›, die Kepler zu magnetischen Analogien führten, entwickelte er nicht. Keplers Vermutung von ‹Fernwirkungen› der Himmelskörper aufeinander lehnte er ab.[80] Dasselbe hätte er sicher mit Newtons Gravitationskraft getan, und gar nicht sehr zu Unrecht.

Aus unserer Sicht verzögert also Galileis Vorstellung und damit auch seine Beschränkung auf das ‹Wie› anstatt des ‹Warum›, die oft vereinfacht als seine große Leistung zitiert wird, die Entwicklung des klassischen Kraftbegriffs in der Physik. Auch in der Wissenschaft kann der Fortschritt

75: Galileis Tradition. Das Titelbild der lateinischen Ausgabe von Galileis ‹Dialog über die zwei hauptsächlichsten Weltsysteme ...› läßt die unterschiedlichen Weltmodelle in den Händen von Ptolemäus (Mitte) und Copernicus (rechts) besser erkennen als das berühmte Titelbild der italienischen Erstausgabe 1632. Copernicus (und damit Galilei) präsentiert uns stolz die Sonne als Weltzentrum, sein Gesicht leuchtet – wie von der zentralen Sonne bestrahlt; die geozentrische Armillarsphäre und die schattige Gestalt des Ptolemäus erscheinen zurückgedrängt. Aristoteles agiert noch zwischen Licht und Schatten (Titelkupferstich, 1700).

ein Janusgesicht tragen! Diese Beschränkung ist auf jeden Fall kein dominierendes Kennzeichen klassischer Physik gegenüber aristotelischer, ganz zu schweigen, daß auch den Überlegungen Galileis und damit dem Beginn der neuen Physik ganz bestimmte naturphilosophische Prämissen zugrunde lagen, z. B. die Rechtfertigung des Einsatzes von Instrumenten zur Erweiterung der Sinnesmöglichkeiten. Das «hypotheses non fingo» – ich ersinne (erdichte) keine Hypothesen – von Newton wurde und wird oft noch so interpretiert, als sei das ‹Wie›, die Frage nach dem funktionalen Zusammenhang der Phänomene, lösbar, ohne allzu schwankende Grundhypothesen zu benutzen.[81] Hypothesen – gerade schwankende – stehen am Anfang jeder Forschung in der klassischen wie in der modernen Physik, und die grundlegenden dabei werden gerade nach Etablierung eines Wissensgebietes genausowenig reflektiert oder gar ernsthaft angegriffen wie in der Blütezeit der aristotelischen Wissenschaft.

Nun glaubte Galilei mit seiner Erklärung der Gezeiten ein eigentlich schlagendes Argument für die Erdrotation – und gleichzeitig für die jährliche Bewegung der Erde – zu haben, gegen die Vorstellungen Keplers und anderer: Schon Plinius in der römischen Antike hatte für die Gezeiten den Mond (und die Sonne) verantwortlich gemacht, Kepler bezog sich ebenfalls auf den Mond, jetzt mit magnetischen Analogien. Galilei ging ganz anders vor. Er kombinierte tägliche und jährliche Bewegung der Erde für ihre Oberfläche.[82]

So sei die Nachtseite der Erde – relativ zur Sonne – jeweils um ein Stück schneller als der Mittelpunkt der Erde auf seiner Jahresbahn, die Tagseite um ein Stück langsamer. Das führe zu periodischer Beschleunigung bzw. Bremsung. Also müßte, wie bei den Booten, die Trinkwasser transportierten, das Wasser gegenüber der Beschleunigung zurückbleiben, bzw. bei Bremsung vorschwappen. Bei entsprechend ausgedehnten Wassermassen, wie sie die Ozeane darstellten, entstünden periodische Aufstauungen und Abflüsse an den Küsten.

Auch hier war das Problem der quantitative Vergleich. Unabhängig davon, ob wirklich Gezeiteneffekte auf Grund der von Galilei beschriebenen Voraussetzungen entstehen – sie müßten auf jeden Fall unbemerkbar klein bleiben gegenüber den entscheidenden Wirkungen von Mond und Sonne. Und diese wiederum lassen leider keine Entscheidung zwischen geozentrischem und heliozentrischem System zu, im Gegensatz zur galileischen Gezeitentheorie, die allein von den Bewegungen der Erde als Ursache ausging.

Der Einfluß der galileischen Effekte – falls es sie gibt – paßt übrigens nicht zur realen Periodik der Gezeiten mit zweimal Flut und zweimal Ebbe in ca. 25 Stunden – seine ‹reine› Theorie liefert nur einen Flutberg pro Tag. Doch sind die Gezeitenphänomene an den verschiedenen Küsten äußerst verwickelt. Mit dieser Komplizierung erklärte Galilei selbst die Verdoppelung gegenüber seiner Theorie, bei kleineren Wassermengen auch eine Vervielfachung der Periodik. Auf jeden Fall verdienen es seine Überlegungen nicht, einfach als ‹Fehltritt› eines großen Genies vergessen zu werden. Sie sind gerade als solcher – aber nicht nur – besonders interessant.

Ähnliches gilt für die dritte Bewegung der Erde bei Copernicus. Dort hielt dieser an den traditionellen Sphären fest, hier verstand sich Galilei gerade progressiv: gegen die okkulte Qualität von Fernwirkungen, wie etwa der Anziehungskraft des Mondes. Übrigens schloß Galilei seiner Gezeitentheorie ein Phänomen an, das wirklich ein ‹Beweis› für die Erdrotation – und nur für diese – war: die Passatwinde. Doch glaubte er, sie würden wegen des Zurückbleibens der leichten Luftmassen über dem freien Meer rein ost-westlich wehen. Diese Phänomene erklärte erst Hadley 100 Jahre später richtig.

Kurz vor Galilei hatte der holländische Ingenieur und Physiker Simon Stevin, ein Anhänger der Geozentrik, eine Hypothese über die Ursachen der Gezeiten veröffentlicht, 1608, die nur auf der Mondanziehung beruhte. Sein Vorgehen zeigt sehr ausdrücklich den Unterschied zwischen dem hypothetisch-empirischen Weg Galileis und einem ausschließlich empirisch-technischen. Stevin konstatierte am Anfang:

«Wir postulieren, daß der Mond und sein Gegenpunkt kontinuierlich das Wasser der Erde zu sich hin saugen.»[83]

Das sei durch Beobachtung abgesichert. Warum eine leere Himmelsstelle, der Gegenpunkt des Mondes auf der anderen Seite der Erde, anziehende Wirkung ausüben sollte, das erläuterte er nicht näher. Er verstieß damit gegen die später von Newton präzisierte Forderung: Gleiche Erscheinungen müßten auf gleiche Ursachen, hier auf die Anziehung nur durch Massen, zurückgeführt werden. Das kümmerte ihn nicht weiter. Natürlich ließe sich das Problem durch Zusatzannahmen beheben, und ‹Philosophen›, die so wie Stevin postulierten – etwa die Gegner Galileis –, müßten sich danach fragen lassen. Stevin jedoch war als holländischer ‹Ingenieur› mehr an der Untersuchung der vielen wirklichen Abweichungen von der Periodik und Höhe der Gezeiten interessiert als an einer einfachen Theorie und damit auch nicht an grundlegenden astronomisch-naturphilosophischen Untersuchungen. Für eine praktisch brauchbare Theorie war die Erklärung der Abweichungen ungeheuer wichtig. Hier gibt es aber so viele lokale Störungen durch die Küstenform, daß noch die Newtonsche Theorie am Ende des 17. Jahrhunderts wenig helfen konnte.

Bei Galilei blieben – wie erwähnt – Kreisbewegungen erhalten. Geradlinige Bewegungen würden vom Schwerezentrum wegführen bzw. darauf hinführen, und damit müßte – nach Galilei – die Geschwindigkeit abnehmen bzw. zunehmen. Das war in bezug auf Schwerezentren richtig. Diese Vorstellung paßte ausgezeichnet zu Galileis Festhalten an den ewigen *Kreis*bewegungen der Gestirne und der Erde entsprechend Copernicus. Zu den Ellipsen Keplers von 1609 gab er keine Stellungnahme ab. Es fehlte auch jeder Hinweis auf die eigentliche komplexe Struktur des Copernicanischen Systems mit seinen ptolemäischen Exzentern und Epizyklen.

Wie sehr bei Galilei traditionelle und neue Methodik nebeneinander liefen, zeigt eine Betrachtung des ‹Experimentalphysikers› Galilei in seinem physikalischen Hauptwerk 1638. Er war lupenreiner Scholastiker, wenn er durch ein Gedankenexperiment, das vor ihm schon Giovanni Battista Benedetti (1530–1590) beschrieben hatte, beweisen wollte, daß alle Körper gleichen Stoffs, unabhängig von ihrem Gewicht, gleich schnell fallen.[84] Die berühmte Auffassung seit Aristoteles war ja – vom

Denken zunächst recht plausibel –, daß schwerere Körper eher am Boden aufträfen als weniger schwere.

Läßt man – nach diesem Gedankenexperiment – einen großen und einen kleinen Körper aus gleichem Stoff fest miteinander verbunden fallen, ohne daß das Gewicht dieser Verbindung eine Rolle spielt, so müßten beide nach traditioneller Auffassung noch schneller unten sein als der größere Körper allein. Andererseits müßte sich durch die Verbindung einer schnellen und einer langsamen Bewegung eine Geschwindigkeit zwischen beiden einstellen, weil der kleinere Körper den größeren bremst. Dieser Widerspruch ist nur aufzulösen, wenn man annimmt, daß beide Einzelkörper auch unabhängig voneinander gleichzeitig unten ankommen.

Für Körper aus verschiedenem Stoff (z.B. Holz und Blei) nahm auch Galilei zunächst, noch 1590, unterschiedliche Fallgeschwindigkeit an, in Abhängigkeit vom Stoff (d.h. dem spezifischen Gewicht) und vom Widerstand der Luft. 1638 schloß er jedoch aus Betrachtungen über das Fallen in Flüssigkeiten – Wasser, Quecksilber – und in Luft (hier gebe es nur geringe Zeitunterschiede beim Ankommen), daß alle Körper gleich schnell fallen würden, wenn kein Widerstand eines Mediums vorhanden wäre.[85] Das waren nun keine reinen Gedankenversuche mehr, aber auch noch keine systematischen und quantitativen Experimente – wie man sie ihm so gerne mit (garantiert nicht stattgefundenen) eingehenden Fallstudien am schiefen Turm zu Pisa andichtet.

Er steckte auch in langer Tradition, wenn er 1638 keinerlei sorgfältige Beschreibung der aufgeführten Experimente und vor allem ihrer Ergebnisse gab, etwa beim Fall auf der schiefen Ebene, bei seinen Pendelversuchen. Zum Teil können ihm hier gravierende Ungenauigkeiten nachgewiesen werden: So behauptete er, die Schwingungszeit eines Pendels bliebe unabhängig von dessen Auslenkung konstant, selbst bei sehr großen Auslenkungen. Das hat er wohl einfach aus richtigen Beobachtungen bei kleinen Winkeln extrapoliert.

Werke, wie die von 1632 und 1638, waren im wesentlichen Argumentationsschriften gegen aristotelische Gegner, nicht Forschungsberichte für eine neue – noch gar nicht existierende – Wissenschaftlergemeinschaft, bei der erst nach Galilei Beobachtung und Experiment einen viel höheren Stellenwert erhielten. Für die traditionellen Gegner Galileis waren einzelne Widerlegungen aristotelischer Argumente durch Experimente oder singuläre Beobachtungen keineswegs besonders eindrucksvoll.

So gab es Fallexperimente und antiaristotelische Beobachtungen galileischer Art schon lange vor Galilei.[86] Für Aristoteliker waren damit höchstens Steine in einem Mauergefüge zu lockern. Die Mauer selbst hielt ohne Erschütterung stand. Wichtiger als Experimente waren brillante logische Diskurse. Hier stieg Galilei mitunter auch mit beißendem

Sarkasmus ein – etwa gegen die Behauptung, daß Luftreibung viel Wärme erzeugen könne. Grundsätzlich war seine Kritik hier falsch. Doch suchte er sich die richtige Angriffsfläche aus: Schon die Babylonier sollten – nach dem ‹Erfahrungs›-Beleg in dieser Hypothese – Eier durch Herumwirbeln im Kreise zum Kochen gebracht haben. Galilei antwortete: Da das für uns nicht nachzumachen sei, sonst aber doch nichts zum Experiment fehle, müsse wohl das ‹Babylonier-Sein› entscheidende Ursache gewesen sein.[87]

Jüngst aufgefundene Manuskripte von Galilei zeigen, daß er nach 1600 Experimente mit exakter Angabe der gemessenen Werte im Vergleich zu den berechneten Vorhersagen durchgeführt haben muß (Abb. 76). Zeichnungen und Rechnungen darauf lassen sich als Untersuchungen zum Fall auf der schiefen Ebene – mit einer daran angesetzten ‹Sprungschanze› – deuten.[88] Etwa zur gleichen Zeit sind im Bereich der Beobachtung Galileis Nacherfindung des Fernrohrs und dessen Anwendung auf den Himmel mit seiner experimentellen Arbeit vergleichbar. Er war doch nicht reiner Scholastiker, wozu ihn manche Interpreten des 20. Jahrhunderts

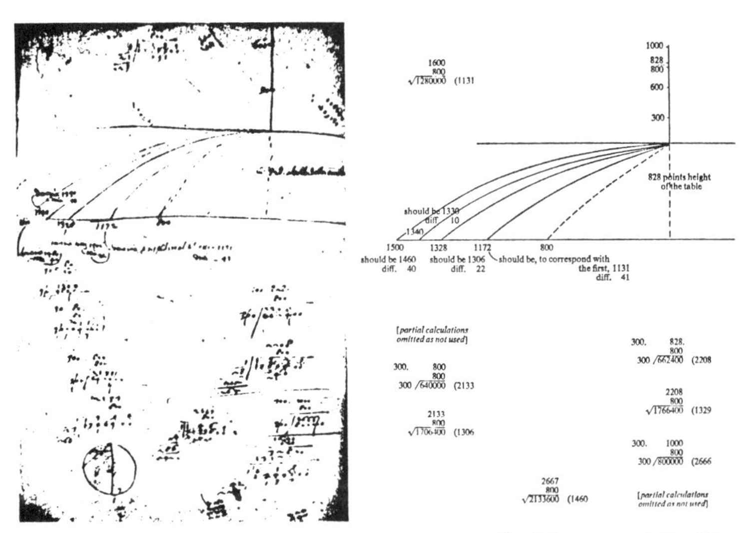

76: Eine Versuchsskizze von Galilei. Galilei hat in seinen Veröffentlichungen wenig Detailliertes zu durchgeführten Experimenten gesagt. Vor allem findet man keinerlei Meßreihen. In diesem 1973 aufgefundenen Manuskript vergleicht er eindeutig Meßwerte, offenbar Wurfweiten, mit berechneten Werten. Die Rechnungen stehen auf der unteren Blatthälfte. Wahrscheinlich liefen Kugeln eine Fallrinne herab und bewegten sich nach Abheben von einer ‹Sprungschanze› in den gezeichneten Bahnen (Manuskript, vor 1609, Umschreibung 1974).

machen wollten – aber sicher auch nicht *der* ‹Vater des Experiments›, wie ihn die Entwicklung bis zum 19. Jahrhundert sah.

Bevor es eine grundsätzliche Weiterentwicklung der Himmelsdynamik über den Stand von Kepler hinaus geben konnte, war eine wesentliche Veränderung der Physik nötig.

Die Beschränkung des ‹Galileischen Relativitätsprinzips› auf gleichförmige geradlinige Bewegung vollzog Christiaan Huygens. Dieser schloß daraus auf die Gleichwertigkeit aller sich so bewegenden Systeme (Inertialsysteme). Daraus entstand 1687 das berühmte erste Axiom Newtons (von drei), das Trägheitsprinzip, von dem aus gesehen Kreis- und Ellipsenbahnen nur durch Kräfte aufrechterhalten werden konnten:

1. Newtonsches Axiom:

«Jeder Körper beharrt in seinem Zustande der Ruhe oder der gleichförmigen geradlinigen Bewegung, wenn er nicht durch einwirkende Kräfte gezwungen wird, seinen Zustand zu ändern.»[89]

Für Galilei gab es noch keine Trennung zwischen den Begriffen Masse und Gewicht (sie macht jedem Laien noch heute Schwierigkeiten): Schwere war für ihn etwas Inneres, der Körpermenge untrennbar Zugehöriges – nicht eine von außen auf den Körper wirkende Aktivität. Schon Giovanni Battista Baliani jedoch teilte 1638 diesen Begriff in ein aktives Gewichtsprinzip und ein passives Trägheitsprinzip. Er erklärte damit, warum alle Körper ohne Luftwiderstand gleich schnell fallen würden: Eine größere Schwere müsse eben eine proportional größere Materiemenge in Bewegung setzen. Die Trennung war hier wichtig. Nur etwas als Unterschied Gedachtes – die Menge gegen die Schwere – kann überhaupt in Erwägung gezogen werden, ‹Widerstand› gegeneinander zu leisten, d. h. modern, Trägheit gegenüber der von außen zerrenden Schwerkraft zu zeigen.[90] Eine neue dynamische Hypothese war nötig geworden, um über das Galileische ‹Wie› hinauszukommen.

Die genaue Untersuchung dieser Proportionalität sowie des Impulsbegriffs von Descartes führte Newton zur Definition eines Kraftbegriffs, der der späteren klassischen Definition Kraft = Masse × Beschleunigung sehr nahe kam. Aber er unterschied sich noch davon, wie meist zu schnell überlesen wird:

2. Newtonsches Axiom:

«Die Änderung der Bewegung ist der Einwirkung der bewegenden Kraft proportional und geschieht nach der Richtung derjenigen geraden Linie, nach welcher jene Kraft wirkt.»[89]

Alles in diesem Axiom und im Newtonschen Buch 1687 deutet darauf hin, daß er nur Impulsänderungen, d. h. Änderungen der Bewegungsgröße

(Masse × Geschwindigkeit), zu vorhandenen Impulsen hinzufügen wollte: Er spricht nur von Änderung der Bewegung, nicht der Geschwindigkeit, ferner nicht von der Zeit.[91] Dieses berühmte Axiom behielt auch weiterhin einen schillernden Platz in den Grundlagen der Mechanik. Es kann sowohl als Definition des Kraftbegriffs, aber auch als empirische Verallgemeinerung oder nur als Regel für eine Methode der Kraftmessung u. a. verwendet werden.[92]

Für Descartes galt als oberstes Naturgesetz Gottes, daß die «quantitas motus» – die Bewegungsmenge – in der Welt konstant bleibe. Das wurde 1644 veröffentlicht. Diese entscheidende physikalische Größe für ihn faßte er allerdings noch nicht als gerichtet, d. h. als Vektor auf, auch nicht als Produkt Masse × Geschwindigkeit – das taten erst Huygens und Newton. Der Begriff ‹Materie› war für Descartes noch mit dem Rauminhalt identisch.[93] Das oberste Gesetz folgte für Descartes aus der Konstanz Gottes. Zwar gebe es nach dessen Ratschluß Veränderungen in der Welt. Aber diese Veränderung müsse wenigstens möglichst ‹konstant› erfolgen – ohne daß etwas hinzugefügt oder weggenommen würde.

Schon Galilei hatte, wie in seinen Manuskripten sichtbar wird, Schwierigkeiten mit dem Wirkungsmaß bewegter Körper gehabt. Er ging, wie auch bei anderen in dieser Zeit oft üblich, von technischen Erfahrungen, und zwar von Stoßrammen, aus: Wie hängt die Stoßwirkung eines herabfallenden Rammklotzes auf einen Pfahl vom zurückgelegten Weg ab? Die Stoßwirkung, d. h. die Eindringtiefe des Pfahls, war ihm ein Maß für die erreichte Geschwindigkeit des Rammklotzes. Die Frage, welche Geschwindigkeit dieser im letzten Zeitmoment vor dem Aufschlag hatte, konnte mathematisch exakt erst die Differentialrechnung klären. Eine ‹Momentangeschwindigkeit› war auch im traditionellen Denken schwer vorstellbar (und ist es anschaulich noch heute). Galilei glaubte bald, daß die Stoßwirkung proportional zum zurückgelegten Fallweg des Rammklotzes sei.[94] Das hieß jedoch erst mit seinem späteren Fallgesetz um 1610: Proportionalität zum Quadrat der Endgeschwindigkeit. Das schon erwähnte ‹Sprungschanzen›-Experiment Galileis könnte vielleicht bei dieser Entwicklung eine wesentliche Rolle gespielt haben, weil es erlaubte, die Wirkung der Fallgeschwindigkeit in Abhängigkeit von der Höhe an einer horizontalen Wurfweite abzulesen. Leibniz wählte nun 1686 tatsächlich – wie implizit bei Galilei vorhanden – als Wirkungsmaß die Geschwindigkeit zum Quadrat multipliziert mit der Masse.[95]

Zwischen Cartesianern und Leibniz-Anhängern entstand darauf ein wissenschaftlicher Streit bis weit in das 18. Jahrhundert um die Entscheidung für oder gegen die Grundbedeutung einer dieser beiden physikalischen Größen. Noch Immanuel Kant schrieb seine erste Veröffentlichung 1747 über diese ‹Schätzung der lebendigen Kräfte› und wies nach, daß aller Streit auf einem Scheinproblem beruhte. Beide Größen, Geschwindigkeit × Masse und Geschwindigkeit zum Quadrat × Masse sind fundamental und konstant. Die erste wurde später Impuls genannt, die zweite – um den Faktor ½ erweitert – Bewegungsenergie.

Descartes gelangen einige qualitative Fortschritte bei der Diskussion von zentrifugalen und tangentialen Bewegungstendenzen in der Kreisbewegung. So gab es für ihn bei jeder gekrümmten Bewegung Zentrifugalkräfte – also auch bei der Erde und den Planeten, im Gegensatz zur Meinung Galileis.

Ausreichende quantitative Überlegungen stammen jedoch erst von Huygens 1673. Dieser ging speziell von meßtechnischen Interessen – Zeitmessung, insbesondere Pendeluhrenkonstruktion – aus. Er fand die Zentrifugalbeschleunigung der Kreisbewegung zu – modern formuliert – Geschwindigkeitsquadrat durch Kreisbahnradius. Diese Ergebnisse findet man als Anhang zu seiner Abhandlung über die Pendeluhr – ‹Horologium Oscillatorium› – 1673.[96] Die Ableitung wurde erst posthum 1703 veröffentlicht, obwohl sie schon ab 1659 vorhanden war. Sie basierte, ähnlich wie Newton das – unabhängig von Huygens – bei der Erklärung der Mondbewegung machte, auf einem Vergleich zwischen Kreisbewegung und freiem Fall.

Für die biomorph denkende Aristotelische Physik war ein beliebiger Wechsel von Koordinatensystemen zwischen ungleichartigen ‹Partnern› nicht denkbar. Es war die Natur des Hundes, zum Knochen zu laufen und nicht umgekehrt! Das entsprach der natürlichen Fallbewegung des Elements Erde zum Erdzentrum, der natürlichen Neigung des Eisens zum Magneten etc. Die Einsetzung eines ganz anderen Prinzips, das auf gleichberechtigter Wechselwirkung basierte, erforderte radikales Umdenken. Auch diese Entwicklung ging langsam vor sich. So glaubte schon Kepler an wechselseitige Anziehung, aber eben nur von gleichberechtigten Körpern.[97] Erst Newton sprach als drittes seiner Axiome diese Erkenntnis – ebenfalls 1687 – ganz allgemein aus:

3. Newtonsches Axiom:

«Die Wirkung ist stets der Gegenwirkung gleich, oder die Wirkungen zweier Körper aufeinander sind stets gleich und von entgegengesetzter Richtung.»[89]

Mit der Einführung der universellen Gravitationskraft durch Newton erhielt der Kraftbegriff – über seine Definition in den Axiomen hinaus – als Masseneigenschaft, die durch den leeren Raum hindurchwirkte, einen für die damalige Zeit ungeheuren Anspruch. Leibniz und Huygens mußten diese Kraft als okkulte mittelalterliche Qualität auffassen und ablehnen, da die Wirkung nicht durch direkten mechanischen Kontakt vermittelt wurde. (Das taten bei Descartes die Materiewirbel im Weltall.)

Trotz aller Gegnerschaft bewirkte Newton – aus unserem Abstand betrachtet – genau dasselbe wie Descartes. Beide erreichten im 17. Jahrhundert die endgültige ‹Mechanisierung› der Weltsicht, ja man könnte vor dem Hintergrund des Gesamtgeschehens sagen, ihre ‹Technisierung›.

Mechanisierung war dabei wesentlich mehr als Mathematisierung, wesentlich mehr als der heutige systematische Unterschied zwischen Dynamik und Kinematik. Es war eine ideologische Veränderung der Grundpositionen der Physik. Der Kraftbegriff Newtons war eine eindeutige Abstraktion aus anthropomorph-technischen Erfahrungen – eine abstrakte Konstruktion, keine einfache Verallgemeinerung! Denn unmittelbare Erfahrungen des Zusammenhangs Kraft = Masse × Beschleunigung gibt es nicht, ebensowenig wie einen völlig sich kräftefrei bewegenden Körper. Der neue Begriff Kraft war nicht durch direkte Experimente belegbar oder verwerfbar.

Ein Einzelbeispiel für diese Methode, bei dem das Experiment eine wichtige Rolle spielt, ist Newtons Entdeckung der Farbaufspaltung des weißen Sonnenlichts mittels eines Glasprismas 1666 (veröff. 1672). Auch dieses Interesse stand in Zusammenhang mit astronomischen Problemen – dem Bau von Fernrohren, d. h. den Abbildungsfehlern von Linsen. War die Entdeckung noch Beobachtung oder schon Experiment? Sie war sicher mehr als Beobachtung, auch wenn die zugrundeliegende Farbverteilung nicht willkürlich beeinflußt werden konnte. Entscheidend für den experimentellen Charakter waren das Instrumentarium (Spalt, Prisma, Linse, Auffangschirm) und die Methode von Analyse und Synthese:

- ‹zwängen› nur eines kleinen Teils des Sonnenlichts durch eine enge Öffnung,
- zerlegen in Farben,
- zeigen, daß einzelne Farben nicht weiter zerlegt werden können,
- zusammensetzen der Farben wieder zu Weiß.

Dieses Ergebnis bedeutete eine schroffe Trennung der Physik von physiologisch-psychologischen Bereichen, wie unter anderem Goethe 1792 untersuchte. Statt eines Farbenkreises legte Newtons Experiment eine lineare Anordnung der Spektralfarben fest, bei der Violett und Rot am weitesten voneinander entfernt sind (ab Thomas Young durch ihre Wellenlängen erklärt), während sie subjektiv gerade besonders verwandt erscheinen. Für die weitere Entwicklung des Instrumentenbaus, der Wissenschaft und wieder der Technik (z. B. Farbfernsehen) bedeutete dieses Ergebnis andererseits eine wichtige Grundlage.

Die Descartessche Philosophie begründete über die Trennung von Leib und Geist indirekt eine eindeutige Scheidung zwischen Objekt und Subjekt in den Naturwissenschaften. Die ‹rationale› Behandlung der Objekte, etwa des Stoßens von Körpern, der Organfunktionen im Lebewesen (schon vor Descartes), hieß gleichzeitig ‹technische› Behandlung – Technik als zweckhafte Konstruktion von Handlungsweisen nach dem

Vorbild mechanischer Instrumente verstanden. Physik wurde – überspitzt ausgedrückt – zu angewandter Technik als Grundlage einer neuen Konstruktion der Welt, in der es unsichtbare Anziehungs‹hebel›, ‹Schnüre› und ‹Räder›, sprich mechanische Kräfte und ihre Übertragungsarten, gab – bis in Denkbereiche weit außerhalb der Naturwissenschaften, z. B. in der Staatslehre von Thomas Hobbes (vgl. Kap. 4, Abschn. ‹Neuzeitliches Weltbild und Naturwissenschaften/Technik›) (Abb. 77).

77: Physikalisch-technisches Kabinett. Wissenschaft und Technik waren im Programm des 18. Jahrhunderts noch eng aufeinander bezogen. Das Wahre – das konnte nur logisch oder experimentell Einsichtiges sein – war gleichzeitig nützlich und umgekehrt. Die größten wissenschaftlichen Gesellschaften in Paris und London gingen davon aus. Kein Wunder, daß auch die vielen privaten «Kabinette» so dachten und handelten. Architektur und Gerätschaften gingen dabei mitunter eine faszinierende Symbiose ein (Gemälde von J. de Lajoue, vor 1739).

Empirische Hinweise für die tägliche Bewegung der Erde vom 17. Jahrhundert bis zur Gegenwart

Zentrifugalkräfte

Der erste Hinweis auf die Rotation der Erde wurde 1672 gefunden, über 100 Jahre nach Copernicus, 40 Jahre nach Galileis astronomischem Hauptwerk. Nicht die direkte Suche nach einem solchen Beweis führte zur Entdeckung. Es gab und gibt eine Eigendynamik innerhalb der wissenschaftlich-technischen Forschung: Immer mehr Untersuchungen bringen immer mehr unbeabsichtigte Wissensverknüpfungen und mitunter ganz neue Entdeckungen und Erfindungen, die nicht vorherzusehen sind. Allerdings ist diese Eigendynamik kein unabhängiger und vollständig rationaler Faktor. Schon das Mehr oder Weniger der Untersuchungen kann von außen beeinflußt werden, auch die Interpretation des Neuen verläuft sehr unterschiedlich, in direkter Abhängigkeit zumindest von den Wissenschaftlergemeinschaften.

Kurz vor 1672 waren die ersten wissenschaftlichen Gesellschaften der Welt auf gesamtstaatlicher Ebene gegründet worden, die Académie des Sciences in Paris (Abb. 78) und die Royal Society in London, die schnell großen Ruf erlangten. Die Führerrolle Italiens war erloschen. Der Protestantismus spielte beim Entstehen dieser Gesellschaften, in ihrem Programm der Verbindung von Erkenntnis und Nützlichkeit, eine wesentliche Rolle. Die Astronomie hatte einen besonderen Platz, einmal wegen des großen Interesses an Landvermessung und Navigation auf See, zweitens wegen der praktischen und symbolischen Bedeutung der astronomischen Erkenntnisse für den Fortschritt des Gesamtwissens und der Gesellschaft schlechthin.[98] So ließ Ludwig XIV. von Frankreich, der ‹Sonnenkönig›, das Copernicanische Weltbild als Symbol seines Herrschertums nicht ungenutzt.

Die französische Akademie der Wissenschaften war es nun, die den jungen Gelehrten Jean Richer 1672 nach Cayenne in Südamerika schickte, um «Astronomie und Geographie zu vervollkommnen». Seine Aufgabe war es vor allem, Messungen zur Parallaxe des Mars durchzuführen, d.h. des Winkels, unter dem der Erdradius vom Mars aus erscheint. Aus der Parallaxe und dem Erdradius konnte die absolute Entfernung des Mars zur Erde festgelegt werden und damit über das dritte Keplersche Gesetz die Entfernung aller Planeten zur Sonne. Besonders wichtig als Basiseinheit war die Entfernung Erde–Sonne, in Winkelmaß also die Sonnenparallaxe.

Mars wurde deshalb gewählt, weil die Parallaxen von Sonne, Jupiter und Saturn zu klein waren. Venus und Merkur waren bei größter Erdnähe zu nahe an der Sonne und deshalb schlecht beobachtbar, Mars war dann gerade in höchster Stellung am Nachthimmel (Opposition).

78: Der Sonnenkönig und die Wissenschaft. Die französische Akademie der Wissenschaften war etwa zehn Jahre alt und schon berühmt. Wie wichtig ‹Wissenschaftspolitik› auch damals war, zeigt der Besuch Ludwigs XIV., des Sonnenkönigs, in seiner Akademie. Sonnenbrennspiegel von Cassini, Festungsbauplan, Mühlenmodell (links) und astronomische Instrumente mit Sternwarte im Garten waren für den Herrscher unmittelbar interessant – als Symbole (Sonne), als Prestige-Objekte (Wissen ist Macht) oder für zivilen und militärischen Nutzen. Es gab keine Trennung zwischen Wissenschaft und Technik (Kupferstich, 1676).

Richer maß nun in Cayenne die Distanz zwischen Mars und einem zu ihm sehr nahen Stern. Zur gleichen Zeit maß in Paris Dominique Cassini dieselbe Distanz. Nach der Rückkehr von Richer 1673 nach Paris verglichen sie ihre Messungen. Ferner erhielt Cassini auch direkt Veränderungen dieser Sterndistanz aus der Horizont-Höchststandbeobachtung des Mars von einem Ort aus.

Beides lieferte die totale Parallaxe von Mars zu 25 Bogensekunden, daraus folgte die der Sonne zu 9½ Bogensekunden. Das war der beste Wert fast 100 Jahre lang – noch auf der Basis des Weltsystems von Tycho Brahe gewonnen.[99]

Richer hatte bei seinen Beobachtungen in Cayenne auch zwei Huygenssche Pendeluhren mit. – Die Bedeutung des Pendels für Zeitmessungen war von Huygens – nach Voruntersuchungen Galileis, Ricciolis –

näher untersucht worden. Dabei hatte er ab 1657 (erstes Patent) die Pendeluhr geschaffen und technisch weiterentwickelt.

Huygens, die Akademie und die Regierung hofften vor allem – leider vergeblich –, daß die Pendeluhr zur Längenbestimmung auf See eingesetzt werden könnte. Damit wäre – statt astronomischer Verfahren, etwa über die Mondbewegung, die auch erst ab dem 18. Jahrhundert funktionierten – eine vorwiegend physikalische Methode für Zivil- und Kriegsschiffe einsetzbar gewesen: die Umwandlung von Winkelmessungen am Himmel im Zeitmessungen. Es hätte nur die (Pariser) Zeit der mitgenommenen Uhr mit der Ortszeit des Schiffes, z. B. um 12.00 Uhr mittags bei höchstem Sonnenstand, verglichen werden müssen (Kap. 4, Abschn. ‹Aufklärung und Himmelsgebäude – die Rolle der Meßtechnik›).

Richer sollte 1672 überprüfen, ob die mitgenommenen Pendel die gleiche Schwingungszeit zeigten wie in Paris. Da stellte er überrascht fest, daß die Pariser Länge von 3 Fuß und 8,6 Linien (= 99,38 cm), die für eine halbe Schwingungsdauer von 1 Sekunde nötig war, in Cayenne um 1¼ Linien (2,8 mm) verkürzt werden mußte. Vergleichsuhr dabei war die Erdrotation. Der Zeitunterschied zwischen zwei Meridiandurchgängen eines Fixsterns, der Sterntag, erschien gegenüber Paris in Cayenne verkürzt. Die von Richer angegebene Längenänderung des Pendels entsprach zwei Minuten Verlangsamung pro Sterntag, also mußte die Schwere in Cayenne in diesem Verhältnis des Zeitunterschieds geringer sein. Das war für die Weiterentwicklung von Masse- und Gewichtsbegriff ein ungeheuer wichtiger Vorgang.[100] Zum erstenmal wurde nachgewiesen, daß ‹Schwere› wirklich veränderbar war – ohne daß sich dabei an der ‹Menge› etwas änderte! Allerdings interpretierte man die Entdeckung zunächst als ‹Dreckeffekt›, durch Klimaeinfluß entstanden. Richer trug zu dieser ‹Weg-Interpretation› der großen Konsequenzen bei, da sein Bericht darüber nur kurz war.

Selbst Huygens ließ sich erst 1687, auf Grund anderer Expeditionen, die mit Richer vergleichbare Werte brachten, endgültig von den nicht apparativen Gründen dieser Abweichung überzeugen.[101] Er gab dafür eine ganz neuartige Erklärung: Die Erde hatte nur in etwa die Form einer Kugel, sie war ein abgeplattetes ‹Sphäroid›, durch Zentrifugalkraft entstanden. Das heißt, die Äquatorgegenden waren aus der Kugelform herausgezogen, dafür die Pole eingedrückt. Er benutzte dieses Ergebnis also gar nicht als Beweis für die Erdrotation, sondern nahm diese als selbstverständlich an und führte die Abweichung des Pendels auf eine sekundäre Ursache, nämlich die Abplattung infolge der Zentrifugalkraft, zurück. Er gründete also eine neue unbewiesene These – die der Abplattung – auf eine noch immer unbewiesene – die der Erdrotation. Wissenschaft entwickelt sich wahrlich nicht einfach über experimentelle Bestätigung bestimmter Hypothesen und unmittelbare Verwerfung anderer!

Bei der These der Erdrotation widersprach ihm tatsächlich kaum einer mehr. Doch wurde die Abplattung, die allerdings Jupiter mit seiner Rotation und Abplattung zumindest nahegelegt hatte, sofort Gegenstand heftigster Kontroversen um die wirkliche Gestalt der Erde. Erst als das alles geklärt war, konnte der Effekt als zusammengesetzt aus der Zentrifugalkraft und dem vergrößerten Abstand zum Erdzentrum am Äquator gedeutet werden. Doch wäre diese Erklärung selbstverständlich auch bei der damaligen Gegenthese, einer Abplattung am Äquator und Ausbauschung an den Polen möglich gewesen. Diese These war zunächst durch Erdvermessungen von Cassini gestützt worden. Man konnte etwa die ideale Form der Erde mit überall gleicher Schwerkraft nicht als Kugel, sondern als Gebilde sehr starker Abplattung am Äquator annehmen. (Das war natürlich ausdrücklich antinewtonisch, aber Newton war noch lange nicht ‹klassisch› – auch nicht nach 1700 und schon gar nicht in Frankreich.) Durch die Zentrifugalkraft wurde der Äquator nun ein wenig ausgedehnt. Dann setzten sich verminderte Schwerkraft und Zentrifugalkraft genau wie bei der Vorstellung nach Huygens und später Newton zusammen. Diese Überlegung wurde tatsächlich von dem Franzosen de Mairan 1720 vorgetragen.[102]

Corioliskräfte

Schon im 17. Jahrhundert brachte man meteorologische und ozeanographische Phänomene in Zusammenhang mit der Erdrotation. Diese wurde dabei meist vorausgesetzt.

Da gibt es etwa die beständigen Ostwinde zwischen den Wendekreisen, Nordost- bzw. Südost-Passat, d.h. also in Richtung Südwest bzw. Nordwest wehend. 1735 wurden sie von George Hadley, bezogen auf das Koordinatensystem Sonne, als Zurückbleiben der ursprünglichen Nord-Süd bzw. Süd-Nord-Winde hinter der größeren Erdgeschwindigkeit am Äquator erklärt. Von der Erde aus betrachtet konnte man natürlich an eine eigene Ablenkungskraft – die im 19. Jahrhundert so genannte ‹Corioliskraft›, sprich Corjol*i* oder Corjol*is* – glauben, die also in der klassischen Mechanik, im Gegensatz zu Gravitation und Zentrifugalkraft, nur eine Scheinkraft ist.[103]

Die konstanten Windströmungen führen zu gleichbleibenden Oberflächenströmungen im Meer (Passatstromregionen). Daß Meeresströmungen zwischen Nord und Süd auch durch die Rotation der Erde abgelenkt würden, hat Colin MacLaurin 1740 als theoretisches Prinzip benutzt.

Alle diese Erscheinungen waren natürlich der Seefahrt schon lange bekannt, bevor die mechanischen Erklärungen einsetzten. So nannten die Spanier den nordatlantischen Bereich der Passatwinde das ‹Damenmeer› (el golfo de las dames), da hier besonders einfach zu segeln war.

Die Wirkung der Corioliskraft muß auch bei technischen Unternehmungen auf der Erdoberfläche auftreten (Abb. 79). Geschosse etwa werden dadurch geringfügig abgelenkt. Doch wird das durch andere größere Effekte (Wind, Magnuseffekt wegen der Geschoßrotation) praktisch unwichtig. Bei nord-südlich verlegten Eisenbahnschienen müssen konstante Kräfte durch den Spurkranz der Wagen und der Lokomotive östlich bzw. westlich, je nach Fahrtrichtung, auf eine Schienenhälfte ausgeübt werden, was jedoch, außer eventuellen Abnutzungserscheinungen, nur bei ausschließlichem Befahren in einer Richtung zu eindeutigen Wirkungen führen könnte. Man glaubte Ende des 19. Jahrhunderts tatsächlich so etwas nachgewiesen zu haben, z. B. bei der Eisenbahn Hamburg–Harburg, die auf weichem Moorgrund gebaut war. Es ergab sich eine Verschiebung der einen Schiene um ca. 8 cm pro Vierteljahr – allerdings in Fahrtrichtung, als Scherung, weil eine seitliche Auslenkung durch die Bohlen verhindert wurde.[104] Doch sind die herrschenden Kräfte bei Fahrzeugen sehr gering. Man glaubt heute nicht mehr an solche Nachweismöglichkeiten –

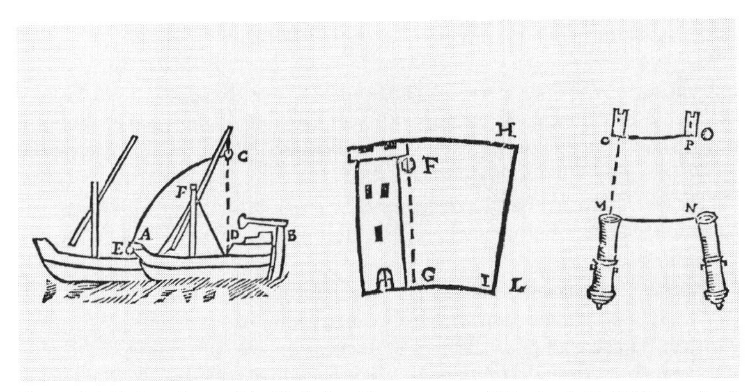

79 a–c: Die Erdrotation und ihr Einfluß auf Bewegungen. a) Newton hatte 1679 darauf aufmerksam gemacht, daß ein Körper, der vom Mast eines Schiffes (C) herunterfiel, keineswegs, wie die Anhänger des Copernicus – auch Galilei – glaubten, an derselben Stelle (E oder D) aufschlagen würde, ob das Schiff nun fuhr oder ruhte. Diese Gedanken finden wir auch bei dem Jesuiten Dechales 1690, der verschiedene Überlegungen pro und contra Copernicus vorstellte. b) Als Vergleich zum Schiff brachte er den Fall eines Körpers von einem Turm. Bei einer ruhenden Erde wäre die Fallinie FG. Rotiert die Erde, ist der Turm mit ihr während der Fallzeit bis nach HI gekommen. Da der Körper ohne Fall bis H gekommen wäre – d. h. zusammen mit der Turmspitze –, der Bogen FH aber größer ist als der Bogen GI, kann er nicht in I auftreffen, sondern nur ein Stück voraus in L. c) Dasselbe müßte für einen weiten Kanonenschuß MC nach Norden gelten, dem Sinne nach: da die Erdoberfläche am Ort M der Kanone eine größere Rotationsgeschwindigkeit hat als am Ziel C. Dechales schloß, da diese Abweichungen bisher nicht beobachtet wurden, spräche das gegen Copernicus. Doch ließ er die Verteidiger des Copernicus antworten: Der Effekt sei eben sehr gering (Holzschnitte, 1690).

auch nicht bei Flußläufen. Hier sind andere Kräfte ebenfalls bedeutender, etwa schon bei leichten Flußkrümmungen die Zentrifugalkräfte.[105]

Die nächste Entwicklung, die Corioliskräfte benutzte, um die Erdrotation nachzuweisen, fand ebenfalls noch vor der endgültigen theoretischen Untersuchung dieses Bereiches durch Gustave Gaspard Coriolis und Siméon Denis Poisson statt. Hier wurde allerdings die vertikale Bewegung von Körpern auf der Erdoberfläche untersucht.

Noch Galilei, Marin Mersenne und andere glaubten im 17. Jahrhundert als Verteidiger der Erdrotation, daß ein senkrecht fallender Körper in der Verbindungslinie Fallbeginn–Erdmittelpunkt auf der Erde ankommen müßte. Newton argumentierte 1679, daß es doch eine Abweichung geben müsse, allerdings genau entgegengesetzt zu der von den Anti-Copernicanern erwarteten, nämlich nach Osten,

«... da die Bewegung dieses Körpers von Westen nach Osten [d. h. die Geschwindigkeit, die er beim Beginn seines Falls als Teil der Erde hat] ... größer sein wird als die westlich-östliche Bewegung der Teile der Erde, die er beim Fall erreicht.»[106]

Hooke führte daraufhin Ende 1679 solche Experimente mit einer Fallhöhe um die 8 m aus und glaubte entgegen den Voraussagen eine *Süd*-Ost-Abweichung zu finden. Doch war die Fallhöhe bei seiner Meßgenauigkeit viel zu gering, um brauchbare Ergebnisse erwarten zu können. Die moderne Rechnung liefert dafür etwa ½ mm Ostabweichung.

Wie groß bei den geringen zu erwartenden Werten der Einfluß der vielen äußeren Störungen war, zeigen die ersten im Gegensatz zu Hooke erfolgversprechenden Bemühungen von Giovanni Battista Guglielmini in Bologna. Er führte die entscheidenden Versuche 1791–92 von einem ca. 78 m hohen Turm aus, der ‹torre degli Asinelli›. Schon Giovanni Battista Riccioli hatte hier im 17. Jahrhundert – allerdings gegen das Copernicanische System – Fallversuche gemacht, angeblich um Galileis Fallgesetz zu widerlegen.

Die Versuche waren sehr mühselig. So mußte die Ruhe des Fadens, an der die fallende Kugel zunächst aufgehängt war, mikroskopisch überprüft werden. Diese Ruhe wurde bei Tag schon durch vorbeifahrende Fuhrwerke gestört, deshalb fanden die Versuche nachts statt.

Leichteste Luftbewegungen innerhalb des Turms gaben große Ablenkungen. Trotz aller Vorsichtsmaßnahmen waren die Ergebnisse wertlos, vor allem aus zwei Gründen, wie der nächste Experimentator, Johann Friedrich Benzenberg, 1802 feststellte:
– Die Versuche fanden im Sommer statt, die Lotlinie (d.h. der senkrechte Auftreffpunkt unter dem Aufhängepunkt) wurde aber erst im Winter bestimmt. Sie war auf Grund einer minimalen Turmverziehung verändert.
– Die Abschneidevorrichtung des Aufhängefadens gab einen winzigen horizontalen Impuls zum Fall hinzu.

Benzenberg gab 1802 eine ausführliche Fehlerbetrachtung, in der vor allem vor solchen systematischen Fehlern gewarnt wurde. So konnte der erste Fehler von Guglielmini vermieden werden, wenn die Lotlinie unmittelbar vor und nach jedem Versuch neu bestimmt wurde. Das Drehen der Abschneidevorrichtung um 180 Grad für jeden Versuch mittelte den zweiten Fehler heraus.

Da Benzenbergs eigene Werte der Ostabweichung in der Hamburger Michaeliskirche zu weit streuten, kann man ihm höchstens einen qualitativen Beweis für die Erdrotation zubilligen. Der Hauptgrund könnte sein Verzicht auf eine mikroskopische Überprüfung der Ruhe des hängenden Fadens gewesen sein. Seine maximale östliche Abweichung gibt er selbst zu 18 Linien an – gegenüber der mittleren von 4,0 Linien! Er glaubte, daß diese Streuung in der Mittelung aller Werte stark an Bedeutung verliere. So einfach war das jedoch nicht. Das mathematische Problem dieser ‹zufälligen› Fehler – im Gegensatz zu den systematischen – war noch gar nicht geklärt. Die Methode der kleinsten Fehlerquadrate wurde von Karl Friedrich Gauss erst 1809 veröffentlicht. Diese Beispiele zeigen, wie es um die Genauigkeit vieler quantitativer Bestimmungen in der Physik vor Gauss bestellt war!

Ein weiterer Forscher, Ferdinand Reich, kam 1831 in einem Bergwerksschacht in Freiberg (Sachsen) zu Ostabweichungen und Südabweichungen. Reich umging das Problem der Aufhängung auf recht elegante Weise. Er erhitzte die Fallkugel vorher in kochendem Wasser. Die abgetrocknete heiße Kugel konnte erst nach Abkühlung und damit Zusammenziehen durch eine Öffnung herunterfallen. Trotzdem streuten auch seine Werte in der gleichen Größenordnung – aber bei sehr viel mehr Experimenten. Der quantitative Wert war jedenfalls ebenfalls wenig verläßlich.

Kompliziertere Versuche im Jahre 1912 durch J. G. Hagen in Rom verlangsamten nach dem Prinzip der Atwoodschen Fallmaschine den Fall einer an einem Faden aufgehängten Kugel durch ein Gegengewicht. Hagen fand die östliche Abweichung des Fadens quantitativ sicherer als die vorigen innerhalb 1 % Abweichung von der Theorie. Die Südabweichung wurde – ebenfalls in Übereinstimmung mit der Theorie – in erster Größenordnung zu Null bestimmt.

Es gab – und gibt – noch andere Versuche zum mechanischen Nachweis der Erdrotation durch Zentrifugal- bzw. Corioliskräfte. Der berühmteste Nachweis gelang jedoch dem französischen Physiker Leon Foucault im Jahre 1851 mit dem nach ihm benannten Pendel. Er stellt an Eleganz, Einfachheit und quantitativer Brauchbarkeit alle anderen in den Schatten und hat an Beliebtheit bis heute nichts eingebüßt. Sein Prinzip ist die Aufaddition der so kleinen Corioliskräfte durch eine periodisch wiederholte Bewegung.

Schon 1661 war Vincenzo Viviani, dem früheren Mitarbeiter und Schüler Galileis, aufgefallen, daß ein schwingendes Pendel sich in Spiralen der Ruhelage näherte. Ihn störte diese Tatsache, so daß er eine Doppelaufhängung nahm. Sicher hätte Newton diesen Vorgang sofort erklärt, wenn er ihn gekannt hätte. Um so unverständlicher ist es, daß erst Foucault 1851 diesen ‹Störeffekt› als großartiges Experiment wiederentdeckte. – Vielleicht war es doch nicht so unverständlich! Störeffekte werden nicht so gut überliefert, ferner waren Beweise für die Erdrotation – zumindest für die Wissenschaft – im 18./19. Jahrhundert nicht mehr besonders interessant.

Foucault benutzte anfangs ein Pendel, das aus einem Draht von 2 m Länge und einer Kugel von 5 kg Masse bestand. Das erste erfolgreiche Experiment damit ist uns vom 8. 1. 1851 überliefert. Überall in der Welt Aufsehen erregte jedoch die Vorführung im Panthéon mit einem Stahldraht (67 m lang, 1,4 mm dick), an dem eine Kugelmasse von 28 kg hing. Diese Vorführung wurde auf ausdrücklichen Wunsch des Präsidenten der Republik, Louis Napoleon, des späteren Kaisers Napoleon III., arrangiert. Schon immer hatten politisch einflußreiche Laien als wissenschaftliche Mäzene großes Interesse an besonderen Effekten. Im 19. Jahrhundert – dem mechanistischen Jahrhundert aus der Sicht der Physik – wuchs dieses Interesse auch auf Grund weitverbreiteter populärwissenschaftlicher Betrachtungen sowie aus dem zunehmenden Bewußtsein der engen Verknüpfungen zwischen wissenschaftlichem, technischem und wirtschaftlichem Fortschritt. Die Astronomie auf der Basis der Himmelsmechanik erklomm ihren letzten Bedeutungshöhepunkt! (Abb. 80)

Das Pendel Foucaults im Panthéon wurde mit dem Durchbrennen eines Fadens, der es zunächst ausgelenkt festhielt, zum Schwingen gebracht – ohne seitliche Stöße also. Wie erstaunlich für die meisten Besucher, wie sich die Ebene, in der es hin- und herschwang, im Verlauf der Zeit immer mehr drehte, das Pendel in seinem Maximalausschlag immer andere Marken des Bodenkreises (von etwa 6 m Durchmesser) erreichte. Pro zehn Minuten wanderte die Schwingungsrichtung um etwa zwei Grad. Bei jeder Schwingung war auf dem Bodenkreis eine Abweichung gegenüber der vorigen Schwingung um 2,3 mm zu beobachten. Der Aufbau im Panthéon diente übrigens nicht nur Schauversuchen, sondern auch quantitativen Meßreihen. Foucault führte auch eine Modelldemonstration an. Ein elastischer Metallstab, als Verlängerung einer drehbaren Achse eingespannt und in Schwingungen versetzt, behält beim Drehen der Achse seine Schwingungsrichtung bei.[107] Das kann man mit einer Drehbank oder einem Experimentiermotor ausprobieren.

Die genaue Theorie der Bewegung ist recht kompliziert. Der holländische Physiker Heike Kamerlingh-Onnes lieferte sie 1879. Er wurde durch die Entdeckung der Supraleitung des elektrischen Stromes berühmt.

80a, b: Die populäre Wirkung der Astronomie im 19. Jahrhundert. Grandville karikiert die Astronomie als Voyeur (a). Zahlreiche Fernrohre betrachten neugierig die Vermählung von Mond und Sonne bei einer Sonnenfinsternis. Schon die Griechen stellten sich den Lauf von Sonne und Mond als Liebesspiel vor. Hier war allerdings Neumond die Hochzeit. Der Mond war, wie in den neueren romanischen Sprachen, weiblich, die Sonne männlich. – Die Karikatur von Daumier (b) stellt einen Spießer dar, der nach der Entdeckung des Neptun 1843 durch einen Blick zum Himmel schnell diese Sensation kontrollieren wollte – obwohl die Entdeckung nur mit den besten Fernrohren und nach genauen Vorhersagen möglich gewesen war (Holzstich, 1843 [a]; Lithographie, 1843 [b]).

Von diesem Foucaultschen Versuch ging übrigens ein wichtiger technischer Impuls aus. So wie die Pendeluhr von Huygens Ausgangspunkt für die Verwendung von Zeitmessern in der Navigation gewesen war (allerdings hat sich nicht das Pendel in Schiffschronometern durchgesetzt), wurde das Pendel Foucaults Ausgangspunkt für die Entwicklung des Kreiselkompasses. Foucault gab selbst eine erste Kreiselform als Variation seines Experiments an (Abb. 81). Der Kreiselkompaß als Navigationsinstrument entwickelte sich brauchbar erst ab 1900. Er ist, wenn man ihn rein wissenschaftlich interpretieren will, ein ständiger mechanisch sehr genauer Nachweis der täglichen Erdbewegung.

Doch was *beweisen* Zentrifugalkräfte und Corioliskräfte wirklich?

In kosmologischen Theorien der Gegenwart wird immer noch das Machsche Prinzip diskutiert, das – grob gesagt – darauf hinausläuft, Copernicus einzumotten. Man könnte nach diesem Prinzip Zentrifugalkräfte und Corioliskräfte durch eine Rotation der ganzen Welt mit ihren Massen um die Erde erklären.

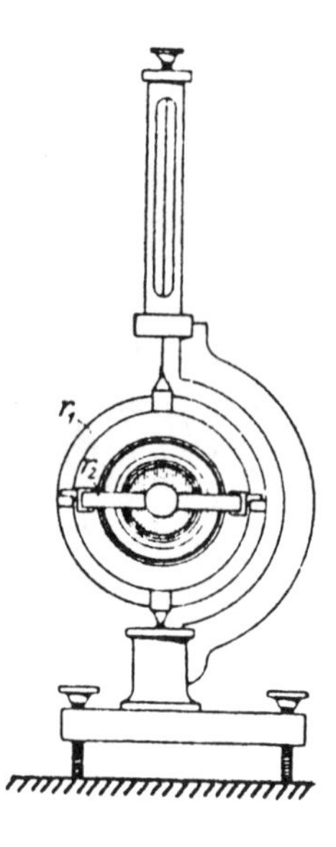

81: Von der Erdrotation zum Kreiselkompaß. 1852 hat Foucault einen Kreisel angegeben, dessen zwei drehbare Ringe r_1, r_2 cardanisch gegeneinander gelagert waren. r_1 konnte sich um eine vertikale Achse drehen, r_2 um eine horizontale. Noch einmal senkrecht zu beiden war die Achse des Kreisels – ‹die Figurenachse› – (hier die Senkrechte zur Papierfläche durch den Kreismittelpunkt) gelagert. Wurde dieser – innere – Kreisel in schnelle Drehung versetzt, so mußte wegen der Erdrotation seine Achse eine entgegengesetzte Ausgleichsbewegung ausführen. Doch waren die Ergebnisse wegen der Torsion des Fadens und weil der Schwerpunkt nicht exakt gleich dem Gehängemittelpunkt war, unbefriedigend. Foucault versuchte auch nachzuweisen, daß bei Festklemmen des inneren Rings r_2 am äußeren r_1 die Figurenachse zum geographischen Nordpol zeigen müßte. Sein Instrumentarium reichte wiederum nicht aus. Das gelang endgültig 1904 und führte weiter zur ersten technischen Verwirklichung des Kreiselkompasses (Zeichnung, 1921).

Tägliche Aberration des Fixsternlichts

Ein von den bisherigen dynamischen Versuchen ganz unabhängiger ‹Beweis› für die Erdrotation ist die tägliche Aberration des Fixsternlichts. Da sich die Erdoberfläche täglich einmal unter dem einfallenden Sternenlicht durchdreht, muß ein ähnlicher Effekt auftreten wie bei der jährlichen Aberration, genauer: eine konstant gerichtete Verschiebung des Sterns, abhängig von der geographischen Breite des Beobachters. Der Betrag dabei ist natürlich viel kleiner, da die Rotationsgeschwindigkeit der Erdoberfläche wesentlich geringer ist als die Erdbahngeschwindigkeit. Am Äquator ist der Effekt maximal gleich 0,32 Bogensekunden, an den Polen ist er Null. (Sternverschiebung bei senkrecht einfallendem Licht auf der Erde $= 0{,}32'' \times \cos.\ \varphi$ ist die geographische Breite.)

Vom geozentrischen System aus könnte man auch diese Aberration als Eigenbewegung der Fixsterne erklären, doch müßte die dann seltsame Abhängigkeit von irdischen Größen wie der geographischen Breite, recht gezwungen erklärt werden. 1899 hatte man noch ein Interesse an der Messung dieser täglichen Aberration – aber aus anderen Gründen. Hendrik Antoon Lorentz glaubte in seiner Diskussion mit Max Planck, man könnte über das Problem des ruhenden oder bewegten Äthers entscheiden, wenn diese Meßwerte zur Verfügung stünden.[108] Die tägliche Aberration ist heute nur noch als Störgröße bei astronomischen Sternortbestimmungen interessant und wird rein rechnerisch bei jedem Wert berücksichtigt.

Mit der Zunahme der Genauigkeit in der Zeitmessung im 20. Jahrhundert wurde es interessant, die vielfältigen Unregelmäßigkeiten und konstanten Veränderungen in der – längst als selbstverständlich betrachteten – Rotation der Erde zu beobachten und zu erklären (Abb. 82). So gibt es eine konstante Abnahme der Rotationsgeschwindigkeit durch Gezeitenreibung, ferner jahreszeitliche Schwankungen – etwa durch Laubfall auf der nördlichen Hemisphäre sowie Schwankungen durch Verlagerungen der Massen innerhalb der Erde.[109]

Die Entdeckung dieser Unregelmäßigkeiten hatte übrigens eine wissenschaftlich nicht sehr aufregende, aber in geschichtlicher Reflexion einschneidende Konsequenz. So wie bis zum 17. Jahrhundert Sonne und Sterne die Zeit bestimmten, war es im Copernicanischen Weltsystem bis ins 20. Jahrhundert die Erde. Diese Änderung war revolutionärer Teil auch des neuen Welt*bildes*. Das Zeitmaß – der Sterntag mit 24 Stunden – war keine himmlisch vorgegebene Größe mehr. Es war durch die Erde

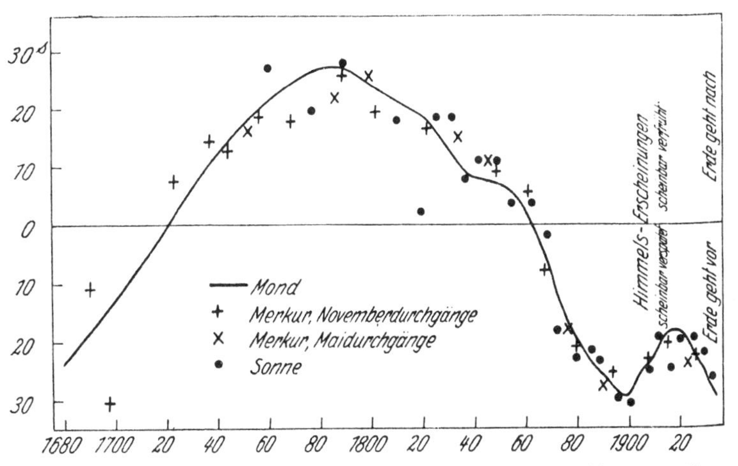

82: Die Erde – eine ungenaue Uhr. Aus kleinen Abweichungen der Himmelskörper von ihren berechneten Bahnen kann man auf eine Schwankung der Erdrotation schließen, weil alle Abweichungen den gleichen Gang zeigen. Das wies als erster Harold Spencer Jones 1939 nach: Er fand unregelmäßige Veränderungen der Jahreslänge bis zu 30 Sekunden in den letzten 250 Jahren. – Mit Quarzuhren war um diese Zeit auch schon eine jahreszeitliche Schwankung der Erdrotation festgestellt worden. Schließlich gibt es auch eine konstante Verlangsamung der Erdrotation auf Grund der Gezeitenreibung (Zeichnung, 1948).

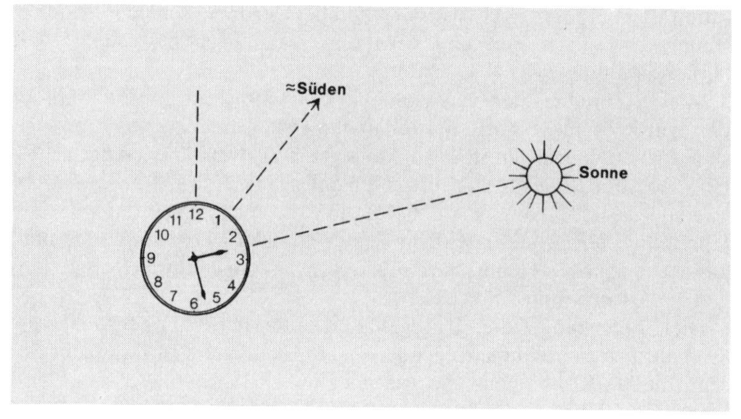

83: Zeigeruhr und Himmelsrichtungen. Die gute alte Zeigeruhr läßt ihre Verwandtschaft mit dem Sonnenlauf leicht erkennen. Richtet man ihren kleinen (Stunden-)Zeiger zur Sonne, so ergibt der Abstand zur Zwölf, halbiert (in etwa) die Südrichtung – da die Sonne nur halb so schnell um die Erde ‹kreist› wie der kleine Zeiger um seine Achse.

bestimmt und nur für diese verbindlich (vor allem wichtig wegen des Wechsels von Tag und Nacht). In unserer Gegenwart zeigte sich dieses Maß Erde – allerdings nur in seiner Feinstruktur – als immer unbrauchbarer. Es wurde ab 1950 aufgegeben. 1968 wurden als Einheit der Sekunde $9{,}19263177 \times 10^9$ Schwingungen der Hyperfeinstrukturlinie von Cäsium 133 international vereinbart. Dieser Wert war natürlich der astronomischen Sekunde angepaßt. Aber das Zeitmaß waren eben nicht mehr Sterne, Sonne oder Erde – sondern unsichtbare Atome. Von vergleichbarer Bedeutung ist der Übergang von der analog anzeigenden mechanischen Uhr zur digital anzeigenden Quarzuhr. Die Beziehung zum periodischen ‹Weltenlauf›, die im Symbol der Gewichtsräderuhr seit 1300 eine so große Rolle spielte, geht mit dieser Anzeige völlig verloren (Abb. 83). Ein anderes Symbol scheint wichtiger geworden – das der Genauigkeit und Präzision unabhängig von der praktischen Nützlichkeit. Nur eine Sekunde Abweichung pro Jahrhundert macht auch im Alltag stolz – obwohl das hier völlig unnötig ist.

4. Weltsystem und Weltbild – zur Kulturgeschichte von Astronomie/Physik

Wissen und Gesellschaft in der Antike

Spezialdisziplinen des Wissens im heutigen Sinne, wie Physik, Chemie, Biologie, Meteorologie, hat es lange nicht gegeben. Vor allem die Zeit der klassischen Antike sowie des christlichen Mittelalters bis weit in die Neuzeit hinein basierte auf einem ganz anderen System, das alle vorhandene Wissenseinteilung unter einem philosophisch-theologisch-ganzheitlichen Aspekt ordnete und weiterentwickelte. So unterschied etwa Aristoteles (Abb. 84) im 4. Jahrhundert v. Chr.:

«... daß es also drei betrachtende Wissenschaften gibt, Mathematik, Naturlehre und Gotteslehre.»[110]

Solche Einteilung in Klassen war überall Prinzip, etwa in der Elementenlehre: Erde – Wasser – Luft – Feuer – fünfte Substanz des Himmels (lateinisch = quinta essentia – daher kommt noch der heutige Begriff Quintessenz für das Wesentliche eines Gesamtvorgangs). Die vier irdi-

84: Aristoteles (Skulptur, um 325 v. Chr.).

schen Elemente (Abb. 85) entstanden aus der Kombination der vier Grundeigenschaften (als Gegensatzpaare): warm/kalt, trocken/feucht. Die Verbindung trocken-warm gab Feuer etc.

Auch Bewegung wurde in Klassen eingeteilt, dabei insgesamt viel allgemeiner verstanden als heute, was später Francis Bacon (1620) heftig kritisierte:

«Jene üblichen Unterscheidungen der Bewegung nämlich, welche man traditionell in der Naturphilosophie aufzählt, die des Zeugens, der Vernichtung, der Vermehrung, der Verminderung, der Veränderung und Ortsbewegung sind ohne den geringsten Wert.»[111]

Die Ortsbewegung – die also mit dem heutigen Begriff Bewegung identisch ist – wurde wiederum klassifiziert in erzwungene Bewegung, z. B. Stoß oder Wurf, in natürliche Bewegung, z. B. freier Fall, und in Bewegung aus freiem Willen, wie sie Menschen und Götter, d. h. auch Gestirne, ausführen konnten. Dem stimmte Cicero im 1. Jahrhundert v. Chr. zu:

«Auch verdient Aristoteles in folgender Ansicht Beifall:
Alles, was sich bewegt, bewegt sich entweder von Natur oder durch eine äußere Kraft oder vermöge seines freien Willens.»[112]

85: Die vier antiken Elemente Erde, Wasser, Luft und Feuer. Sie beeinflussen nach alter Auffassung auch das Wetter entscheidend. Die Redewendung vom «Wüten der Elemente» für schlechtes Wetter stammt aus diesem Vorstellungskreis (Holzschnitt, 1530).

All diese Ordnungen waren selbstverständlich *hierarchisch* aufgebaut; d.h. die einzelnen Teile waren nicht gleichwertig. Theologie stand höher als Mathematik und Physik. Die aufsteigende Reihenfolge Erde bis Himmelssubstanz sagte auch etwas über den Rang der Elemente aus. Ähnliches galt für die Bewegungsarten.

Auch die aufsteigende Sphärenordnung am Himmel bis zur höchsten, vollkommensten des Fixsternhimmels lebte von solcher Ranggliederung. Hinter dieser letzten Sphäre wurde später von Aristoteles ein ‹Erster Beweger› als höchstes Wesen konzipiert, der wie der Heerführer über verschiedene Rangebenen von Untergebenen Wirkungen weitergab.

Dieses Denken war ferner *teleologisch*. Alles Geschehen wurde auf einen Endzweck bezogen und von diesem Endzweck aus beurteilt. So fiel der Stein zu seinem natürlichen Ort, dem Mittelpunkt der Erde. Es war seine Bestimmung, dorthin zu fallen. Seine Bewegung wurde nicht vom Anfangspunkt aus betrachtet – wie das die klassische Physik ab Galilei tat.

Das antike Denken war ferner *kontemplativ*. Das Betrachten stand vor dem Ergreifen. Die Beobachtung stand vor dem Experiment, das übrigens in der heutigen Definition als willkürliche – reale oder gedachte – Wahl von Randbedingungen, etwa durch Abtrennung von Teileinflüssen wie der Reibung, gar nicht existierte. Denn wie konnte man das natürliche Geschehen erkennen, wenn man willkürlich eingriff! Aus Einzelbeobachtungen wurden sehr schnell allgemeinste Schlüsse gezogen, während später Francis Bacon als Kennzeichen der ‹Neuen Wissenschaft› gerade das Verweilen bei den Tatsachen forderte.[113]

Das antike Denken war schließlich *ästhetisch*. Schönes, vor allem als geistig Schönes verstanden, beruhte dabei auf Maß, Ordnung, Symmetrie und Harmonie. Es war den Bereichen des Guten und des Wahren eng verwandt oder wurde mit ihnen fast gleichgesetzt.[114] Die Kugelform der Erde und des Sternenhimmels galt als wahr, auch weil sie schön war und umgekehrt. Die Plato zugeschriebenen Forderungen über Kreisprinzipien zur Erklärung der Himmelsbewegungen (Kap. 2, Abschn. ‹Eudoxus – die Erde ist genauer Mittelpunkt›) paßten zu diesen Vorstellungen.

Bei allem Denken spielten bio-[115], psycho- und soziomorphe Vergleiche eine bedeutende Rolle, so daß sich in den wissenschaftlichen Ergebnissen der klassischen Antike psychisches und gesellschaftliches Selbstverständnis direkt spiegeln. Da galten auch die sozialen Kennzeichen eines freien Bürgers als gut und schön: Ruhm, Würde, Ehre, Besitz, Freiheit von niederer Arbeit. Die Bereiche Mensch und Natur wurden als veränderliche Dinge – im Gegensatz etwa zu den Himmelsbahnen – immer zusammen gesehen. Es gab keine ‹objektive› Natur, die dem ‹Subjekt› Beobachter gegenüberstand, wie es ab Descartes im 17. Jahrhundert möglich wurde. Dieses und anderes erschwert uns die Interpretation griechischen Denkens und seiner Begriffe.

Auch das naturphilosophische Denken also stand in Bezug zu praktisch-philosophischen Bedeutungsgehalten. So entspricht die Forderung nach einer *zweck*bestimmten Naturphilosophie den ethischen Fragen nach dem Sollen des Individuums und seiner Spannweite zwischen Notwendigkeit und freiem Willen. Die Bedeutung der Klassifikation veränderliche Welt – unveränderlicher Himmel entsprach dem Problem Leben – Tod – Seele beim Menschen. So kann man auch die Geringerbewertung der Sinneswahrnehmung,[116] vor allem die Geringschätzung des aktiven Eingriffs in die Natur als Experiment oder als Technik, bzw. als Anwendung der letzteren zur Herstellung von Instrumenten, mit Entwicklungen im gesellschaftlichen Bereich vergleichen.

Daß ‹Erfahrung› und ‹sinnliche Wahrnehmung› geringer angesehen wurden als theoretisches Denken, macht Aristoteles an vielen Stellen deutlich. Manuelle Tätigkeit wurde unterbewertet, nicht jede jedoch, wie Krieger und Sportler zeigen. Die Geringschätzung galt vor allem für handwerkliches Tun (Abb. 86), wie Xenophon, ein jüngerer Freund des Sokrates, ausführt:

«Denn die sogenannten handwerklichen Beschäftigungen [banausos = ursprünglich Arbeiter am Ofen – von dessen Geringschätzung also kommt das heutige Schimpfwort Banause] sind verschrien und werden aus Staatsinteresse mit Recht sehr verachtet. Sie schwächen nämlich den Körper des Arbeiters, da sie ihn zu einer sitzenden Lebensweise und zum Stubenhocken zwingen, oder sogar dazu, den ganzen Tag am Feuer zuzubringen. Wenn aber der Körper verweichlicht wird, leidet auch die Seele. Auch halten diese sogenannten spießbürgerlichen Beschäftigungen am meisten davon ab, sich um die Freunde und um den Staat zu kümmern.

86: Erzgießerei und Arbeitsverhältnisse in Griechenland. Ein Arbeiter hockt mit einem langen Schürhaken am Erzofen, hinter dem Ofen ist ein zweiter halb sichtbar, der den Blasebalg bedient. Andere Arbeiter behauen und polieren schon weit gediehene Statuen. Die hockende Arbeit am Feuer wurde in Griechenland als minderwertig angesehen (Schale, um 490 v. Chr.).

Daher sind solche Leute ungeeignet für den Verkehr mit Freunden und die Verteidigung des Vaterlandes. Deshalb ist es in den meisten Städten, am meisten aber in denen, die den Krieg lieben, keinem Bürger erlaubt, sich einer handwerklichen Beschäftigung zu widmen.»[117]

Die Geringschätzung des Handwerks mag ein Hauptgrund sein, warum vom möglicherweise hohen Stand der griechischen Feinmechanik, zumindest von deren Möglichkeiten, wie sie auch der Antikythera-Mechanismus aufweist, gar nichts überliefert wurde. Aus dem gleichen Grund kann auch die vorsokratische Periode der Naturphilosophie später stark umgedeutet worden sein. So erscheint Thales von Milet bei Aristoteles als erster Metaphysiker. Bei Herodot noch wurde er als Ingenieur oder Astronom bezeichnet. Selbst Plato sah ihn noch als genialen Erfinder an.[118]

Plato (wie Aristoteles) sah eine scharfe Grenze zwischen reinem Denken und niedrigerem körperlichen Tun und damit zwischen Wissenschaft und Technik. Das geht aus seiner Einstellung gegenüber den ‹mechanischen› Apparaturen von Eudoxus und Archytas hervor. Er brandmarkte bereits schon das Verlassen der reinen Instrumente der Geometrie, Zirkel und Lineal, durch die beiden Wissenschaftler.[119]

Wie weit die vorhandene Sklaventätigkeit Mitursache, Parallelentwicklung oder wechselwirkender Faktor für diese Vorstellungen war, ist nicht mehr allgemein gültig zu klären. Auf jeden Fall gibt es Beziehungen. Das Sklaventum besaß Funktionen, die denen der heutigen Technik entsprechen. Sklaven waren ‹Werkzeuge› und für die Herren nicht wegdenkbar, so wie heutige Technik ohne krasse Verminderung von Lebensstandard und Lebenssicherheit (Medizin!) nicht mehr weggedacht werden kann. Das spricht dafür, daß Sklaventum bedeutendes Symbol für vieles – nicht für alles – Denken und Handeln wurde, so wie heute die Technik ähnliche Bedeutung erlangt hat.

Herr und Sklave waren für Aristoteles zum Teil natürliche, von Geburt an vorhandene Gegensätze. Die Herren waren für das ‹staatsbürgerliche› Leben vorgesehen, die Sklaven dagegen für die ‹körperliche› Arbeit (doch mußte er schon Einschränkungen anerkennen, vor allem bei Kriegssklaven aus dem Hellenentum selbst).

«Der Knecht ist ein lebendiges Besitztum und jeder Gehilfe ein ausgezeichnetes Werkzeug. Denn wenn jedes der Werkzeuge auf Geheiß oder gar demselben zuvorkommend seine Arbeit verrichten könnte, wie es von den Werken des Dädalos und von den Dreifüßen des Hephästos heißt, von denen der Dichter sagt, daß sie ‹aus eigenem Antrieb geh'n in die Götterversammlung›, ebenso wenn die Weberschiffchen selbst wöben und die Plektren die Zither selbst anschlügen, so brauchten weder die Werkmeister Gehilfen noch die Hausherren Knechte.»[120]

Auch die Vision eines ‹kommunistischen› Idealstaates beim Komödiendichter Aristophanes, in dem – sarkastisch – mit allem Bestehenden gebrochen wird, zeigt diese der heutigen Technikrolle vergleichbare Bedeutung des Sklaventums auf: Auch in diesem Idealstaat mußte es nach Aristophanes noch Sklaven geben. Nur sollte jetzt jeder freie Bürger, da ‹kommunistisch›, gleich viele Sklaven haben.[121]

Über das Interesse an Navigationsinstrumenten und Kalenderbestimmungen gab es direkte Beziehungen zwischen Astronomie und Gesellschaft in der Antike. Berühmt, da bis in die Neuzeit gültig, wurde der

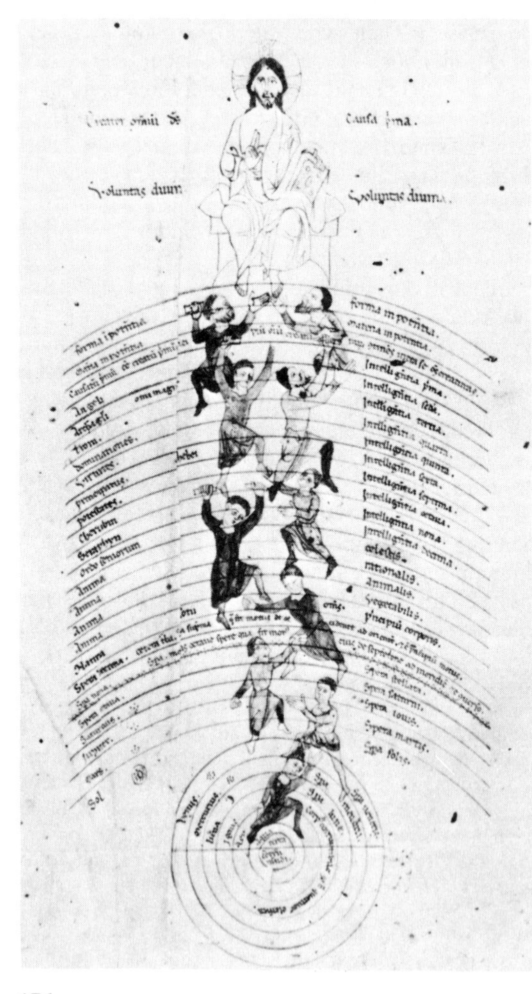

87: Hermetisches Weltbild. Die geozentrische Weltvorstellung des Mittelalters war in ein theologisch-philosophisches Weltbild eingebaut – mit geistig-religiösen Bereichen, die auf den realen Kugelschalen der astronomischen Welt aufbauten: zuerst die Sphären der vier Elemente, dann die Sphären der sieben Planeten, die Fixsternsphäre, zwei Sphären («nona», «decima», d. h. die neunte und zehnte) für Bewegungen wie die Präzession, dann Sphären des Natürlichen und Geistigen, dann die verschiedenen Engelwesen («intelligentia nona» = «seraphyn» etc.) bis hinauf zu Gott als Allesschöpfer («creator omni») und erste Ursache («causa prima»). Der Mensch, als unvollkommenes Wesen, konnte sich durch die verschiedenen Stufen der Vollkommenheit bis zu Gott empordienen (Zeichnung, 13. Jahrhundert).

Julianische Kalender von Julius Caesar 46 v. Chr. Er hat Spuren bis in die Gegenwart hinterlassen, so den Zyklus von vier Jahren mit einem Schaltjahr, die Verlegung des Jahresanfangs auf den 1. Januar. Die römischen Monatsnamen sind dagegen zum Teil älter: der Name November (=9. Monat) z. B. paßte eigentlich nach 46 v. Chr. nicht mehr. Juli(us) allerdings wurde zu Ehren Caesars erst von seinem Nachfolger Augustus so getauft – statt vorher Quintilis. Durch Senatsbeschluß erhielt darauf der Sextilis den Namen August(us). Und um die Schmeichelei vollzumachen, schnitt man dem Februar einen Tag ab und schlug ihn zum August, damit dieser den 31 Tagen des Juli nicht nachstehe![122]

Die Verarbeitung der Antike im Mittelalter

Wesentliche Teile des griechischen Denkens wurden bei der Wiederentdeckung der klassischen Antike für das christliche Abendland um 1200 mit dessen eigenen Ansätzen verschmolzen. Das ging gegen zunächst starke Widerstände, führte aber zu einer weitgehenden Assimilation kosmologischer, naturphilosophischer, erkenntnistheoretischer Überlegungen der Antike – zum Teil auf dem Umweg über den Islam.

Der ‹Erste Beweger› von Aristoteles wurde im christlichen Mittelalter natürlich mit Gott identifiziert. Das Grundprinzip des geozentrischen Weltsystems, in der Form der homozentrischen Sphären des Aristoteles, wurde dabei vielfach zu einem theologisch-naturphilosophischen Welt*bild* erweitert, in dem zusätzliche Sphären zwischen dem Fixsternhimmel und Gott die verschiedenen Engelshierarchien darstellen sollten (Abb. 87). Die mittelalterliche Klassifikation mit dem Teufel unter der Erdoberfläche, dem Menschen auf ihr, darüber die Allnatur und Gott – der Mensch also auch räumlich zwischen Böse und Gut – ließ sich an diesem Bild eindringlich veranschaulichen. Jedes Ding war an seinem natürlichen Platz oder strebte dahin, auch die statische Ordnung des theologischen Kosmos paßte dazu. All das hatte Gott aus seiner Allmacht gesetzt. Kosmos und Gesellschaft wiesen ähnliche hierarchisch-klassifikatorische Struktur auf. Dabei war der Makrokosmos des Himmels dem Mikrokosmos des Menschen übergeordnet (Abb. 88).

Die Scholastik erinnert uns heute vor allem an besonders spitzfindige Diskussionen. So gibt es einen Aphorismus von Pascal aus dem 17. Jahrhundert zum scholastischen Problem der Allmacht Gottes: Gott sei nicht allmächtig, denn er könne keine Mauer bauen, über die er *nicht* springen kann. Doch entstanden in der Scholastik des 13. Jahrhunderts Fragen, die die Verletzlichkeit des mittelalterlichen kosmologischen Systems zeigten. Wenn Gott allmächtig war, mußte auch ein anderes System für ihn möglich sein und damit für den Menschen zumindest denkbar bleiben.

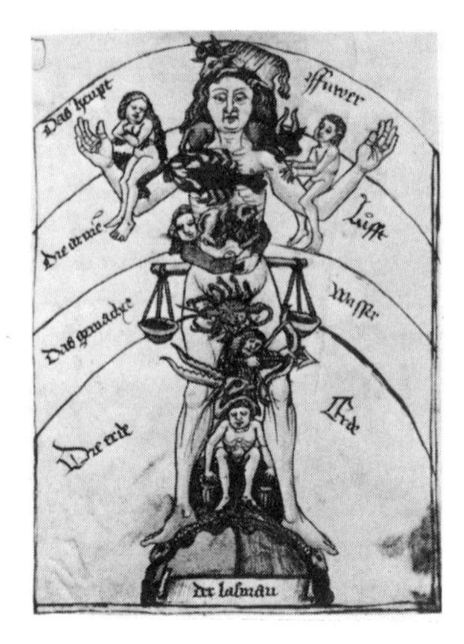

88: Der Makrokosmos des Himmels im Mikrokosmos des Menschen. Im menschlichen Körper spiegelten sich nach mittelalterlicher Vorstellung Elemente und Tierkreissternbilder. So gehörten die Zwillinge zu den Armen, der Krebs zur Brust etc. Astrologisch-astronomische Vorstellungen waren deshalb wichtig für die Medizin. Diese Entsprechung Makrokosmos/Mikrokosmos behielt bis in die Renaissance weitgreifende Bedeutung (Zeichnung, 1404).

Die Universalität des mittelalterlichen Erkenntnisanspruchs wird in der Gliederung des Universitätswesens deutlich. Hier gab es nur drei Disziplinen als Fachstudiengänge: *Theologie, Jura, Medizin.* Als gemeinsames Pflichtstudium waren diesen die sieben ‹freien Künste› (lateinisch: artes liberales) vorgeschaltet (Abb. 89):

– Der erste Teil dieses Vorstudiums, das ‹Trivium›, bestand aus Grammatik, Rhetorik und Dialektik. Von dieser ‹einfachen› Grundlage in lateinischer Sprache und in Denkregeln leitet sich das noch heute gebrauchte Wort ‹trivial› ab.

– Der zweite Teil war das ‹Quadrivium› mit Arithmetik, Geometrie, Astronomie und Musik.

Der Name ‹freie Künste› war von Cicero gewählt worden – hier wieder im Anschluß an griechische Bildungsvorstellungen –, weil sie eines Freien ‹würdig› waren, im Unterschied etwa zu den ‹mechanischen Künsten›. Auch in der Unterbewertung handwerklicher Bildung konnte also das akademische christliche Mittelalter auf die antike Tradition zurückgreifen. Doch war die Gesamteinstellung zur Handarbeit im westlichen Christentum, wie die Entwicklung des Mönchtums und der Städte zeigt, eine durchaus positivere als in der Antike.

Die mittelbaren Beziehungen der drei Fachfakultäten der mittelalterlichen Universität zur Mathematik und Astronomie waren schon in der Theologie, etwa bei den kosmologischen Vorstellungen, bei der Kalenderrechnung einschließlich der Osterfestberechnung, recht wichtig und nahmen schließlich in der Medizin bis zum 16. Jahrhundert bedeutsame

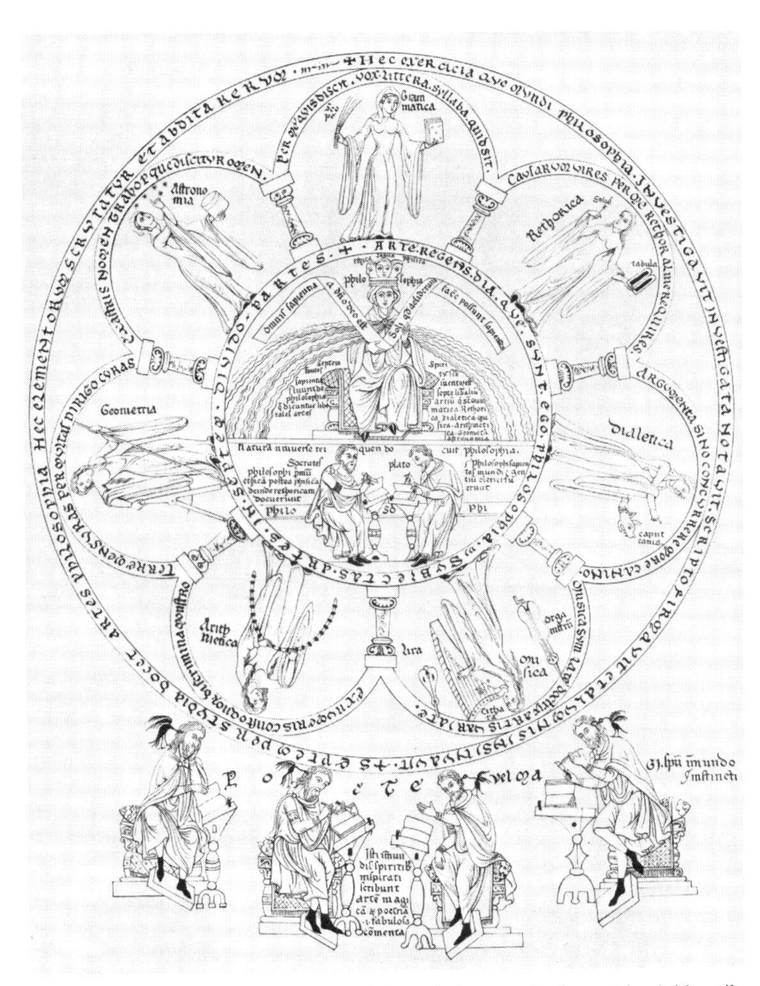

89: Die sieben ‹freien› Künste. Das Quadrivium mit Astronomie, Geometrie, Arithmetik, Musik und das Trivium mit Grammatik, Rhetorik, Dialektik bildeten die Grundlage des mittelalterlichen Universitätsstudiums. Diese sieben ‹freien› Künste (artes liberales) fließen als Quellen des Wissens aus der Philosophie im Zentrum des Bildes, mit den drei Köpfen Ethik, Logik, Physik (= Naturlehre) (Miniatur, um 1180).

Ausmaße an. Das hing stark mit der Entwicklung der Astrologie zusammen. Zunächst gab es noch schärfere Unterschiede zwischen einem Bereich Natur, zu dem etwa Ernte und Wetter gehörten – hier war es erlaubt, an Sterneneinfluß zu glauben –, und dem Bereich Mensch, der als Ebenbild Gottes nicht durch den Lauf der Sterne vorherbestimmt war. Im Spätmittelalter und vor allem mit Beginn der Renaissance weitete sich jedoch die Zuständigkeit der Astrologie erheblich aus. Schließlich gab es sogar an der päpstlichen Universität in Rom einen Lehrstuhl für Astrologie. Die Entsprechung Mikrokosmos des Menschen und Makrokosmos des Himmels wurde zum zentralen Schlüssel allen astrologischen Denkens. Es war also ganz selbstverständlich, einen Einfluß des höheren Geschehens auf das niedere anzunehmen. Die schroffe Trennung zwischen vergänglicher Erde und unveränderlichem Himmel war dazu gut brauchbar.

Es rückten immer mehr Entsprechungen zwischen dem himmlischen Geschehen, vor allem der Siebenzahl der Wandelsterne und deren Konstellation in den Tierkreiszeichen, und den irdischen Vorgängen in den Mittelpunkt des Denkens. Das galt für die Siebenzahl der Metalle, die sieben Namen der Woche, die sieben Tugenden, die sieben freien Künste (Abb. 90).

Die Astrologie wurde damit gleichzeitig eine Stütze des geozentrischen Weltbildes. Doch bereiteten ihre immer anspruchsvolleren Berechnungen auch den Niedergang dieses Systems mit vor. Wissenschaftler wurden als Astrologen angestellt, die die Sterndeutung – ungewollt – in eine große Krise brachten, etwa Tycho Brahe und Johannes Kepler. Eine Hauptfrage gegenüber allen nichtgeozentrischen Systemen entstand aus astrologischer Sicht: Warum sollten die Planeten die Erde noch beeinflussen, wenn sie sich in Wirklichkeit um die Sonne bewegten? Kepler war deshalb sehr interessiert daran, die Astrologie auf heliozentrischer Grundlage neu zu begründen! Er beschäftigte sich auch mit der Frage: Wie konnte in einem unermeßlichen Weltall der winzige Mensch Gott überhaupt noch nahe sein?

Seine Antwort lautete:

«Auch darf man nicht von der Größe auf die bevorzugte Bedeutung schließen. Denn Gott, der in der Höhe wohnt, schaut doch auf das Niedrige. Und wenn die Wandelsterne deswegen der unbedeutendste Teil der Welt wären, weil das ganze Planetensystem im Vergleich mit dem Fixsternsystem nahezu verschwindet, so würde nach demselben Argument der Mensch zu den letzten Unwichtigkeiten der Welt gehören, da er mit der Erde und diese selber mit dem Saturnhimmel in keiner Weise verglichen werden kann. Ja, es müßte das Krokodil oder der Elefant Gott mehr am Herzen liegen als der Mensch, weil diese Tiere den Menschen an Größe überragen.»[123]

90: Planeten und Weltbild. In diesem meisterhaften Gemälde (Ausschnitt) findet man die Entsprechung zwischen Mikrokosmos und Makrokosmos noch ausgeweitet. Um das Zentrum, den strahlenden Himmel, sind die sieben Planeten als vornehme Personen in Wagengespannen gruppiert, dazu ein Stern als Symbol des Fixsternhimmels. Strahlen aus diesem Makrokosmos verknüpfen das Geschehen mit der Erde. Dem Stern ist Ptolemäus zugeordnet – als Schöpfer dieses Weltbildes – den sieben Planeten die sieben freien Künste, die sieben Farben, die sieben Metalle, die sieben Wochentage und die sieben Tugenden. Die Frauengestalten symbolisieren jeweils die entsprechende Kunst und Tugend – die Gestalt rechts neben Ptolemäus etwa, zur Sonne gehörig, die Grammatik und Hoffnung. Die Gewänder der Gestalten leuchten in den zugehörigen Farben – die zur Sonne gehörige ist gelb. Verschiedene Gerätschaften, mitunter auch Hintergrundbeziehungen, weisen auf die entsprechenden Metalle hin (Gemälde auf Tischplatte von M. Schaffner, 1533).

Doch nicht nur unermeßlich winzig wurde der Mensch im Copernicanischen System, er verlor auch seine Zentralstellung. Dieser Verlust war ungeheuer wirksam im abendländischen Denken, wie noch Sigmund Freud im 20. Jahrhundert – jetzt im psychoanalytischen Begriffskanon – bestätigte:

«Die zentrale Stellung der Erde war ihm (dem Menschen) aber eine Gewähr für ihre herrschende Rolle im Weltall und schien in guter Übereinstimmung mit seiner Neigung, sich als den Herrn dieser Welt zu fühlen. Die Zerstörung dieser narzißtischen Illusion knüpft sich für uns an den Namen und das Werk des Nik. Kopernikus ... Als sie aber allgemeine Anerkennung fand, hatte die menschliche Eigenliebe ihre erste, die kosmologische Kränkung erfahren.»[124]

Als die zwei folgenden großen geschichtlichen Kränkungen führte Freud übrigens die Darwinsche Evolutionstheorie an, die die Sonderstellung des Menschen unter den Lebewesen aufhob und schließlich – nicht unbedingt bescheiden – seine Psychoanalyse, die dem Menschen zeigte, daß er nicht einmal sein Seelenleben beherrsche.

Neuzeitliches Weltbild und Naturwissenschaften / Technik

Wie kam es überhaupt zur Entwicklung eines ganz neuen Weltbildes, wenn es dem vorhandenen so radikal widersprach? Tatsächlich konnten die wesentlichen Anstöße nicht aus der an die Theologie gebundenen antik-mittelalterlichen Astronomie und Physik kommen. Die Entwicklung stand jedoch in engem Kontakt mit der astronomisch-physikalischen Tradition. So waren es ja Astronomen, die für die notwendige Kalenderreform (und zu astrologischen Zwecken) angestellt wurden.

Aber viele ihrer Ideen, vor allem deren Wirkungen waren durch die allgemein geschichtliche Entwicklung seit dem 14. Jahrhundert bestimmt. Bedürfnisse der mächtigen italienischen Stadtstaaten in Krieg, Handel und Repräsentation führten zu einem Neuaufblühen des Handwerks und – vor allem im 15. Jahrhundert – zur kritischen Wiederentdeckung vergessener Bereiche der Antike (Renaissance = ‹Wiedergeburt›) in Objekten, wie etwa der Kunst, und in Schriften, etwa der platonischen Tradition in der Philosophie. Daraus entstand ein neuer Fortschrittsbegriff. Zwar wurde Fortschritt mitunter noch als Vereinigung von möglichst viel tradiertem Wissen verstanden – d. h. als Rückwendung zur Antike, doch kam über diesen Vergleich von eigener Gegenwart und antiker Tradition auch das Bewußtsein von Neuem auf.

Damit in engem Zusammenhang steht in der Kunst die Wiederentdekkung der Landschaft als unabhängiges Darstellungsobjekt – nicht nur als relativ unbedeutender Hintergrund zu christlichen Hauptmotiven –, schließlich speziell in der Malerei die Neuentdeckung der geometrischen Zentralperspektive (nach 1400). Diese Entwicklung (Abb. 91) hatte ähnlich große Bedeutung für ästhetische Theorien, praktische Kunst und Selbstdarstellung der bürgerlichen Gesellschaft, wie die Entwicklung der Fotografie im 19. Jahrhundert. Doch griff natürlich die Fotografie als technischer ‹Ersatz› von Kunst viel radikaler in deren Selbstverständnis und Tradition ein.

In der bildenden Kunst der Renaissance wurden neue Gußtechniken erprobt, z. B. von Leonardo da Vinci. Künstler waren in der Renaissance Italiens nicht mehr Ausübende niedriger ‹Künste›. Sie waren Herren, wie Dürer das etwa bei Reisen im Gegensatz zum Deutschland seiner Zeit genoß. Auch deshalb strebten sie an, ihr Tun durch Mathematisierung den ‹freien Künsten› anzunähern.

91: Die geometrische Zentralperspektive. Kurz nach 1400 wurde im Italien der Renaissance, des aufblühenden Bürgertums und der Stadtstaaten, eine wichtige Beziehung zwischen Mathematik, Sehen und darstellender Kunst entdeckt: Alle geraden Linien einer von einem Auge gesehenen Wirklichkeit laufen scheinbar in einem zentralen Fernpunkt zusammen. Zwar konnten schon die Römer solche perspektivischen Wirkungen ihrer Bilder erzielen, aber sie exakt mathematisch konstruieren, das lernte erst die Renaissance. Daß solche Beziehungen zwischen Natur und Mathematik überhaupt möglich waren, konnte nur ein Zeitalter der Bewunderung platonischer Geometrie- und Zahlenbeziehungen entdecken. Diese mathematischen Beziehungen als zentrales Programm der Malerei über zunächst zwei Jahrhunderte zu verwirklichen, das konnte nur in Verknüpfung mit der wissenschaftlichen Revolution von Experiment und Exaktheit geschehen. Wurden im 15. und 16. Jahrhundert überall Bilder auf diese Weise komponiert, ließ das Interesse mit der Trennung von rationalem und emotionalem Weltbild in der Aufklärung nach. Das Ende der wissenschaftlichen Perspektive brachte die moderne Kunst ab Cezanne (Kupferstich, 1622).

In der Textiltechnik, dem Bauwesen, dem Hüttenwesen und anderen Bereichen wurden neue technische Verfahren entwickelt, bzw. neue Produkte hergestellt. In der Kalenderrechnung und in der Navigation auf See wurden Verbesserungen angestrebt.

Zwei Traditionen, die scholastisch-humanistische und die handwerkliche, kann man an vielen Stellen der beginnenden Naturwissenschaft nachweisen, noch bei Galilei. So findet man die erstere etwa in der äußeren Gestaltung und der Argumentationsführung seiner Werke als platonische Dialoge und die zweite sehr stark in seinem Hauptwerk, den ‹Discorsi› 1638, in dem der erste Teil ganz der Technik gewidmet ist und auch vom ‹Arsenal› in Venedig, als Sammlungsstätte aller Maschinen, ausgeht.[125]

Der säkularisierte Fortschrittsbegriff entwickelte sich langsam. Zunächst war es nur möglich, traditionelle Autoritäten anzugreifen, wenn man andere traditionelle Autoritäten dagegen aufbieten konnte. Das war schon im Kommentar mittelalterlicher ‹Vorlesungen› geübt worden. So konnte Copernicus Ptolemäus und Aristoteles angreifen, indem er sich auf Plato, Herakleides, Aristarch und deren Vorstellungen zur bewegten Erde berief. Ähnlich bekämpfte Martin Luther die Tradition des Katholizismus mit dem Rückgriff auf das Urchristentum und auf den griechischen Urtext der Bibel – gegen den lateinischen der ‹Vulgata›. Ähnlich bekämpfte Machiavelli die existierenden Staatstheorien mit dem Rückgriff auf das Vorbild der römischen ‹res publica›. Das fand alles kurz nach 1500 statt.

Auch die Ideen des Columbus zur Indienreise in die entgegengesetzte Richtung der Erde – kurz vor 1500 – waren nichts radikal Neues. Die Erde als Kugel war wissenschaftlich unangefochtenes Traditionsgut. Der erste Erdglobus seit der Antike durch Martin Behaim, der Columbus beeinflußte, entsprach also sehr gut der Zeit, in der neue Ansätze gleichzeitig Wiederentdeckung der Tradition hießen. Daraus entstand allerdings ungewollt Revolutionäres: bei Columbus die Entdeckung eines neuen Kontinents. Die *R*eformation des Ptolemäus durch Copernicus auf die ‹reinen› Forderungen der klassischen Antike führte ungewollt zu einem Zusammensturz auch dieser – für Copernicus noch so gültigen – Tradition. Ähnliches gilt für die Lutherische Reformation und den dreißigjährigen Krieg mit seinen politisch-gesellschaftlichen Schnittwunden für Europa. Ähnliches gilt für die Entwicklung demokratischer, nicht elitärer Staatsvorstellungen im 18. Jahrhundert ganz gegen die Vorstellungen Machiavellis. Ein Typus der Renaissance zeigt beispielhaft die antitraditionelle Stoßkraft der bürgerlichen Entwicklung: der Condottiere, der

92a, b: Die ‹Revolution› der Wissenschaft von 1500 bis 1700. Wurde noch kurz nach 1500 von Raffael die Wissenschaft als vornehmlich geistige Tätigkeit dargestellt, ohne Experimentiergerät, mit der Philosophie im Zentrum (Plato und Aristoteles), so fällt mehr als 150 Jahre später bei le Clerc vor allem die Menge an wissenschaftlichem und technischem Instrumentarium auf. Die Theologie – die bei Raffael noch als eigenes Gemälde der Wissenschaft gegenübergestellt wurde – ist nun in den Hintergrund der Akademie gerückt. Die Philosophie ist nicht besonders aufgeführt. Beschäftigung mit Natur und Technik waren wahre Philosophie. – Raffaels Gemälde ‹Die Schule von Athen› ist noch heute im Vatikan zu besichtigen. Alle Gruppen im Vordergrund, rechts also die Geometrie und Astronomie (vgl. Abb. 93), links vor allem Arithmetik und Musik sind Vorstufen zur hohen Philosophie. Auf den Treppen dazwischen liegt – isoliert – Diogenes. Die imposante Renaissance-Architektur – die gar nichts mehr mit Griechenland zu tun hat – zeigt den mächtigen Einfluß der geometrischen Perspektive in der Malerei dieser Zeit. Sie ist aber auch ein Zeichen für den Platonismus des gesamten Wissenschaftsbildes. – Die Pariser Akademie der Wissenschaften und Schönen Künste ist nun keine reine Allegorie mehr. Sie existiert als Institution mit einem konkreten Programm an Wissenschaft und Technik auf den Grundlagen von empirischer Erkenntnis und Nützlichkeit (Wandgemälde von Raffael, 1509–1511; Kupferstich von le Clerc 1698). ▶

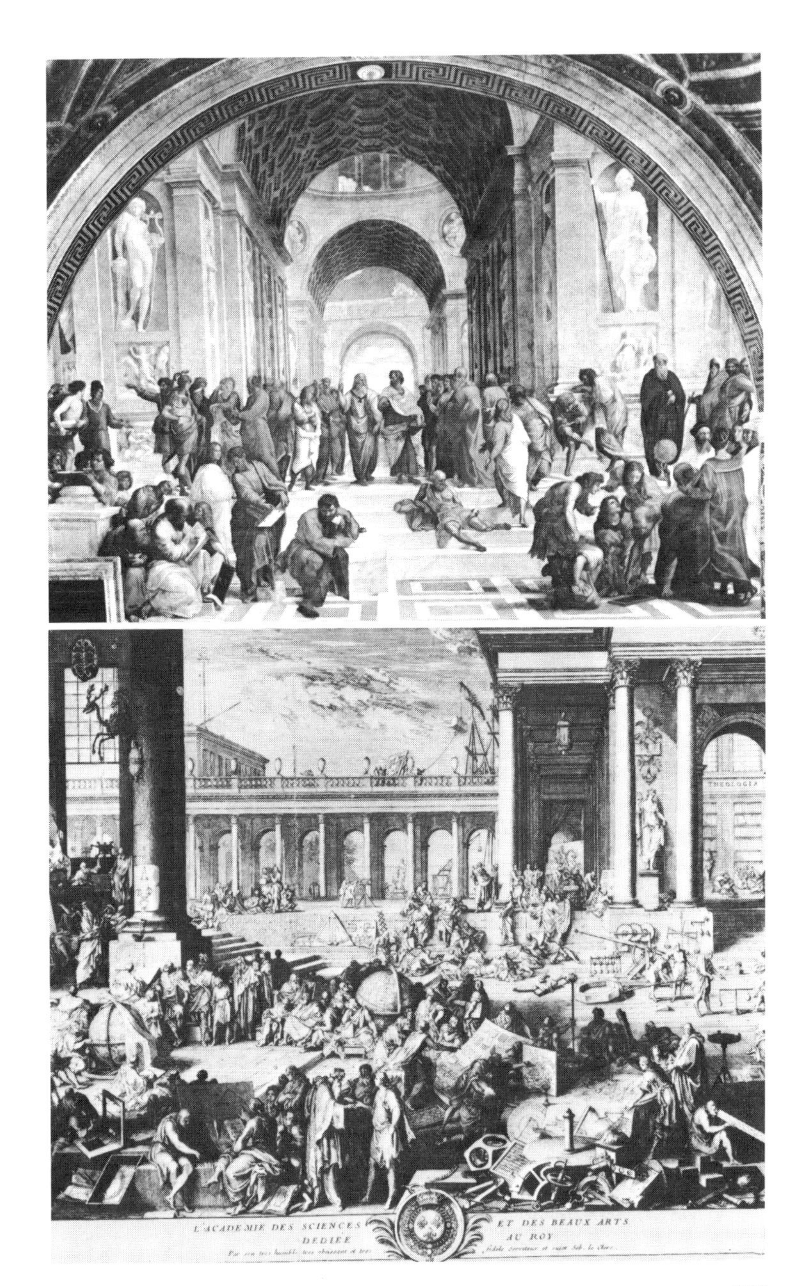
THEOLOGIA
L'ACADEMIE DES SCIENCES ET DES BEAUX ARTS
DEDIEE AU ROY

selbstherrliche Heerführer, zum Teil Aufsteiger aus den untersten Schichten, dem sogar Kunstdenkmäler errichtet wurden, wie das berühmte des Bartolomeo Colleoni durch Andrea del Verrochio in Venedig.

Der Historiker Jacob Burckhardt nannte im 19. Jahrhundert die Renaissance: die Entdeckung der Welt und des Menschen. Beides nahm eine Entwicklung, die die Entdecker selbst nicht voraussehen konnten. Es wurde ein revolutionärer ‹Umschwung› daraus (Abb. 92, 93) – in diesem

93: «Die Schule von Athen» – Detail. Man erkennt Euklid mit dem Zirkel (es könnte auch Archimedes sein), um ihn vier Schüler, dann Hipparch mit dem Sternenglobus und Ptolemäus als Geograph mit dem Erdglobus (auf dem Haupt fälschlich, wie meist, eine Krone). Der Kopf neben ihm ist ein Selbstbildnis Raffaels. Vielleicht sollte das seine besondere Neigung zur Astronomie ausdrücken (vgl. Abb. 92a Wandgemälde von Raffael, 1509–1511).

Begriff Umschwung steckt noch die vorneuzeitliche Bedeutung des Begriffs Revolution als in sich zurückführende Bewegung, wie die jährliche ‹Revolution› der Erde.[126]

Die Zeit bis 1600 blieb wesentlich von Traditionen geprägt. Copernicus war vor allem ein kongenialer Humanist: Philologe, Theologe, Politiker, Wirtschaftswissenschaftler, Kartograph, Astronom. Dieser übermächtige Einfluß der Tradition galt noch für Kepler, Galilei und andere – z. B. den Arzt und Physiologen William Harvey (1578–1657), den Entdecker des großen Blutkreislaufs 1616. Harvey faßte zwar den Blutkreislauf als mechanisches System auf, betonte aber andererseits mikro-/makrokosmische Entsprechungen: Das Herz sei die Sonne unseres Mikrokosmos, wie die Sonne das Herz der Welt sei.[127]

Die ‹Revolution› kam erst, als die gesellschaftliche Entwicklung durch die Verhärtung des Katholizismus in der Gegenreformation von Italien nach Norden getrieben wurde – in die evangelischen Länder Holland (hier wurden die Discorsi von Galilei 1638 in Leiden veröffentlicht!), England, in Teile Deutschlands, in das nichtinquisitorische Frankreich, das auch bis zur Aufhebung des Toleranzedikts von Nantes 1685 gegenüber dem Protestantismus duldsam blieb. Wie weit der spätere Calvinismus Einfluß auf diese Verbreitung genommen hat, ist nicht völlig geklärt. Seine Lehre der ‹Prädestination› besagte, daß die bürgerlichen Erfolge im Diesseits deutlich machten, wer für das Jenseits ausersehen war.

Francis Bacon, Jurist und berühmter Philosoph, als ‹Großsiegelbewahrer› und ‹Lord-Kanzler› mit den höchsten politischen Ämtern Englands versehen, formulierte 1620 die Prinzipien einer neuen empirischen Wissenschaft gegen die Tradition. Induktion, als schrittweises Schließen allgemeinerer Aussagen aus *vielen* Einzelerfahrungen – d. h. wesentlich vorsichtiger als bisher –, sollte Grundlage allen wissenschaftlichen Vorgehens sein:

> «Bisher pflegte man so zu verfahren, daß man von den Sinnen und dem einzelnen zu dem Allgemeinsten flog, als zu bestimmten festen Polen, um die die Disputationen sich drehen. Von diesem wurde das übrige durch Mittelbegriffe abgeleitet. Ein solcher Weg ist zwar kurz, aber gefährlich; er führt von der Natur fort, aber zum Disputieren ist er bequem und geeignet. Nach meinem Weg dagegen werden die Lehrsätze ordnungsgemäß und einer nach dem andern aufgestellt und erst zuletzt gelangt man zu dem Allgemeinsten.»[128]

Der Fortschrittsbegriff Bacons war zwar schroff gegen die Antike und die Scholastik gerichtet, doch blieb er in seiner berühmten Skizze einer neuen Forschungslogik, dem ‹Novum organum›, bei Stellungnahmen zum Inhalt der neuen Wissenschaft recht konservativ. Das Copernicanische Weltsystem lehnte er ab. Seine starke Betonung der Voraussetzungen zur Induktion als ausgiebiges Sammeln von Tatsachen – er nennt sie mitunter «Fälle» und belegt sie mit Adjektiven wie «verbündende», «vorladende», «gemeinnützige» – zeigt, daß eine andere Wissenschaft viel zu stark Pate bei dieser Forschungslogik stand: die Rechtswissenschaft. Leibniz wehrte sich später dagegen, wenn er feststellte, daß jede Wissenschaft theoretischen Aufbau und empirische Grundlagen haben müsse. Von letzteren habe die Medizin zu wenig und die Jurisprudenz unnütz viel. – Auch biomorphe Vergleiche finden sich bei Bacon öfter:

«Die, welche die Wissenschaften betrieben haben, sind Empiriker oder Dogmatiker gewesen. Die Empiriker gleichen den Ameisen, sammeln und verbrauchen nur, die aber, die die Vernunft überbetonen, gleichen den Spinnen, schaffen die Netze aus sich selbst. Das Verfahren der Biene aber liegt in der Mitte; sie zieht den Saft aus den Gärten und Feldern, behandelt und verdaut ihn aber aus eigener Kraft. Dem nicht unähnlich ist nun das Werk der Philosophie; es stützt sich nicht ausschließlich oder hauptsächlich auf die Kräfte des Geistes, und es nimmt den von der Naturlehre und den mechanischen Experimenten dargebotenen Stoff nicht unverändert in das Gedächtnis auf, sondern beendet und bearbeitet ihn im Geist. Daher könne man bei einem engeren und festeren Bündnisse dieser Fähigkeiten, der experimentellen nämlich und der rationalen, welches bis jetzt noch nicht bestand, bester Hoffnung sein.»[129]

Die Rolle der Mathematik bei der neuen Wissenschaft – vor allem als Geometrie verstanden – hat Galilei betont:

«Die Philosophie steht in jenem ganz großen Buch geschrieben, das beständig offen vor unseren Augen liegt, ich meine das All; aber dies Buch ist nur zu verstehen, wenn man zuvor seine Sprache lernt und die Buchstaben kennt, in denen es geschrieben ist. Es ist in *mathematischer* Sprache geschrieben, und die Buchstaben sind Dreiecke, Kreise und andere geometrische Figuren. Ohne diese Mittel ist es unmöglich, auf menschliche Weise ein Wort davon zu verstehen; ohne diese irren wir vergeblich wie in einem dunklen Labyrinth umher.»[130]

Er wandte sich auch 1638 in seinem physikalischen Hauptwerk gegen die aristotelische Meinung, Mathematik sei für die irdische Physik nicht brauchbar. In der Mathematik gab es – nach Aristoteles – nur vollkommene Figuren. Ein vollkommener Kreis berührte eine vollkommene Gerade in einem Punkt. Auf der Erde gab es dagegen nur unvollkommen runde Körper und unvollkommen ebene Flächen, sie berührten sich immer in mehreren Punkten. Galileis Einwand dazu erscheint heute selbstverständlich, war aber damals Zeichen eines radikal neuen Verhältnisses zwischen Mathematik und Physik: Die Mathematik könne eben auch unvollkommene Kreise und unvollkommene Geraden behandeln und damit für die Physik auf der Erde äußerst tauglich sein. – Doch gab Galilei kein ‹System› seiner neuen Wissenschaft, während bei Bacon die eigene Forschungsarbeit fehlte.

Der Philosoph, Mathematiker und Naturforscher René Descartes brachte nun beides: originäre Beiträge zur Wissenschaft sowie ein allgemeines System zu ihrer Gewinnung, das allerdings Geltung weit über den

Bereich der heutigen Mathematik und Naturwissenschaft hinaus beanspruchte: die mechanistisch-rationalistische Philosophie. Sein berühmtes Werk von 1637 hieß ‹Abhandlung von der Methode des richtigen Vernunftgebrauchs und der Wahrheitsfindung in den Wissenschaften. Dazu Dioptrik, Meteorologie und Geometrie. Das sind Proben dieser Methode›. Es wird meist nur mit dem Kurztitel ‹Discours de la méthode› geführt. Der lange Titel zeigt dagegen, daß Descartes mehr wollte, als nur eine neue Logik des Denkens aufzustellen wie Bacon vor ihm. Er wollte auch Beispiele dazu ausführen. Und er fand sie in der Mathematik und Naturwissenschaft. Weder für Bacon noch für Descartes, noch für die ersten damaligen Akademien der Wissenschaften in London und Paris – beide gegründet in den 60er Jahren des 17. Jahrhunderts – gab es einen Bruch zwischen Wissenschaft und Technik! ‹Wissen ist Macht!› hieß bei Bacon nicht mehr kontemplatives Wissen, sondern angewandtes, anwendbares Wissen. Mechanik war bei Descartes noch kein Gedankensystem einer rein physikalischen Erkenntnis, aber auch keine reine Technik mehr. Mechanik war bei ihm die Gesamtheit des wissenschaftlich-theoretischen – empirisch-experimentellen – nützlich-technischen Wissens (Abb. 94), allerdings im Gegensatz zu Bacon unter dem Primat einer rationalistisch-theoretischen Philosophie, deren ‹erster Grundsatz› lautete: «Ich denke, also bin ich». Auch politische Grundvorstellungen wurden von diesem ‹mechanistischen› Denken beeinflußt. Thomas Hobbes ent-

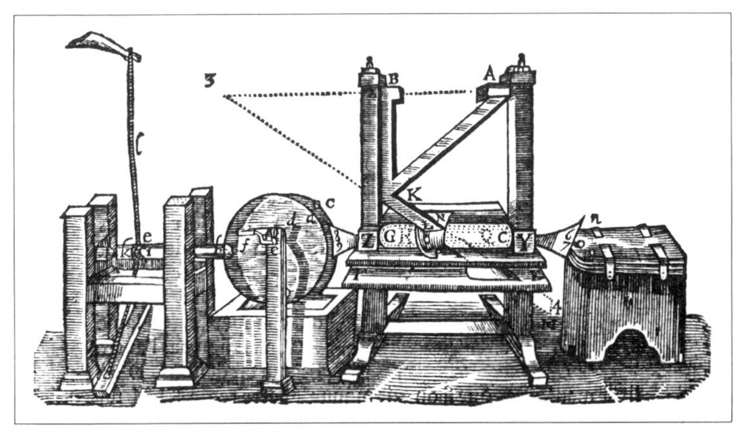

94: Descartes und die Technik. Die weitgespannten Interessen des Philosophen, Mathematikers und Naturforschers Descartes zeigt diese von ihm entworfene Linsenschleifmaschine. Philosophie, Wissenschaft und Technik wurden im Programm des 17. Jahrhunderts als Einheit gesehen (Holzschnitt, 1668).

wickelte in seinem einflußreichen Werk ‹Leviathan oder Stoff, Form und Gewalt eines bürgerlichen und kirchlichen Staates› 1651 die Theorie eines Staatswesens, das als direktes Abbild eines riesigen komplizierten Mechanismus gedeutet werden kann.

In der leichten Literatur fand nun die Populärwissenschaft Eingang – die Nationalsprache als Wissenschaftssprache war schon ab Stevin, Kepler, Bacon und Galilei um 1600 hoffähig geworden. Der Sekretär der jungen französischen Akademie der Wissenschaften und berühmte Literat Bernard Le Bovier de Fontenelle verfaßte 1686 eines der meistgelesenen und meistübersetzten Bücher dieser Zeit: ‹Unterhaltungen über die Vielheit der Welten›. Hier wurde in Abendgesprächen einer adligen Dame von ihrem gleichgestellten Gesprächspartner das Copernicanische System auf der Grundlage Descartesscher Physik schmackhaft gemacht. Im Plauderton wird von Astronomie zu Theater, Literatur, Mode und wieder zurück geschwenkt. Dabei werden manche ethisch-politischen Vorstellungen auf dem Weg über astronomisch-naturwissenschaftliche Analogien vorgeprägt, die später Allgemeingut einer radikalen Aufklärung werden sollten. Das gilt etwa für den Begriff der Toleranz, der hier schon dezidiert antikirchlich vorgetragen wird:

«Wie seltsam würden uns wohl manche Sitten ferner Weltenbewohner erscheinen, etwa deren Art zu beten. Das würde aber diesen mit uns sicher genauso gehen.»[131]

Auch der demokratische Begriff der Gleichheit kommt nahe, wenn über das hierarchische Verhältnis Erde / Mond diskutiert wird:

«*Marquis:* ... Bewundern Sie demnach, wie viel eine vorteilhafte Stellung auf sich hat. Bloß weil der Mond weit von uns ist, sehn wir ihn als einen leuchtenden Körper an und wissen nicht, daß er aus einer groben, unserer Erde ähnlichen Masse besteht, da im Gegenteil die Erde, weil sie das Unglück hat, unsern Augen zu nahe zu sein, uns bloß als ein grober Klumpen vorkommt, der zu nichts weiter dient, als den Tieren Nahrung zu verschaffen, und wir stellen sie uns nicht leuchtbar vor, weil wir sie nicht aus einer gewissen Entfernung in Augenschein nehmen können.
Marquise: So erging' es uns hierin grade so, als wenn wir, verblendet durch den Glanz höherer Stände als die unsrigen, nicht wahrnehmen, daß sie im Grunde einander überaus ähnlich sind.»[131]

Naturwissenschaftliches Denken wurde also schon in der Frühaufklärung symbolisch für einen Umbruch ethisch-politischer Werte genommen. Das mußte nicht so sein. Der Beginn der neuen Wissenschaft mit Copernicus, Galilei und Kepler hatte gezeigt, daß das Fallen der Schranken zwischen Himmel und Erde auch heißen konnte: Man deutete die Erde als neuen Stern, sie war dem Himmel nähergekommen. So verstand es Kepler:

«Die Erde ist kein sehr unedler Körper, sondern zumindest dem Mondkörper gleich, wenn nicht sogar überlegen, da dieser viel rauher ist als der Erdkörper.»[132]

Das galt auch für Galilei:

«Was aber die Erde betrifft, so ist es eine Veredelung und Vervollkommnung, wenn wir versuchen, sie als ähnlich den Himmelskörpern hinzustellen, sie gewissermaßen an den Himmel zu versetzen, von dem Euere Philosophen sie verbannt haben.»[133]

Doch bald danach begann die negative Metaphorik: Mond und Sterne konnten auch als Dreckklumpen verstanden werden. Das paßte besser

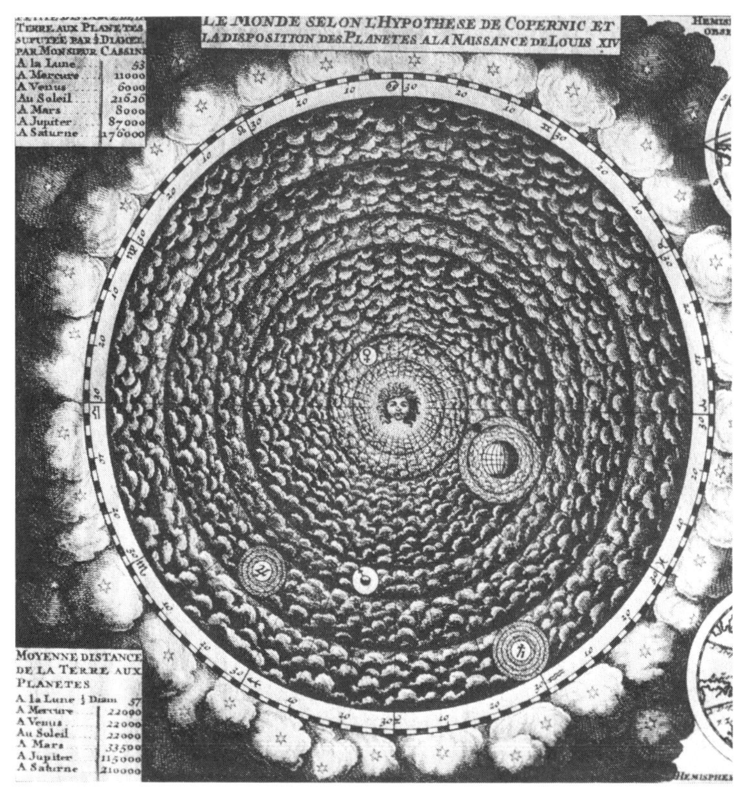

95: Der Sonnenkönig und das Copernicanische System. Ludwig XIV. unterstützte die heliozentrischen Thesen seiner Wissenschaftler und ließ von ihnen copernicanische Planetarien als Geschenke für fremde Staaten entwerfen. Die Sonne wählte er sich als Herrschersymbol, vor allem allerdings auf den antiken Apollomythos gestützt. In diesem Bild wird er jedoch – als neugeborenes Kind – direkt mit der Sonne des Copernicanischen Weltsystems identifiziert. Die Planeten umgeben ihn in ihren damaligen astrologisch wichtigen Stellungen (Kupferstich, wahrscheinlich 18. Jahrhundert).

zur Entwicklung des Mechanizismus/Materialismus. Beide Symbolvorstellungen durchdrangen sich in der Entwicklung bis 1800.

Das Copernicanische System wurde im politischen Bereich von Ludwig XIV., dem Sonnenkönig in Frankreich, als ausgezeichnete Bestätigung seines antiken Apollomythos benutzt (Abb. 95). Allerdings gewann die mechanistische Auffassung immer mehr Gewicht, und mit der zunehmenden Bedeutung des Bürgertums fand sie in alle Denkbereiche Eingang. Welch große Rolle dabei Fontenelles Popularisierung spielte, zeigt folgender Brief von Voltaire 1721 an jenen:

«Die hier anwesenden Damen sind durch die Lektüre Ihrer ‹Welten› verdorben. Besser wäre, sie wären es durch Ihre Schäfergedichte; wir sehen sie sehr viel lieber als Schäferinnen denn als Philosophinnen. Sie verbringen mit der Beobachtung der Sterne eine Zeit, die sie anders viel besser verwenden könnten, und aus Liebe zu ihnen sind wir alle Physiker geworden.»[134]

Für das aufgeklärte Bürgertum war mit Copernicus ein neues, lichtvolles Zeitalter angebrochen, die Finsternis des Mittelalters war beseitigt. Diese Fehlinterpretation der Geschichte als Finsternis-Licht-Revolution hat bis zu uns gewirkt und den Blick auf den wirklichen, langsamen Umschwung verstellt: Die Frühaufklärung selbst (vor 1700) war erst der eigentliche Beginn des radikalen Einschnitts, den sie schon 1543 sah – und es war keineswegs alles Licht daran, wie die späteren Niederlagen des Mechanizismus/Materialismus zeigen!

Allegorische Darstellungen des Frühbarock versuchten übrigens von theologischer Warte aus neue empirische Philosophie und theologisches Denken wieder zu versöhnen (Abb. 96). Doch hatte die Entwicklung im späten 18. Jahrhundert dafür nur noch Spott übrig.

Aufklärung und Himmelsgebäude – die Rolle der Meßtechnik

Den Rang der Astronomie als Wissenschaft im 18. Jahrhundert sieht man auch an der Real- und der Symbolrolle von zwei wichtigen wissenschaftlich-technischen Instrumenten, die primär mit ihrem Fortschritt verknüpft waren, der Uhr und dem Fernrohr.

Bei der Entwicklung der Räderuhr um 1300 war eines zunächst besonders bedeutsam: die Unterordnung wechselhafter irdischer Vorgänge unter ein aus vollkommen gleichmäßigen Himmelsbewegungen entlehntes Zeitmaß und damit die Einteilung des Tages in 24 gleich lange Stunden, anstatt mit der zweimal 12-Teilung zwischen Sonnenaufgang, Sonnenuntergang und wieder Sonnenaufgang jahreszeitenabhängig zu bleiben. Darüber hinaus waren diese Uhren, vor allem die berühmten Planetenuh-

96: Licht und Erkenntnis – eine barocke Allegorie. Der jesuitische Wissenschaftler A. Kircher gab eine Reihe Bücher heraus, die Naturwissenschaft und Glauben gleichermaßen bereichern sollten. Im Titelbild der ‹Ars magna lucis et umbrae› (‹Die große Kunst von Licht und Schatten›) werden Optik und Erkenntnistheorie von theologischer Warte aus allegorisch in Entsprechung gesetzt. Über allem schwebt Gott (Jehova in hebräischer Schrift) als Urquell des Lichtes. Ein Teil dieses göttlichen Lichtes fällt in ein Buch (die Offenbarung in der Bibel) als «auctoritas sacra» (heilige Autorität). Auf gleicher Ebene steht jedoch die «ratio», versinnbildlicht vielleicht als Buch der Natur, das in mathematischen Zeichen geschrieben ist. Die strahlende Gestalt links stellt den Tag dar (Licht, Sonne), mit Sternbilderzeichen auf dem Körper und dem Äskulapstab mit den Planetenzeichen in der Hand. Zu ihren Füßen liegt ein doppelter Adler – das Symbol der Geistigkeit. Die dunkle Gestalt rechts versinnbildlicht die Nacht (Schatten, Mond), auf einem Stab die Eule als Nachtvogel, zu ihren Füßen der doppelte Pfau als Symbol der Sinnlichkeit. Auf der irdischen Ebene werden «auctoritas profana» (weltliche Autorität) und «sensus» (Sinneserfahrung) in Entsprechung gesetzt. Von der Sonne kommt das physikalische Licht auf die Erde, reflektiert durch den Mond, über die Zwischenschaltung von Instrumenten, sowie durch natürliche Verhältnisse auf der Erde ausgeblendet (Loch in einer Erdhöhle). Vielleicht stehen sich hier unberührte, aber doch der empirischen Forschung zugängliche Natur und künstliche Landschaftsgestaltung durch den Menschen gegenüber (Titelkupfer, 1671).

ren etwa am Straßburger Münster oder am Prager Rathaus, Symbol für das geordnete, harmonische Himmelsgeschehen überhaupt – d.h., Symbol war die geordnete, stetige, unbestechlich sich wiederholende Bewegung, weniger der Mechanismus selbst. Uhren wurden etwa den Prälaten, der geistlichen Ordnungsmacht, als Metapher für deren Eigenschaften beigegeben (Abb. 97).

‹Prelature›

97: Die Uhr als Ordnungssymbol. Die Uhr – nicht ihr Mechanismus als Modell – war ursprünglich Abbild der Regelmäßigkeit des Kosmos und damit der ordnenden Macht Gottes – am deutlichsten in den großen Planetarienuhren des Spätmittelalters. Sie wurde deshalb personifizierten Eigenschaften, wie der Sorgfalt, der Mäßigung und der ordnenden Gewalt des Priestertums («prelature») zugegeben (Holzschnitt, 1644).

Bei Kepler war die ‹himmlische Maschine› schon mehr als bloßer Regelmäßigkeitsvergleich mit einer Uhr (vgl. Anm. 45). Hier hatte der Himmel auch die Oberhoheit über das Zeitmaß verloren: Die Erde selbst bestimmte durch ihre Drehung die Zeiteinteilung des Menschen. Keplers Schritt war schon ein Schritt auf das mechanistische Verständnis der Welt hin, wie es radikal jedoch erst die spätere Aufklärung formulierte: Die gesamte lebende und tote Welt war ein aus Einzelteilen aufgebauter Mechanismus, zumindest vom Verstand wieder in Einzelteile zerlegbar.

Das Pendel ab 1657 war eine entscheidende Verbesserung an der mittelalterlichen ‹Waaguhr›. Seine konstante Eigenschwingzeit erlaubte auf viel einfachere Weise als bisher, einen exakten Gang der Uhr zu erreichen. Diese Änderung ist dem Übergang in unserer Gegenwart von mechanischer Uhr zu elektronischer zu vergleichen – in der Symbolkraft, in den sozialen Veränderungen etwa am Arbeitsplatz und in der naturwissenschaftlich-technischen Entwicklung. Huygens hatte bei seiner Pendelentwicklung mehrere Interessen. Er wollte der Astronomie dienen, der Geodäsie und Kartographie, die geographische Längen auf dem Festland zur Bestimmung der genauen Lage von Erdpunkten brauchten, sowie der Navigation, d. h. der Längenmessung auf See.

Bei diesen Absichten wird es besonders deutlich: Wissenschaft und Technik waren im Selbstverständnis der Zeit nicht getrennt. Das sieht man auch am Inhalt anderer Arbeiten der Académie des Sciences in Paris, der Huygens angehörte, und ähnlich an Arbeiten der Royal Society in London, die beide für das 18. Jahrhundert und darüber hinaus wichtigste Instanzen der Welt für wissenschaftlich-technischen Fortschritt wurden. Davon beeinflußt wuchs die gesellschaftliche Bedeutung der Uhr sowohl als Symbol in Philosophie und Staatstheorie als auch als allgemeines Gebrauchsgut mit kunsthandwerklicher Bedeutung. Beides führte zur weiteren Rangsteigerung der Uhrmacherzünfte – z.B. im Paris des 18. Jahrhunderts. Seit der Entwicklung der elektronischen Uhr als Massengut ab ca. 1970 sinken dagegen Zahl und Ansehen der Uhrmacher.

Die Uhr spielte auch in der Deismus-Theismus-Debatte eine große Rolle. Die Deisten glaubten, daß Gott die Welt wie ein Uhrmacher seine Uhr geschaffen und aufgezogen habe, um sie dann aber den strengen Naturgesetzen ihres Ablaufs allein zu überlassen. Die Theisten dagegen hielten einen dauernden Einfluß Gottes in dieser Welt für erwiesen. Er war zumindest zur Beseitigung ständig möglicher oder vorhandener Störungen des Weltmechanismus nötig. Das glaubte Newton für die gegenseitigen Störungen der Planetenbahnen. Bei Leibniz wurden Uhrengleichnisse auch zur Diskussion der Einheit von Seele und Körper herangezogen: Man könne sich zwei gleiche Uhren vorstellen, die auf Grund ihres wechselseitigen Einflusses synchron liefen oder auf Grund der ständigen Kontrolle durch einen Menschen oder auf Grund ihres exakten Gangs, der einmal fest eingestellt worden ist und keiner weiteren Wartung bedarf.[135]

Das waren teleologische Debatten, d.h., der Glaube an eine Zielgerichtetheit des Weltablaufs stand im Vordergrund. Hierzu paßten die um diese Zeit in der theoretischen Physik mathematisch entwickelten und als Grundlagen allen exakten Naturdenkens angesehenen Extremalprinzipien. Das waren mechanische Prinzipien, nach denen Vorgänge in der Welt auf geringstem Weg, in geringster Zeit, mit geringster Wirkung ablaufen sollten. Hier lag schon eine bestimmte Interpretation zugrunde (mathematisch waren als Extremum Minimum und Maximum möglich – letzteres ließ auch Leibniz z.B. zu). Also war – naturphilosophisch gewendet – alles in der Natur am ökonomischsten geordnet. Das waren natürlich gleichzeitig Bilder aus dem politisch-wirtschaftlichen Bereich. Und da die Barockzeit die Einheit des gesamten Denkens und Handelns anstrebte, wurde diese Erkenntnis, etwa von Leibniz, wieder in den ethisch-politischen Bereich übertragen: Diese Welt war die beste aller möglichen.

Die spätere Aufklärung des 18. Jahrhunderts wandte sich mitunter mit beißender Schärfe gegen solche Grenzüberschreitungen. Berühmt wurde der Widerstand Voltaires gegen die ‹beste aller möglichen Welten› in seiner Romansatire ‹Candide (der Reine) oder der Optimismus›, 1759:

«Nichts war so schön, so gewandt, so stattlich, so wohlgeordnet wie die beiden Heere. Selbst in der Hölle hatte man kaum jemals ein Konzert vernommen, das sich mit dem der Trompeten, Pfeifen, Hörner, Trommeln und Kanonen hätte messen können. Zuerst rissen die Kanonen auf jeder Seite etwa 6000 Mann nieder; dann säuberte das Musketenfeuer die beste aller möglichen Welten von neun- bis zehntausend Schurken, die ihre Oberfläche vergifteten. Und auch das Bajonett war ein zureichender Grund, daß einige tausend Menschen umkamen. Im ganzen mochten es an die dreißigtausend gewesen sein. Candide zitterte wie ein Philosoph. Er versteckte sich während dieser heroischen Schlächterei, so gut er konnte.»[136]

Voltaire wurde andererseits berühmter Popularisator der Newtonschen Physik in Frankreich (Abb. 98, 99). Vielleicht gefiel es ihm besonders, daß Newton – im Gegensatz zu Descartes und Leibniz – keine umfassenden philosophischen Systeme entworfen hatte. Seine Lobpreisung Newtonscher Physik 1733 begann:

«Ein Franzose, der von Paris nach London reist, findet bei seiner Ankunft dort alles anders als in Frankreich. Er hat eine Welt verlassen, die mit irgendeiner feinen Materie erfüllt war, hier in London ist sie leer. In Paris verursacht der Druck

98: Voltaire über Newton. Hier verherrlicht Voltaire Newton als Schöpfer einer neuen Physik, die für Erde und Himmel galt. Newton schwebt auf den Wolken, mit einem Zirkel einen Sternenglobus ausmessend. Himmlisches Licht fällt über einen Spiegel auf Voltaire und seinen Schreibtisch (Kupferstich, 1738).

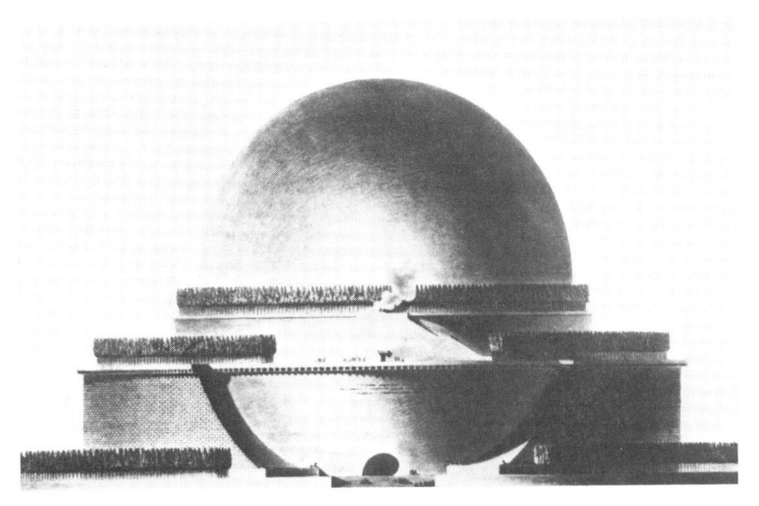

99a, b: Entwurf eines Newton-Denkmals. Der Architekt Boullée schuf während seines Lebens Skizzen zu Festungen, Staatsgebäuden, Grabmälern – kein einziges Wohnhaus ist dabei. Fast nichts wurde je gebaut. Das Monumentale als Programm genügte sich selbst. Im vorrevolutionären Frankreich entwarf er ein riesiges Newton-Denkmal mit verschiedenen Ansichten bei Tag und Nacht. In der Nacht leuchtete das Modell des Universums im Zentrum der ungeheuren Kuppel. Verschwindend klein darunter wurden verzückte Gottesdienste zelebriert. Newton wurde zu Gott erhöht – später die «Vernunft» durch die Französische Revolution direkt als Göttin verehrt. Es war eine letzte Hybris der naturwissenschaftlichen Säkularisation des Weltbildes und auch ihr Ende – im Überschlag zu einer neuen emotional-mythischen Religion. Sie konnte nicht von Dauer sein, ihre Widersprüche führten zum Untergang des Allheitsanspruchs der neuen Wissenschaft (Federzeichnung, 1784).

des Mondes die Gezeiten; bei den Engländern strebt das Wasser der Meere zum Monde hin. Ja, es ist sogar so, daß die Engländer sagen, es werde Ebbe eintreten, wenn die Pariser meinen, es müsse Flut kommen. Bei den Cartesianern geschieht alles durch feine Stöße, bei Herrn Newton durch Anziehung, deren Ursache man aber auch nicht kennt. In Paris hat die Erde die Gestalt einer länglichen Melone, in London aber ist sie abgeplattet. Für einen Cartesianer ist das Licht ein Zustand, für einen Newtonianer kommt es von der Sonne in 6½ Minuten.»[137]

Uhr und Planetensystem waren die exaktesten Mechanismen, die das 18. Jahrhundert kannte – die Rolle der Exaktheit haben heute wohl die Atome übernommen, auch in der Zeitmessung. Kein Wunder, daß Planetarien, in denen Uhrwerk und Himmelslauf sich vereinen ließen, auch die bedeutendsten Leistungen der Feinmechanik jener Zeit waren. Ihre Absicht war Erbauung und Lehre (Abb. 100). Doch mußten sie ihren Platz mit anderen Automaten teilen: Mechanismen, die Lebensvorgänge simulierten, wurden in zunehmender Kompliziertheit entwickelt. Sie waren

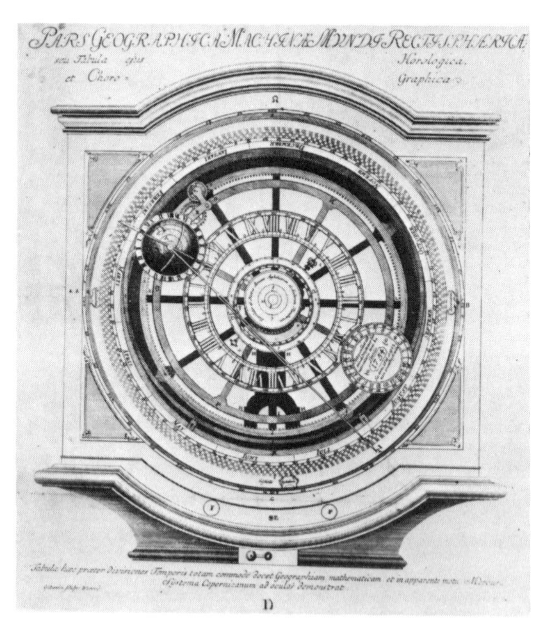

100: Himmelsmodell und Handwerkskunst. In den Sammlungen des 18. Jahrhunderts wetteiferten die Mächtigen um die großartigeren Schätze. Dazu gehörten auch kunstvolle Planetarien. Kein Wunder, daß die kaiserlichen Sammlungen in Wien ein ganz phantastisches Exemplar besaßen. In dessen Hauptwerk wird die Bewegung der Planeten mit ihren Monden um die Sonne vorgeführt. Das Vorwerk (hier im Bild) ist eine Kalenderuhr mit kreisender kugeliger Erde als Datumsanzeige. Ein Zeiger, von ihr ausgehend, ist mit einem stark geneigten kleineren Metallkranz um das Zentrum verbunden, der die Merkurbahn vorstellen soll. Der Zeiger gibt also die – von der Erde aus gesehene – scheinbare Schleifenbahn eines inneren Planeten wieder. Mit dieser ptolemäischen Demonstration sollte gleichzeitig die Bedeutung der copernicanischen Erklärung hervorgehoben werden (Kupferstich, 1753).

Ausdruck des philosophischen Mechanizismus sowie der Spielbegeisterung des Barock und Rokoko.

Den Höhepunkt der Vorstellung des Himmels als Mechanismus erreichte Pierre Simon Laplace mit seiner Himmelsmechanik ab 1799. Auch die vielfachen Störungen der Planetenbahnen erwiesen sich nun als selbststabilisierend und kalkulierbar. Die Hypothese ‹Gott› glaubte er nicht mehr nötig zu haben, wie er zu Napoleon sagte. Unter diesem seinem Bewunderer war er für kurze Zeit sogar Innenminister Frankreichs! Bei Laplace war die Welt vollständig mechanisch determiniert, und Gott – falls es ihn gab – hatte höchstens die Möglichkeit, sie voraus- und zurückzuberechnen:

«Ein ‹Geist›, der für einen gegebenen Augenblick alle Kräfte kennen würde, die die Natur beleben, sowie die gegenseitige Lage der Wesen, aus denen sie besteht, und der überdies umfassend genug wäre, diese Gegebenheiten zu analysieren, könnte mit derselben Formel die Bewegungen der größten Weltkörper und die des kleinsten Atoms ausdrücken. Nichts wäre für ihn ungewiß, Zukunft und Vergangenheit lägen offen vor seinen Augen.»[138]

Zu dieser Zeit war die Einheit Naturwissenschaft/Technik, wie sie das 17. Jahrhundert als Programm gedacht hatte, schon aufgelöst. Hauptgründe waren:
– Der Niedergang der Aufklärung und ihrer Nützlichkeitsvorstellungen.
– Naturwissenschaftliche Erkenntnisse waren in der Tat selten so unmittelbar anwendbar, wie das 17. Jahrhundert geglaubt hatte.
– Die Naturwissenschaft hatte sich über die Vervollkommnung der Mechanik zu einem eigenen System entwickelt, das sich auch in der sozialen Rolle der Wissenschaftler nun von anderen, vor allem praktisch Tätigen absetzte.
– Die Entwicklung ganz neuer Erkenntnisbereiche, z. B. der Elektrizität, brachte genügend Grundlagenschwierigkeiten für die Wissenschaft selbst, unabhängig davon, wie schnell sich Anwendungsbereiche zeigten – z. B. die Blitzableitertechnik bald nach 1750. Die Technik selbst wurde immer komplexer und weniger überschaubar (Dampfmaschinen, Werkzeugmaschinen, Textiltechnik).

Welche symbolische Bedeutung Anfang des 19. Jahrhunderts der Stand der Himmelsmechanik sowie der übrigen Physik hatte, zeigt die Geburtsstunde einer ganz anderen Wissenschaft, der Soziologie, als Wissenschaft von der Gesellschaft. Auguste Comte, allgemein als ihr Begründer angesehen, glaubte an einen stufenweisen Fortschritt allen Wissens:

«Vermöge der Natur des menschlichen Geistes ist jeder Zweig unserer Kenntnisse notwendig bei seinem Entwicklungsgang gezwungen, folgeweise durch drei verschiedene theoretische Zustände zu gehen, den theologischen oder fiktiven Zustand, den metaphysischen oder abstrakten und endlich den wissenschaftlichen oder positiven ... Der dritte Zustand ist die endgültige Form jeder Wissenschaft.

Die beiden ersten haben nur die Aufgabe, ihn stufenweise vorzubereiten ... Diejenigen, denen der Entwicklungsgang der Wissenschaften vertraut ist, werden leicht die Genauigkeit dieser allgemeinen geschichtlichen Zusammenfassung verifizieren können, und zwar an den vier fundamentalen Wissenschaften, die gegenwärtig positiv geworden sind, der Astronomie, der Physik, der Chemie und der Physiologie, sowie an den mit ihnen verbundenen Wissenschaften.»[139]

Die Astronomie stand, dem Grade ihrer Exaktheit als Naturwissenschaft gemäß, an der Spitze der ‹positiven› Wissenschaften. Diese Exaktheit sollte aber für alles andere Wissen erreichbar sein, z. B. für die Soziologie, die von ihm auch direkt als «soziale Physik» definiert wurde.

Der ‹Positivismus› von Comte, der alle Wissenschaften in den gleichen Topf eines objektiven Fortschritts warf, wurde bald angegriffen. Das Problem einer linearen Fortschreibung des Wissens zeigte sich selbst bei seiner ‹positivsten› Wissenschaft, der Astronomie. Comte glaubte noch daran, daß es nie eine Physik der Sterne geben würde, da man auf diesen nicht experimentieren könne – daß also astronomische Methoden nur traditionell verbessert werden könnten. Die Spektralanalyse ab 1859 und die Weltraumfahrt ab 1957 widerlegten ihn.

In Vergleichen und Bildern verschiedener Kulturbereiche zeigte sich im 19. Jahrhundert die Führungsrolle der Astronomie – selbst in der kulinarischen Sphäre, die damit – natürlich in Frankreich – ihren Anspruch auf Begründung einer eigenen Wissenschaft ankündigte:

«Ich halte die Entdeckung eines neuen Gerichts, das unseren Appetit anregt und unseren Genuß verlängert, für ein weitaus interessanteres Ereignis als die Entdekkung eines neuen Sterns; man sieht derer ja sowieso genügend. Ich werde die Wissenschaften weder als ausreichend geehrt noch als angemessen vertreten betrachten ... solange ich nicht einen Koch in den ersten Reihen des Instituts sehe.»[140] [Das ‹Institut› war die Nachfolgeinstitution der Académie des Sciences].

Heute würden wohl eher die Atomphysik oder technische Entwicklungen wie das Auto als Kontrapunkt zur ‹Wissenschaft› vom Essen gewählt werden.

Auch in historischen Nachempfindungen des 19. Jahrhunderts zeigte sich die Bedeutung der Astronomie, speziell des Stolzes auf die copernicanische ‹Revolution› (Abb. 101).

Die Skepsis gegenüber zu simpler Auslegung des Fortschrittsbegriffs oder zu fixen mechanistischen Vorstellungen hat übrigens schon in der Aufklärung selbst begonnen. Vernunft und Gefühl bildeten in ihr starke Gegensätze. So war Rousseaus ‹Zurück zur Natur› als Gemütserlebnis, nicht als Erfahrungsanalyse gemeint. Einig dagegen war sich die Aufklärung im Lob eines tätigen Lebens – gegen die mittelalterliche Kontemplation. In diesen – breit diskutierten – Gegensätzen Vernunft und Gefühl spiegelt sich natürlich auch deren wichtige Rolle in weiten Bereichen des Bildungsdenkens – allerdings nur bei einer dünnen Schicht des gehobe-

101: Das 19. Jahrhundert und seine Identifikation mit der Geschichte. Das 19. Jahrhundert versuchte in allen Bereichen die Geschichte lebendig zu machen – auch in eklektischer Vielfalt der Epochen und Stilelemente, mitunter mit erstaunlichem Einfühlungsvermögen, wie der Weiterbau der gotischen Dome zeigt. Dieses Einfühlungsvermögen bezeugt auch die vorliegende Abbildung, die vom berühmten Populärastronomen Flammarion so geschickt auf den wissenschaftlichen Umbruch der frühen Neuzeit gerichtet wurde, daß sie bis vor ein paar Jahren weitgehend als Originalholzschnitt des 16. Jahrhunderts interpretiert wurde: Der neue Mensch durchbrach die begrenzte Welt des ptolemäischen Universums und erblickte neue Wunder (Holzstich, 1888).

nen Bürgertums (Abb. 102). Das niedere Bürgertum und Proletariat hatte noch keinen Anteil an Aufklärung und kaum Aufstiegschancen. Bezeichnend dafür ist ein Wort von Voltaire in einem Brief an den Physiker d'Alembert: Er habe nicht verlangt, Schuster und Dienstmägde aufzuklären. Dies überlasse er den Aposteln.[141]

Oft sind bei der Rezeption von Vernunft und Erfahrung in der Aufklärung Anregung durch die naturwissenschaftliche Methode und ihre Inhalte, Bewunderung und Kritik, ferner zumindest Zweifel an dem Glanz des erwarteten Fortschritts in einer Person vereint. So ist Jonathan Swifts Erzählung ‹Gullivers Reisen›, von 1726, durch die Entsprechung Fernrohr – Mikroskop mit angeregt worden. So wie mit diesen Instrumenten in der Natur, war auch im sozialen und politischen Bereich neues Wissen im ganz Großen und sehr Kleinen auffindbar: bei Riesen und Liliputanern. Die Spiegelbilder irdischer Zustände, die er den Lesern mit seinen Wunderländern vorhielt, verfolgen ähnliche Absichten wie schon manche Bilder Fontenelles 1686. Swift wollte mit diesem Abstand zur irdischen Realität über Selbstverständlichkeiten in der Gesellschaft nachdenklich machen. In seiner Geschichte über das Königreich Laputa karikierte er eine von technisch-wissenschaftlichem Denken ausschließlich beherrschte

102: Astronomie und Liebesgeschichte. Die Szene, die nach dem Singspiel von 1715 ‹Die Mathematiker oder Das Fräulein auf der Flucht› gestaltet wurde, zeigt die Popularität astronomischer Dispute in der Zeit der Aufklärung. Das Copernicanische Weltbild lag noch immer im Streit mit dem Ptolemäischen, jetzt aber schon auf der Ebene des Salonpublikums – im Rahmen einer Liebesgeschichte in einem Wirtshaus. Rechts verteidigt Doktor Urinaal die ptolemäische Lehre, indem er eine Weinflasche (= Erde) von Käse (= Mond) und Fischresten (= Sonne) umkreisen läßt. Seine rechte Hand weist auf das Porträt von Ptolemäus hin, das mit dem von Copernicus über der Tür hängt. In der Mitte vertritt Doktor Raasbollius die copernicanische Ansicht. Ein ruhender Schinken (= Sonne) wird von einer Weinflasche (= Erde) umkreist, um die sich wiederum ein Käse (= Mond) bewegt. Der Held des Stückes allerdings (links im hellen Licht) hat mit Astronomie nichts zu tun. Er genießt den Gelehrtenstreit zweier seiner Verfolger, um die im Haus versteckte Nichte des dritten (auf einen Stock gestützt) vor dem ausersehenen Bräutigam Raasbollius zu ‹retten› (Gemälde von C. Troost, 1791).

Gemeinschaft, speziell die Royal Society seines Heimatlandes (Abb. 103). Dieses Königreich war eine fliegende Insel über der Erde (schon das eine Anspielung auf ihre Realitätsferne) und recht fremdartig für Gulliver:

«Meine Betreuer hatten bemerkt, daß meine Kleider recht abgetragen waren, und so kam am nächsten Tag ein Schneider, um Maß zu nehmen. Er machte das ganz anders, als wir es in Europa gewohnt sind. Mit einem Quadranten stellte er mein Längenmaß und dann mit Hilfe von Zirkel und Richtstab Umfang und Umrisse

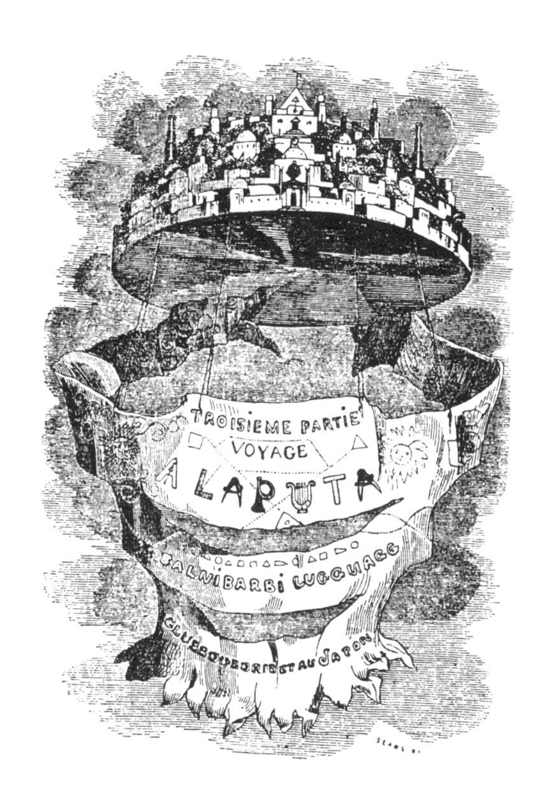

103: Die fliegende Insel Laputa als Karikatur der Royal Society. Swifts berühmte Geschichten um Gulliver waren wesentlich mehr als Kindermärchen – sie waren aktuelle Gesellschaftskritik. Die Reise nach Laputa brachte Gulliver in ein fliegendes Reich – schon das ein Hinweis auf seine Weltfremdheit –, in dem eine verschrobene Gesellschaft ausschließlich wissenschaftsbestimmten Bräuchen frönte. Das war eine Karikatur der berühmten Royal Society seines Heimatlandes (Zeichnung um 1838).

meines Körpers fest. Er notierte sich die Zahlen und brachte nach sechs Tagen die fertigen Kleider. Sie saßen sehr schlecht, denn er hatte bei seiner Kalkulation eine Zahl falsch aufgeschrieben. Ich tröstete mich damit, daß solche Fehler dort oft vorkommen und niemand sie weiter beachtet.»[142]

Die Problematik der Aufklärung kann man im deutschen Sprachbereich am besten in der Persönlichkeit des Aphorismen-Dichters, satirischen Schriftstellers und berühmten Professors für Experimentalphysik Georg Christoph Lichtenberg gespiegelt finden: Befriedigung in eigener wissenschaftlicher Tätigkeit und Fortschrittsglaube, auf der anderen Seite Kritik an der Hybris dieses Glaubens, Spott über dessen knöcherne Vertreter, leidenschaftliches Gefühl ‹im eigenen Teilhaben an der lebendigen Welt› und Verteidigen dieses Gefühls gegen die ‹Vernunft›. Lichtenberg stand zwischen radikaler Aufklärung und den schärfsten vorhandenen, zum Teil streng antinaturwissenschaftlichen Reaktionen darauf, der Entwicklung von Idealismus und Romantik in Deutschland. So spottete er über seine eigene Zunft:

«Die sogenannten Mathematiker von Profession [hier ist auch Mechanik, Optik, Astronomie mitgemeint] haben sich, auf die Unmündigkeit der übrigen Menschen gestützt, einen Kredit von Tiefsinn erworben, der viele Ähnlichkeit mit dem von Heiligkeit hat, den die Theologen für sich haben.»[143]

Und er philosophierte über die Grenzen der Naturwissenschaft:

«Wir können ein Hirsenkorn ungeheuer vergrößern; aber eine Sekunde Zeit können wir zu keiner Minute und zu keiner Viertelstunde machen. Das wäre vortrefflich, wenn man das könnte! Allein man sucht mehr die Zeit zu *verkleinern*, so sollte man sagen, statt *verkürzen*.»[144]

Die Karikaturen Swifts zeigen übrigens mit der Betonung auch astronomischer Instrumente (Quadrant) deren Bedeutung in der Wissenschaft dieser Zeit, speziell natürlich in der Wissenschaft Englands. Für England als Seemacht hatte die Astronomie schon länger äußerst nützliche politische und wirtschaftliche Konsequenzen. Die berühmteste Sternwarte der Neuzeit, in Greenwich bei London, wurde Ende des 17. Jahrhunderts vor allem zur Förderung der Kenntnis der Seenavigation eingerichtet. Sie wurde auch mit dem ansehnlichsten wissenschaftlichen Posten des Königreichs ausgestattet, dem ‹Royal Astronomer›. Die meisten großen Astronomen Englands haben diesen Titel getragen.

Für genaue Methoden zur Bestimmung der geographischen Länge auf See wurden in England Preise ausgesetzt. – Die astronomische Längenbestimmung hatte übrigens als Versuchsmethode schon lange Tradition. Auch Columbus versuchte so etwas 1494 und 1504 mit Hilfe von Mondfinsternissen, kam aber gerade zu einer Bestätigung seiner völlig falschen Annahme der Entdeckung Indiens! Längenprobleme hatten zur Zeit der portugiesisch-spanischen Entdeckungen in Amerika große navigatorische und auch unmittelbar politische Bedeutung. Die neuentdeckte Welt wurde z. B. zwischen Spanien und Portugal in zwei Besitzsphären aufgeteilt, die durch einen Erdmeridian getrennt waren.

Von den ausgesetzten Preisen für eine wirklich brauchbare Längenmessung auf See erhielt der Deutsche Tobias Mayer – allerdings erst nach seinem Tod 1762 – einen Teil für die entscheidende Verbesserung der Methode, Mondabstände zu bestimmten Fixsternen zu messen und auf Grund exakter Tafeln der Mondbewegung auszuwerten. Den auf See brauchbaren ‹Chronometer›, den schon Huygens glaubte konstruiert zu haben, schuf der Engländer John Harrison ab etwa 1730. Er wurde auch preisgekrönt. Doch erhielt die Uhr als Längenmeßinstrument auf See erst im 19. Jahrhundert größere Bedeutung. Zu vertraut waren zunächst astronomische Methoden für den Seemann – hier wurden mit dem Zwei-Höhen-Verfahren auch Möglichkeiten erschlossen, aus der Bestimmung der Breite zu verschiedenen Zeiten die Länge zu erhalten (ab der 1. Hälfte des 19. Jahrhunderts). Schließlich wurden alle Verfahren durch die Funknavigation ab 1910 abgelöst. Diese lieferte nun auf jedem Schiff exakte Zeitsignale eines Bezugsortes, gegenüber denen die Ortszeit auf See verglichen werden konnte. Nach 1940 wurde der Himmel noch weiter ausrangiert, durch die Radartechnik.

Das Fernrohr war für den Bereich Navigation nützlich, aber nicht entscheidend. Es revolutionierte jedoch die wissenschaftliche Astronomie so gründlich wie später noch einmal die Spektralanalyse.

Das Fernrohr hatte Pate gestanden für die ‹neue Wissenschaft› überhaupt. Mit ihm war es legitim geworden, technische Hilfsmittel auch in Naturbereichen einzusetzen, die den menschlichen Sinnen verschlossen waren. Seine weitere Entwicklung ist ein ausgezeichnetes Beispiel für die Rückwirkung wissenschaftlicher Interessen auf technische Entwicklungen, die gleichzeitig wieder fruchtbare Anregungen für andere wissenschaftliche Entwicklungen – hier vor allem in der Optik – gaben. So kam Newton sehr wahrscheinlich aus Ärger über die Farbfehler bei Linsenabbildungen zur Entdeckung der Zerlegung des Sonnenlichts in die Spektralfarben (1672 veröffentlicht). Der Glaube, daß diese Farbfehler nicht zu beseitigen wären, brachte ihn zu seiner berühmten Favorisierung des Spiegelfernrohrs. Aus der technischen Weiterentwicklung des Fernrohrs sproß letzten Endes auch die Spektralanalyse: So entdeckte Joseph Fraunhofer 1814 die berühmten dunklen – später nach ihm benannten – Linien im Sonnenspektrum bei der Suche nach exakten Meßmarken für Brechungsindex und Dispersion verschiedener Glassorten zur Linsenherstellung. Daraus entstand 1859 die Spektralanalyse irdischer und himmlischer Substanzen. Aus der Astromechanik wurde erst jetzt eine Astrophysik! Und gerade das hatte Auguste Comte für unmöglich gehalten: eine allgemein physikalische Untersuchung von Himmelskörpern – genauso unmöglich wie Aristoteliker 350 Jahre zuvor die ungeheure Weite des copernicanischen Sternenhimmels hielten. – Heute hat die Spektralanalyse auch große technische Bedeutung beim Nachweis geringster Substanzmengen erhalten. Ab dem 17. Jahrhundert wurde das Fernrohr außerhalb der Wissenschaft vor allem zu militärischen Zwecken eingesetzt (Abb. 104), etwa bei der Beobachtung von Truppenbewegungen. Ab dem 18. Jahrhundert erhielt die Landvermessung größere Bedeutung. Sie war ebenfalls militärisch wichtig – Napoleon z. B. interessierte sich sehr dafür – aber auch zivil. Um 1800 stammten die Einnahmen des Staates etwa in Bayern noch zum allergrößten Teil aus Grundsteuern!

Das feinmechanisch-optische Institut von G. von Reichenbach und J. von Utzschneider in München und Benediktbeuern stellte Geräte für solche Vermessungszwecke her. Es erhielt seinen großen wissenschaftlichen Namen unter der Mitinhaberschaft von Fraunhofer ab 1809.

104: Das Fernrohr außerhalb der Wissenschaft. Hier wird mit einem Fernrohr beobachtet. Die Stadt im Hintergrund ist möglicherweise Mainz, das der Schwedenkönig Gustav Adolf gerade 1631 eingenommen hatte. Darauf scheinen sich auch die verschlüsselten Verse zu beziehen (Kupferstich, 1632).

Ausblick in die Gegenwart

Von Immanuel Kant stammt das Wort:

«Zwei Dinge erfüllen das Gemüt mit immer neuer und zunehmender Bewunderung und Ehrfurcht, je öfter und anhaltender sich das Nachdenken damit beschäftigt: *der bestirnte Himmel über mir und das moralische Gesetz in mir.*» [145]

Für Kant war die ‹Copernicanische Wende›, noch ganz im Verständnis der Aufklärung, ein wesentlicher Einschnitt in der Menschheitsgeschichte. Allerdings verstand er sie nur noch als Teilentwicklung, als ‹Copernicanische Wende› zum Objekt. Im Gegensatz dazu hatten Rationalismus und Empirismus bis hin zum Materialismus diese Wende gerade als Endentwicklung der Menschheit betont. Kant wollte eine zweite ‹Copernicanische Wende› einleiten – zum Subjekt, zur Erörterung von dessen Erkenntnismöglichkeiten und Handlungsprinzipien in dieser Welt. Gesetzmäßigkeiten der Natur, wie am gestirnten Himmel besonders klar erfahrbar, und Gesetzmäßigkeiten im Menschen waren vergleichbar, aber nicht mehr symbolisch aufeinander beziehbar. Daraus entwickelte sich bald eine schroffe – von Kant nicht beabsichtigte – Trennung von rationalistisch-empiristischer Aufklärung und geisteswissenschaftlich be-

105: Der Sterngucker. Die Romantik betonte wieder das Unheimlich-Schauerlich-Magische an der Wissenschaft (Gemälde von C. Spitzweg um 1860).

stimmtem Idealismus (Abb. 105). Die Gegensätze Geisteswissenschaften – Naturwissenschaften oder auch Kultur – Zivilisation wurden dabei erst definiert und gerieten sofort in die bildungspolitische und sozialpolitische Auseinandersetzung – vor allem in Deutschland.

Der Kantsche Ausspruch wäre heute nicht mehr denkbar. Weder gestirnter Himmel über der Erde noch moralische Gesetze im Individuum erscheinen heute so entscheidend beim Nachdenken über die Welt. Industrielle Revolution als technisch-wirtschaftlich-sozialer Komplex im 19. Jahrhundert, Sozialismus-Marxismus und politische Oktoberrevolution 1917 sowie andere Entwicklungen haben die Ansatzmöglichkeiten auch des philosophischen und künstlerischen Denkens radikal verändert – radikaler vielleicht als die Französische Revolution zu Lebzeiten Kants ab 1789.

Das wird schon aus Äußerungen von Karl Marx im 19. Jahrhundert deutlich.

«Nehmen wir z. B. das Verhältnis der griechischen Kunst und dann Shakespeares zur Gegenwart. Bekannt, daß die griechische Mythologie nicht nur das Arsenal der griechischen Kunst, sondern ihr Boden. Ist die Anschauung der Natur und der gesellschaftlichen Verhältnisse, die der griechischen Phantasie und daher der griechischen Mythologie zugrunde liegt, möglich mit Selfaktors [Spinnmaschinen] und Eisenbahnen und Lokomotiven und elektrischen Telegraphen? Wo bleibt Vulkan gegen Robert et Co., Jupiter gegen den Blitzableiter und Hermes gegen den Crédit mobilier? Alle Mythologie überwindet und beherrscht und gestaltet die Naturkräfte in der Einbildung und durch die Einbildung; verschwindet also mit der wirklichen Herrschaft über dieselben ...» [146]

Noch ein Jahrhundert zuvor konnten Jupiter und Blitzableiter in antikmythologischer Symbolsprache zusammengesehen werden. Jean le Rond d'Alembert, berühmter französischer Physiker, Mitherausgeber der Französischen Enzyklopädie, der Bibel der Aufklärung, empfing 1783 den ersten Gesandten der unabhängig gewordenen Vereinigten Staaten von Amerika in der Französischen Akademie der Wissenschaften, Benjamin Franklin, mit folgenden Worten:

«Dem Himmel entriß er den Blitz, den Tyrannen das Zepter.» [147]

Franklin war Schriftsteller, Verleger, Politiker und berühmter Physiker, dessen Interesse an der Anwendung von Wissenschaft auch ein wesentliches Merkmal des pragmatischen Denkens der neuen selbstbewußten amerikanischen Gesellschaft war. Von ihm stammte der erste Vorschlag eines Blitzableiters. Er war aber auch Mitbegründer der ersten wirklich demokratischen Verfassung der Welt – gegen die ‹Tyrannei› der englischen Kolonialherren.

Ab Anfang des 20. Jahrhunderts erhielt Technik, d. h. zu einem wirtschaftlichen und damit politischen Faktor entwickelte Technik, einen immer höheren Stellenwert in der Gesellschaft. Auch okkupierte die technische Forschung immer mehr Gebiete der ‹reinen› Naturwissenschaft. Schließlich entstanden neue aufregende exakte Forschungsbereiche wie die Atomphysik. Das sind wesentliche Gründe für den Niedergang der Astronomie als Symbol in den gesellschaftlichen Vorstellungen.

Und welche Begründung gibt es für Astronomie als Großwissenschaft überhaupt noch? Sie ist ungeachtet ihrer Bedeutungseinbuße immer teurer geworden (Abb. 106). Sicher kann man nicht einfach auf ihren unmittelbaren Nutzen verweisen – das zeigt das Fehlen irgendeiner ‹astronomischen› Industrie. Aber die fruchtbaren Impulse, die von hier in die Grundlagen der Physik laufen – etwa über kosmologische Forschungen im ‹Großlabor› Weltraum –, ihre Rolle als Hilfswissenschaft in der Weltraumfahrt, ihre Aufgabe, unserem Verstand den Makrokosmos zugäng-

106: Computeranimation des weltgrößten Observatoriums mit vier Spiegelteleskopen von je 8 m (!) Durchmesser, das die ESO (European Southern Observatory) Ende der 90er Jahre auf dem Paranal in Chile in Betrieb nehmen will.

licher zu machen, insgesamt also die Möglichkeit, wieder einmal in der Geschichte ganz unerwartete, eventuell auch technisch relevante Erfahrungen zu machen, rechtfertigen doch einigen Aufwand – wenn man nicht allzusehr an kurzfristiger und damit kurzsichtiger Planung technischen Fortschritts hängenbleiben will.

(Literaturhinweis: Bernal, Blumenberg, Boll 1921, Drößler, Farrington, Fellmann, Griewank, Grundmann, Hobbes, Irmscher, Knight, Kunstverein, Mason, Matthias, McColley, Nelson, Smith, Vogt, Wagner.)

Anhang

Anmerkungen

1 Schroeder, Ronan, Henkel, Hartl.
2 Mason. Bernal. Matthias. Smith. Crombie. Hall M. B., Hall A. R.
3 Entscheidend sind Empfindlichkeit und Auflösungsvermögen, d. h. Sehschärfe des Auges. Letztere beträgt maximal etwa eine Bogenminute.
4 Freiesleben, S. 157.
5 Schaifers.
6 Krafft 1971, S. 116, 138, 215. Siehe auch Teske (unter pädagogischer Literatur).
7 Krafft 1971, S. 265 – auch zu Finsternissen.
8 Saltzer, S. 11, S. 101. Auch Plinius.
9 Herrmann, D. B. 1964.
10 Krafft 1972, S. 436/7. Saltzer.
11 Dreyer 1953, S. 92. Pedersen, O.: Early physics ..., S. 75.
12 Dreyer 1953, S. 94.
13 Neugebauer, Bd. 2, S. 679. Siehe dagegen Dreyer 1953, S. 100. Schiaparelli. Bei allen auch zu Mars und Venus und zu anderen Problemen des Eudoxus.
14 Hanson 1963. Dicks, S. 202. Neugebauer, Bd. 2, S. 679. Bechler.
15 Pedersen: Early Physics ..., S. 98/9.
16 Dijksterhuis 1956, S. 72/3.
17 Ptolemäus, Buch V, Kap. 13, Ende. Neugebauer, Bd. 2, S. 103f. Zu Aristarch siehe Kuhn 1957, S. 276–278.
18 Saltzer, S. 101.
19 Pedersen: Early Physics ..., S. 309.
20 Dreyer 1953. Price 1959.
21 Kuhn 1957, S. 275.
22 Krafft 1972, S. 447.
23 Porter.
24 Farrington.
25 Dreyer 1953, S. 190.
26 Fellmann, S. 62.
27 Copernicus 1981 (lateinische Vorlage), Buch 1, Kap. 10, drittletzter Absatz. Die deutsche Übersetzung stammt von H. Nobis.
28 Wirth.
29 Galilei 1891 (1632), Kap. 6.
30 Dreyer 1953, S. 361.
31 Dreyer 1953, S. 333f.
32 Zinner 1943, S. 216/7.
33 Bondi, S. 74.
34 Dreyer 1953, S. 339.
35 Bialas 1973, S. 350. Sterne und Weltraum, Bd. 2, 1973, S. 39 (Vergleich zwischen Copernicus und Moderne)
36 Dreyer 1953, S. 357/8.
37 Dreyer 1963, S. 316/7.
38 Dreyer 1953, S. 365.
39 Krafft u. a. 1973, S. 175.
40 Kepler-Kommission 1971 (Haase, R.: Fortsetzungen der Keplerschen Weltharmonik), Ovenden.
41 Krafft u. a. 1973, S. 55f.
42 Kepler 1929 (1609), S. 247 (Kap. 40). Zum Problem Radiensatz – Flächensatz siehe Max Caspar in: Kepler 1929, S. 44f.
43 Kepler 1929 (1609), S. 345 (Kap. 58).
44 Kepler 1929 (1609), S. 33.
45 Kepler 1937ff. Bd. 15, S. 146 (lateinischer Brief an Herwart von Hohenburg, 10. 2. 1605).
46 Kepler 1939 (1619), Buch V, S. 291.
47 Krafft u. a. 1973, S. 252–254, Fig. 4. Neugebauer 1975, Bd. 2, S. 896.
48 Krafft u. a. 1973, S. 249/250.
49 Galilei 1891 (1632), S. 370
50 Wolf 1890–93, § 268.
51 Whiteside 1964/5, 1970. Newtons erste Ableitung siehe Herivel, S. 195–197.
52 Newton 1872 (1687), S. 385.
53 Herivel, S. 68/69, S. 74–76.
54 Doig, S. 82. Whiteside 1970, S. 6 oben, S. 11/12.
55 Newton 1872 (1687), S. 657 und Anmerkung 332 dort. Krafft 1975, S. 795. Jaki 1969. Jaki 1972, S. 153. Für die modernen Theorien siehe Mitton 1978, S. 385.
56 Zitiert nach Petri, W. in: Naturwissenschaftlicher Verein Regensburg, S. 76 (Kepler, 1937ff. Bd. VII: Epitome Astronomiae Copernicanae 1618–21, S. 75).
57 Galilei 1891 (1632), S. 400.
58 Bessel 1848, S. 239 oben.
59 Mach 1921, S. 32/3.
60 Ketteler. Pedersen, K. M.: Theories ...; vgl. Anm. 108!
61 Küstner. Harkness.
62 Zinner 1943, S. 394.
63 Bessel 1876, Bd. 2, S. 220.
64 Die modernen Werte im folgenden aus Jenkins, L. F.: General catalogue of tri-

gonometric stellar parallaxes. Yale University Observatory 1952.
65 Für die völlige Gleichberechtigung von ruhender oder bewegter Erde aus der Sicht der Allgemeinen Relativitätstheorie siehe Planck, M.: Die Relativitätstheorie Einsteins. Berlin 1922, S. 250–52. Siehe dagegen Buchheim.
66 Doppler 1907 (1842). Hermann 1964, Thiele. Brosche. Kayser.
67 Küstner. Vaucouleurs, S. 159, 199.
68 Neugebauer, Bd. 2, S. 678; Bd. 3, S. 1092.
69 Balss, S. 231.
70 Newton 1872 (1687), Buch 3, Abschnitt 1.
71 Aristoteles 1949–1959, Bd. 4/1: Physikalische Vorlesung. Buch VII, 1. Allerdings gab es eine Einschränkung für die Bewegung des Himmels.
72 Aristoteles 1950. Vom Himmel.
73 Buridan, S. 228. Grant, S. 500–502. Dijksterhuis.
74 Oresme, S. 507 rechte Spalte; französisch, S. 530.
75 Oresme, S. 531.
76 Oresme, S. 537/8.
77 Dijksterhuis, S. 349/350.
78 Zitiert nach Schimank 1964, S. 103 (1. Zitat aus Kepler: Fundamenta astrologiae certiora, 1602. 2. Zitat aus Kepler: Antwort auf Dr. Helisai Röslin Diskurs).
79 Zum historischen Problem des freien Falls von einem Schiffsmast siehe Ariotti 1972, Massa.
80 Galilei 1891 (1632), S. 465, 483.
81 Mittelstrass.
82 Plinius, Kap. 99, § 212. Kepler 1937 ff., Bd. 13, S. 193 (Brief an Herwart von Hohenburg 1598). Kepler 1937 ff., Bd. 3, S. 26 (Astronomia nova 1609). Zu Galilei siehe Galilei 1891 (1632), S. 452. Shea. Burstyn 1962. Grammel. Aiton 1965. Zu Descartes siehe Aiton 1955.
83 Stevin, Bd. 3, S. 179 (englische Übersetzung S. 333).
84 Galilei 1973 (1638), S. 57–59. Koyré 1955.
85 Galilei 1973 (1638), S. 65. Brüche (Klemm), S. 70 f.
86 Dijksterhuis, S. 316 – dort über Stevin 1586.
87 Galilei 1890–1909, Bd. 6 (Il Saggiatore, 1623).
88 Damerov, Drake 1973, Naylor, Teichmann.
89 Newton 1872 (1687), S. 32. Russell.
90 Jammer 1964, S. 64. Dijksterhuis, S. 409.
91 Dijksterhuis, S. 522 f. Herivel, S. 141, Axiom 3 f. Losee, S. 165/6. Dolby.
92 Losee, S. 165/6. Hanson 1972.
93 Blackwell. Jammer 1964, S. 62. Herivel, S. 3 (zu Newton), S. 52.
94 Drake in Seibold (Brief von Galilei an Sarpi 1604).
95 Klemm, F. und H. Schimank (Hrsg.): Julius Robert Mayer zum 150. Geburtstag. Abhandlungen und Berichte des Deutschen Museums, Bd. 33, 1965, Heft 3, S. 13.
96 Burstyn 1965. Dijksterhuis, S. 411.
97 Kepler 1937 f, Bd. 15, S. 241 (Brief an Fabricius, 11. 10. 1605).
98 Richer.
99 Wolf, 1890–93, § 449. Histoire de l'Académie Royale des Sciences, 1706, S. 124. Allerdings war der Wert 9,5″ aus der damaligen Beobachtungsgenauigkeit nicht sicher zu erschließen (s. Helden 1985).
100 Jammer 1964, S. 77.
101 Olmsted.
102 de Mairan.
103 Burstyn 1966. Geppert. Benzenberg. Bartels, S. 302.
104 Meyers Konversationslexikon. Leipzig und Wien 1897. Stichwort Erde.
105 Pohl, R. W.: Mechanik. Berlin u. a. 1959, S. 95. Waetzmann, E. (Müller-Pouillet), S. 494/495. Bartels, S. 22. Siehe für den Einfluß bei Strömungen Einstein, A. in: Naturwissenschaften, Bd. 14, 1926; auch in: Mein Weltbild. Frankfurt/Berlin 1965, S. 166.
106 Hagen, S. 9 (Brief von Newton an Hooke, 28. 11. 1679).
107 Foucault in Recueil (s. Foucault 1878), S. 379/80.
108 Kurzbericht über 2 Abhandlungen von Lorentz, H. A. in: Astronomischer Jahresbericht, Bd. 1, 1900, S. 77/78.
109 Vaucouleurs. Spencer. Essen. Dungen.
110 Aristoteles 1949–59, Bd. 5: Metaphysik, Buch 5, 1 (S. 191/2).
111 Bacon 1962 (1620), 1. Buch, § 66 (S. 70).
112 Balss, S. 115 (Cicero: De natura deorum, Buch II, Kap. 16, § 44). Siehe dazu Aristoteles 1949–59, Bd. 4/1: Physik, Buch 7 (241 b 24, 243 a Mitte). Zu dem Problem: «Sich selbst Bewegendes» = «göttlich» und zum «ersten Beweger» gibt es bei Aristoteles selbst Widersprüchliches, siehe Aristoteles 1949–59, Bd. 4/2: Über den Himmel, S. 5.
113 Bacon 1962 (1620), S. 19–22.
114 Aristoteles 1949–59, Bd. 5: Metaphysik, Buch 12,3 Ende. Die verschiedenen Kennzeichen antiken Denkens sind – z. T. abgewandelt – einem Manuskript von H. Brack entnommen.
115 Plato: Klassische Dialoge. Phaidon/

Symposion/Phaidros. Übersetzung von R. Rufener. München 1975 (dtv-Taschenbuch), hier Phaidon z. B. 16–17 (65c–66e), S. 69 (96d–97b).

116 Proklos: Euklid-Kommentar, 1. Teil des Prologs. In: Becker, O.; Grundfragen der Mathematik in geschichtlicher Entwicklung. Frankfurt 1975 (suhrkamp Taschenbuch).

117 Xenophon 1956, Oikonomikos § 4, S. 249.

118 Farrington, S. 21.

119 Plutarch: Große Griechen und Römer. Einleitung und Übersetzung K. Ziegler. Bd. 1–6. Zürich/Stuttgart 1955. Hier Bd. 3: Pelopidas und Marcellus, § 14, S. 317/8.

120 Aristoteles Werke. Herausgeber C. N. v. Osiander und G. Schwab. Hier: Acht Bücher vom Staate. Stuttgart 1856. Übersetzung von C. Fr. Schnitzer. Hier Buch I, 4. S. 360 (vgl. I, 5). Siehe auch Aristoteles: Politik. Herausgegeben und übersetzt von O. Gigon. München 1973 (dtv-Taschenbuch).

121 Vogt, S. 10.

122 Wolf, R., 1890–93, Bd. 1, § 306 d, S. 605.

123 Kepler 1930, Bd. 1, S. 90 (Brief an Herwart von Hohenburg, 16. 12. 1598).

124 Zitiert nach Blumenberg 1964, S. 346, Fußnote 2 (aus Freud, S.: Werke, Bd. 12, S. 6f). Auch in: Blumenberg, 1965, S. 159.

125 Siehe auch Klemm, F.: Zur Kulturgeschichte der Technik. München 1979 (Reihe Kulturgeschichte der Naturwissenschaften und Technik, Bd. 1), S. 165–186. Krankenhagen, G. und H. Laube: Wege der Werkstoffprüfung. München 1979 (wie oben, Bd. 3), S. 20/1.

126 Griewank.

127 Dijksterhuis, S. 310.

128 Bacon 1962, S. 21–22.

129 Bacon 1962, (§ 95), S. 106.

130 Galilei 1890–1909, Bd. 6, S. 232 (Il Saggiatore, 1623).

131 Fontenelle, S. 122, S. 83/4.

132 Zitiert nach Petri, W. in: Naturwissenschaftlicher Verein, S. 77, vgl. Anmerkung 69.

133 Galilei 1891 (1632), S. 40.

134 Zitiert nach Kleinert, A.: Die allgemeinverständlichen Physikbücher der französischen Aufklärung. Sauerländer, Aarau 1974, hier S. 29.

135 Maurice, Bd. 1, S. 13 (dort Anmerkung 28).

136 Voltaire (1759), S. 12.

137 Voltaire: Eléments de la philosophie de Newton. Paris 1738 (englische Übersetzung im gleichen Jahr, Nachdruck London 1967).

138 Laplace, P. S.: Essai philosophique sur les probabilités (1814). In: Les maîtres de la pensée scientifique. Bd. 1, Paris 1921, S. 3. Eine deutsche Übersetzung auch in Sambursky, S. 462.

139 Comte, A.: Plan der wissenschaftlichen Arbeiten, die für eine Reform der Gesellschaft notwendig sind (1822). Deutsche Übersetzung von W. Ostwald (1914). München 1973, S. 74–76 (Hanser-Taschenbuch).

140 Brillat-Saverin, A.: Physiologie des Geschmacks. München 1976 (Heyne-Taschenbuch), hier S. 331. Französische Vorlage Paris 1825.

141 Nach Schimank, H. in: Ewald, O: Die französische Aufklärungsphilosophie. München 1924, S. 67 und S. 163, Anmerkung 79 dort.

142 Swift 1958 (1726), S. 246.

143 Lichtenberg, G. Ch.: Sudelbücher II. In: Schriften und Briefe. München: Hanser 1968f. Hier Bd. 2, 1971, S. 422 (K 129).

144 wie Anmerkung 143, S. 526 (L 925).

145 Kant, I.: Werke (herausgegeben von W. Weischedel). Hier Bd. 4. Frankfurt: Insel-Verlag 1956, S. 300 («Kritik der praktischen Vernunft – Beschluß»).

146 Zitiert nach Born, N. und H. Schlaffer (Hrsg.): Literaturmagazin 6, Die Literatur und die Wissenschaften. Rowohlt, Reinbek 1976, S. 90 (Marx, K.: Einleitung zur Kritik der politischen Ökonomie).

147 Hoppe, E.: Geschichte der Physik. Braunschweig 1926 (Nachdruck 1965), S. 364. Benz, E.: Theologie der Elektrizität. Mainz 1970, S. 20.

Literatur

Werke in Klammern wurden nicht eingesehen, z. B. (London [1]1962). Kurze Kommentarsätze geben bei manchen Werken Hinweise auf ihre Verwendbarkeit. Ein Stern vor dem Namen bedeutet, daß dieses Werk zur allgemeinen Weiterinformation besonders nützlich ist. Die nur für biographische Angaben verwendeten Spezialwerke bzw. Artikel wurden nicht aufgeführt.

Aiton, E. J.: *Descartes's theory of the tides.* In: Annals of science, Bd. 11, 1955, S. 337–348.

Aiton, E. J.: *The Cartesian theory of gravity.* In: Annals of science, Bd. 15, 1959, S. 27–49.

Aiton, E. J.: *Galileo and the theory of the tides, comments.* In: Isis, Bd. 56, 1965, S. 56–63. Ferner in: Annals of science, Bd. 10, 1954, S. 44–57.

Aiton, E. J.: *The vortex theory of planetary motions.* London und New York 1972. Vorarbeiten auch in: Annals of science, Bd. 13, 1957, S. 249–264; Bd. 14, 1958, S. 137–147, S. 157–172.

Andersson, G.: *The Tower Experiment and the Copernican Revolution.* In: Internat. Studies in the Philosophy of Science, Bd. 5 (1991), S. 143–152.

Arafat, W., und H. J. J. Winter: *The light of the stars – a short discourse by Ibn Al-Haytham.* In: The British Journal of the history of science, Bd. 5, 1971, Teil 3, S. 282–288.

Ariotti, E.: *Aspects of the conception and development of the pendulum in the 17th century.* In: Archive for the history of exact sciences, Bd. 8, 1972, S. 329–410.

Ariotti, E.: *From the top to the foot of a mast of a moving ship.* In: Annals of science, Bd. 28, 1972, S. 191–203.

Ariotti, E., und J. Marcolongo: *The law of illumination before Bouguer* (1792): *statement, restatements and demonstration.* In: Annals of science, Bd. 33, 1976, S. 331–340.

Aristoteles: *Die Lehrschriften.* Herausgegeben und übersetzt von P. Gohlke. 9 Bde., Paderborn: Schöningh 1949–1959. Hier Bd. 1: *Aristoteles und sein Werk.* Bd. 4 (5 Teile): *Physikalische Vorlesung, Über den Himmel/Werden und Vergehen, Meteorologie, Über die Welt/An Alexander. Kleine Schriften zur Physik und Metaphysik.* Bd. 5: *Metaphysik.* Bd. 7, Teil 4: *Politik.*

Aristoteles: *Vom Himmel – Von der Seele.* Deutsche Übersetzung von O. Gigon. [2]München 1987.

Aristoteles: *Werke.* Herausgegeben von E. Grumach, fortgeführt von H. Flashar. Bd. 12, Teil I, *Meteorologie.* Teil II, *Über die Welt.* Deutsche Übersetzung von H. Strohm. Berlin (Ost): Akademie-Verlag 1970. [3]1984.

Bachmann, E.: *Wer hat Himmel und Erde gemessen?* [2]München 1965.

Bacon, F.: *Neues Organon.* (Lateinisch-deutsch) Hamburg 1990.

* Balss, H. (Hrsg. und Übers.): *Antike Astronomie* (zweisprachig). München 1949.

Bartels, J. (Hrsg.): *Geophysik.* Frankfurt am Main 1966 (Fischer-Taschenbuch).

Bechler, Z.: *Aristoteles corrects Eudoxus.* In: Centaurus, Bd. 15, 1970, S. 113–123.

Becker, F.: *Geschichte der Astronomie.* Mannheim [4]1980 (Hochschultaschenbuch). ([1]Bonn 1946).

Becker, O.: *Grundlagen der Mathematik in geschichtlicher Entwicklung.* Frankfurt [4]1990 (Suhrkamp-Taschenbuch).

Benzenberg, J. F.: *Versuche über das Gesetz des Falls, über den Widerstand der Luft und über die Umdrehung der Erde, nebst der Geschichte aller früheren Versuche von Galilei bis auf Guglielmini.* Dortmund 1804.

Berger, H.: *Geschichte der wissenschaftlichen Erdkunde der Griechen.* Leipzig 1903. Nachdruck Berlin 1966.

Bernal, J. D.: *Sozialgeschichte der Wissenschaften.* 4 Bde. Reinbek 1978 (rororo-Taschenbuch). (Englische Vorlage 1954).

Bertele, H. v.: *Präzisions-Zeitmessung in der Vor-Huygensschen Periode.* In: Blätter für Technikgeschichte, H. 16, 1954.

Bessel, F. W.: *Populäre Vorlesungen über wissenschaftliche Gegenstände.* Herausgegeben von H. C. Schumacher, Hamburg 1848.

Bessel, F. W.: *Abhandlungen.* Herausgegeben von R. Engelmann. 3 Bde., Leipzig 1876.

Bialas, V.: *Der Streit um die Figur der Erde. Zur Begründung der Geodäsie im 17. und 18. Jh.* (Bayer. Akademie der Wissenschaften). München 1972.

Bialas, V.: *Die Planetenbeobachtungen des Copernicus. Zur Genauigkeit der Beobachtungen und ihre Funktion in seinem Weltsystem.* In: Philosophia Naturalis, Bd. 14, H. 3/4, 1973, S. 328–352.

Bialas, V.: *Erdgestalt, Kosmologie und Weltanschauung. Die Geschichte der Geodäsie,* Stuttgart 1982.

Bialos, V.: *Die Geodäsie und ihre Geschichte – wissenschaftstheoretische Aspekte.* Deutsche Geodätische Kommission bei der Bayer. Akad. d. Wiss. Reihe E, Heft Nr. 22, München 1984.

Birett, H.: *Zur Vorgeschichte der Newtonschen Theorie der Gezeiten.* In: Birett H., K. Helbig u. a. (Hrsg.): *Zur Geschichte der Geophysik.* Berlin u. a. 1974.

Blackwell, R. J.: *Descartes' laws of motion.* In: Isis, Bd. 57, 1966, Teil 2, S. 220–234.

Blair, A.: *Tycho Brahe's Critique of Copernicus and the Copernican System.* In: Journal of the History of Ideas, Bd. 51 (1990), S. 355–377.

* Blumenberg, H.: *Kopernikus im Selbstverständnis der Neuzeit.* Abhandlungen der Geistes- und Sozialwissenschaftlichen Klasse der Akademie der Wissenschaften und Literatur in Mainz, Jahrgang 1964, Nr. 5, S. 339–368.

* Blumenberg, H.: *Die kopernikanische Wende.* Frankfurt a. M. 1985 (Edition Suhrkamp).

* Blumenberg, H.: Das Fernrohr und die Ohnmacht der Wahrheit. Einführung zu Galileo Galileis *Sidereus Nuncius, Nachricht von neuen Sternen. Dialog über die Weltsysteme* (Auswahl) ... Frankfurt 1965. (Das Verhältnis von Instrument, Experiment und Hypothese am Beginn der Neuzeit)

Blumenberg, H.: *Die Genesis der kopernikanischen Welt.* Frankfurt 1975. (Aus mehr philosophiegeschichtlicher Warte)

Boll, Fr.: *Sphaera. Neue griechische Texte und Untersuchungen zur Geschichte der Sternbilder.* Leipzig 1903. Nachdruck Hildesheim 1967.

Boll, Fr.: *Die Entwicklung des astronomischen Weltbildes in Zusammenhang mit Religion und Philosophie.* Leipzig, Berlin 1921.

Bondi, H.: *Mythen und Annahmen in der Physik.* Göttingen 1971 (Vandenhoeck Taschenbuch).

Bradley, J.: *A letter from the Reverend Mr. James Bradley Savilian Professor of Astronomy at Oxford, and F. R. S. to Dr. Edmond Halley Astronom. Reg. & c. giving an account of a new discovered motion of the fix'd stars.* In: Philosophical Transactions für 1728, S. 637–661 (gelesen und veröffentlicht 1729, neue Zeitrechnung).

Bronsart, H. von: *Kleine Lebensbeschreibung der Sternbilder.* Stuttgart 1963.

Brosche, P.: *Ein Vorläufer Christian Dopplers.* In: Physikalische Blätter, Bd. 33, März 1977, S. 124–129.

Brosche, P., und J. Sundermann (Hrsg.): *Tidal Friction and the Earth's Rotation.* Berlin u. a. 1978.

Brüche, E. (Hrsg.): *Sonne steh still. 400 Jahre Galileo Galilei.* Mosbach 1964.

Bruhns, C.: *Die astronomische Strahlenbrechnung in ihrer historischen Entwicklung.* Leipzig 1861.

Bruxelles, Université libre de (Hrsg.): *Le Soleil à la Renaissance. Sciences et Mythes.* Colloque International 1963. Brüssel, Paris 1965.

Buchheim, W.: *Die kopernikanische Wende und die Gravitation.* Sitzungsberichte der Sächsischen Akademie der Wissenschaften zu Leipzig, mathematisch-naturwissenschaftliche Klasse. Bd. 111, H. 5, 1975.

Buridan, J.: *Quaestiones. Super Libris Quattuor de Caelo et Mundo.* Herausgegeben von E. A. Moody. Cambridge, Mass. 1942.

Burke, J. G.: *Descartes on the refraction and the velocity of light.* In: American Journal of Physics, Bd. 34, S. 390–400.

Burstyn, H. L.: *Galileos attempt to prove that the earth moves.* In: Isis, Bd. 53, 1962, S. 161–185. (Eine weitere Bemerkung in Isis, Bd. 56, 1965, S. 61–63)

Burstyn, H. L.: *The deflecting force of the earth's rotation from Galileo to Newton.* In: Annals of science, Bd. 21, 1965, S. 47–80.

Burstyn, H. L.: *Early explanations of the role of the earth's rotation in the circulation of the atmosphere and the ocean.* In: Isis, Bd. 57, 1966, Teil 2, S. 167–187.

Buschmann, E.: *Gedanken über die Geodäsie.* Vermessungswesen bei Konrad Wittwer, Band 22, Stuttgart 1992.

Buschmann, E. (Hrsg.): *Aus Leben und Werk von Johann Jacob Baeyer.* Frankfurt/M. 1994.

Cassini, J. D.: *Histoire abrégée de la parallaxe du soleil.* Paris 1772.

Cicero, T. M.: *Scripta quae manserunt omnia. Leipzig 1905.* Darin: *De re publica,* S. 271–379.

Clark, D. H., und F. R. Stephenson: *The historical supernovae.* Oxford 1977.

Clerke, A. M.: *Geschichte der Astronomie während des 19. Jahrhunderts.* Deutsche Übersetzung von H. Maser. Berlin 1889.

(Englische Vorlage [1]London 1885)

(Copernicus) Coppernicus, N.: *Über die Kreisbewegungen der Weltkörper.* Übersetzung von C. L. Menzzer. Thorn 1879. Nachdruck Leipzig 1939. Eine zweisprachige Ausgabe des ersten Buches wurde von G. Klaus herausgegeben. Berlin-Ost 1959.)

(Copernicus) Koppernicus, N.: *Erster Entwurf seines Weltsystems (um 1510).* München 1948. Neudruck Wissenschaftliche Buchgesellschaft, Darmstadt 1974. Zweisprachige Ausgabe Deutsch-Lateinisch von F. Rossmann mit ausführlichem Kommentar. Beigegeben Betrachtungen des Aristoteles zur Ruhe und Kugelgestalt der Erde (griechisch; deutsche Übersetzung von J. Kepler nach 1611). Neue Übersetzung Hamburg 1990.

(Copernicus) Coppernicus, N.: *Gesamtausgabe.* Im Auftrage der Kommission für die Copernicus-Gesamtausgabe herausgegeben von H. M. Nobis. Bd. 1: *De Revolutionibus.* Faksimileband, Hildesheim 1974. Bd. 2: *De Revolutionibus.* Kritischer Text bearb. von H. M. Nobis und B. Sticker. Hildesheim 1984. Bd. 6.1: Briefe 1994.

Cotter, Ch. H.: *A history of nautical astronomy.* London 1968.

* Crombie, A. C.: *Von Augustinus bis Galilei. Die Emanzipation der Naturwissenschaft.* München 1977 (dtv-Taschenbuch). Deutsche Übersetzung von H. Hoffmann (Teil 1) und H. Pleus (Teil 2). (Englische Vorlage 1959)

Damerov, P. u. a.: *Exploring the Limits of Preclassical Mechanics.* New York u. a. 1992 (S. 126–264 ausführlich über die bisherige Forschung zum freien Fall bei Galilei).

Davies, A. C.: *The life and death of a scientific instrument: the Marine Chronometer,* 1770–1920. In: Annals of science, Bd. 35, 1978, S. 509–525.

Delambre, J. P. J.: *Base du Système Métrique décimale.* Paris 1806–1810.

Dicks, D. R.: *Early Greek astronomy to Aristotle.* Ithaca, New York 1970.

Dijksterhuis, E. J.: *Die Mechanisierung des Weltbildes.* Berlin/Göttingen/Heidelberg 1956. Nachdruck 1983. (Ausgezeichnete Einführung in den Problemkreis)

* Dijksterhuis, E. J.: *The origins of classical mechanics.* In: Clagett, M. (Hrsg.): *Critical problems in the history of science.* Madison, Wisc. 1959, hier S. 163–184.

Doig, P.: *A concise history of astronomy.* London 1950.

Dolby, R. G. A.: *A note on Dijksterhuis' criticism of Newton's Axiomatization of mechanics.* In: Isis, Bd. 57, 1966, S. 108–115.

Doppler, Ch.: *Abhandlungen (1842–1852).* Ostwald's Klassiker Nr. 161, Leipzig 1907. Darin: *Ueber das farbige Licht der Doppelsterne und einiger anderer Gestirne des Himmels.* 1842.

Drake, St.: *Galileo's first telescopic observations.* In: Journal for the history of astronomy, Bd. 7, 1967, S. 153–168.

Drake, St.: *Galileo's theory of the tides.* In derselbe: *Galileo Studies.* Ann Arbor, 1970, S. 200–213.

Drake, St.: *Galileo's experimental confirmation of horizontal inertia: Unpublished manuscripts.* In: Isis, Bd. 64, 1973, S. 291–305.

Drake, St.: *A History of Free Fall – Aristotle to Galileo.* 1989.

* Dreyer, J. L. E.: *A history of astronomy from Thales to Kepler.* Rev. Ausgabe New York 1953. Davon 2. A. ohne Jahresangabe.

* Dreyer, J. L. E.: *Tycho Brahe.* Nachdruck New York 1963 ([1]1890). Deutsche Übersetzung Karlsruhe 1894. Nachdruck Wiesbaden 1972. (Immer noch das beste Werk zu Tycho Brahe)

Drößler, R.: *Als die Sterne Götter waren. Sonne, Mond und Sterne im Spiegel von Archäologie, Kunst und Kult.* Leipzig 1976.

Dürer, A.: *1471 Albrecht Dürer 1971.* Katalog der Ausstellung des Germanischen Nationalmuseums Nürnberg. 21. Mai bis 1. August 1971. [3]München 1971.

Duhem, P.: *Ziel und Struktur der physikalischen Theorien.* Leipzig 1908. (Französische Vorlage 1906)

Duhem, P.: *To save the phenomena. An essay on the idea of physical theory from Plato to Galileo.* Übersetzung aus dem Französischen von E. Doland und Ch. Maschler. Chicago und London 1969. (Französische Vorlage Paris 1908)

van den Dungen, F. H. u. a.: *Seasonal fluctuations in the rate of rotation of the earth.* In: Vistas in astronomy, Bd. 2, 1956, S. 834–842.

Eilers, W.: *Sinn und Herkunft der Planetennamen.* München 1976. (Bayerische Akademie der Wissenschaften – Sitzungsberichte der Philosophisch-historischen Klasse. Jg. 1975, H. 5.)

Eötvös, R.: *Experimenteller Nachweis der Schwereänderung, die ein auf normal geformter Erdoberfläche in östlicher und westlicher Richtung bewegter Körper durch diese Bewegung erleidet.* In: Annalen der Physik, Bd. 59, 1919, S. 743–752.

Essen, L.: *The measurement of time.* In: Vistas in astronomy, Bd. 11, 1969, S. 45–67.

Farrington, B.: *Head and hand in ancient Greece. Four studies in the social relati-*

ons of thought. London 1947.
Farrington, B.: *Greek Science. Its Meaning for Us.* 1981.
* Fellmann, F.: *Scholastik und kosmologische Reform.* Beiträge zur Geschichte der Philosophie und Theologie des Mittelalters. Neue Folge, Bd. 6, Münster 1971.
Ferrari d'Occieppo, K.: *Der Stern der Weisen – Geschichte oder Legende?* [2]Wien/München 1977.
Fierz, M.: *Über den Ursprung und die Bedeutung der Lehre Isaac Newtons vom absoluten Raum.* In: Gesnerus, Bd. 10, 1953, S. 62–120.
Fontenelle, Bernard Le Bovier de: *Dialoge über die Mehrheit der Welten.* Deutsche Übersetzung von J. E. Bode, Berlin 1798, Nachdruck Weinheim 1983 (Französische Vorlage Paris [1]1686)
Forbes, E. G., u. a. (Hrsg.): *Greenwich Observatory.* 3. Bde. London 1975.
Foucault, L.: *Demonstration physique du mouvement de rotation de la terre au moyen du pendule.* In: derselbe: Recueil des travaux scientifics. Paris 1878, S. 378–391. Aus: Comptes rendus, Bd. 32, 1851, S. 135 f. Nachdruck Osnabrück 1972. Deutsche Übersetzung in: Annalen der Physik, Bd. 82, 1851, S. 458 f.
* Freiesleben, H.-Chr.: *Geschichte der Navigation.* Wiesbaden [2]1978.
Furtwängler, Ph.: *Versuche zum mechanischen Nachweis der Erdrotation.* In: Encyclopädie der mathematischen Wissenschaften, Bd. IV, 2. Teilband, Art. 7. Leipzig 1904, S. 49–61.
Galilei, G.: *Le Opere di Galileo Galilei.* Edizione Nazionale, Hrsg. A. Favaro. 20 Bde. (Florenz 1890–1909). [3]Florenz 1964.
Galilei, G.: *Dialog über die beiden hauptsächlichen Weltsysteme, des Ptolemäische und das Copernicanische.* Deutsche Übersetzung. Leipzig 1891. (Italienische Vorlage 1632) Nachdruck Stuttgart 1982.
Galilei, G.: *Unterredungen und mathematische Demonstrationen über zwei neue Wissenszweige, die Mechanik* (besser: Technik) *und die Fallgesetze* (besser: Ortsbewegung) *betreffend.* Deutsche Übersetzung Leipzig 1890–1904. Ostwald's Klassiker Bd. 11, 24, 25. Nachdruck Darmstadt 1973. (Italienische Vorlage Leiden 1638)
Geppert, H.: *Nachweis der Erdrotation.* In: Gauss, C. F.: Werke. Berlin 1922–33, hier Band 10/2, S. 3–16.
Gerlach, W. und M. List: *Johannes Kepler. Dokumente zu Leben und Werk.* München 1971.
Garthe, C.: *Foucault's Versuch als direkter Beweis der Achsendrehung der Erde, angestellt im Dom zu Köln ...* (Köln 1852). Nachdruck Wiesbaden 1969.
Göbel, E.: *2000 Jahre 'Stern von Bethlehem'.* In: Star Observer, 1994, No. 6, S. 20–26.
Grammel, R.: *Das System der mechanischen Beweise für die Bewegung der Erde.* In: Die Naturwissenschaften, Bd. 9, 1921, S. 623–629; S. 643–647; S. 660–665.
Grammel, R.: *Die mechanischen Beweise für die Bewegung der Erde.* Berlin 1922.
Grant, E. (Hrsg.): *A Source-Book in Medieval Science.* Cambridge, Mass. 1974.
Griewank, K.: *Der neuzeitliche Revolutionsbegriff.* Frankfurt 1973 (Suhrkamp Taschenbuch).
Grosser, M.: *Die Entdeckung des Planeten Neptun.* (Cambridge, Mass. 1962). [2]Frankfurt a. M. 1970.
Grundmann, H.: *Naturwissenschaft und Medizin in mittelalterlichen Schulen und Universitäten.* In: Abhandlungen und Berichte des Deutschen Museums, Bd. 28, 1960, H. 2.
Guericke, O. v.: *Neue (sogenannte) Magdeburger Versuche über den leeren Raum.* Übersetzt und herausgegeben von H. Schimank u. a. Düsseldorf 1968. (Lateinische Vorlage Amsterdam 1672)
Günter, K.: *Die Wunder ferner Welten. Entdeckungen und Erkenntnisse der Astronomie.* Würzburg 1975.
Hagen, J. G.: *La Rotation de la Terre. Ses Preuves Mécaniques Anciennes et Nouvelles.* Rom 1911. In: Publicazioni della Specola Astronomica Vaticana. Serie seconda, Vol. 1, 1910/1911/1912.
* Hall, A. R.: *Die Geburt der naturwissenschaftlichen Methode 1630–1720, von Galilei bis Newton.* Gütersloh 1965. (Bemerkungen siehe Hall, M. B.)
* Hall, M. B.: *Die Renaissance der Naturwissenschaften 1450–1630. Das Zeitalter des Kopernikus.* Deutsche Übersetzung. Nördlingen 1988 ([1]London 1962). (Ein Werk, das in flüssiger Sprache den Gesamtbereich der Naturwissenschaften – einschließlich Biologie, Medizin behandelt – und deshalb einen lebendigen Überblick gibt. Es darf jedoch nicht als sichere Quelle verwendet werden.)
Hamel, J.: *Nicolaus Copernicus: Leben, Werk und Wirkung.* Heidelberg 1994.
Hanson, N. R.: *On Counting Aristotle's Spheres.* In: Scientia, Bd. 98, 1963, S. 223–232.
Hanson, N. R.: *Patterns of discovery. An inquiry into the conceptual foundations of science.* Cambridge 1972. ([1]1958). (Wissenschaftstheoretisch, auch über die Geschichte der Planetenbewegungen, das Fallgesetz etc.)
Hanson, N. R.: *Constellations and Conjec-*

tures. Dordrecht 1973.
Harkness, W.: *Über die Größe des Sonnensystems.* In: Naturwissenschaftliche Rundschau, Bd. 9, 1894, S. 597–600, S. 609–613, S. 621–624. (Zur Sonnenparallaxe, auch Übersicht über verschiedene Methoden)
Hartl, G.; Märker, K.; Teichmann, J.; Wolfschmidt G.: *Planeten, Sterne, Welteninseln – Astronomie im Deutschen Museum.* München/Stuttgart 1993.
Hartner, W.: *Oriens – Occidens. Ausgewählte Schriften zur Wissenschafts- und Kulturgeschichte.* (Festschrift zum 60. Geburtstag). Hildesheim 1968. Darin z. B.: *The principle and use of the astrolabe,* S. 287–318.
Hartner, W.: *Trepidation and planetary theories. Common features in late islamic and early renaissance astronomy.* Rom 1971.
Harwit, M.: *Die Entdeckung des Kosmos. Geschichte und Zukunft astronomischer Forschung.* München/Zürich 1983.
Helden, A. van: *The telescope in the seventeenth century.* In: Isis, Bd. 65, 1974, S. 38–58.
Helden, A. van: O. Roemer. In: Journal for the history of astronomy. Bd. 14, 1983
Helden, A. van: Measuring the universe. Cosmic dimensions from Aristarchos to Halley. Chicago 1985
Hemleben, J.: *Johannes Kepler in Selbstzeugnissen und Dokumenten.* Reinbek bei Hamburg [2]1977 (Rowohlt-Taschenbuch). (Nicht ganz zuverlässig)
Hempel, C. G.: *Philosophie der Naturwissenschaften.* München [2]1977 (dtv-Taschenbuch). (Poppersche Basis, gute historische Anknüpfungen)
Henkel, H. R.: *Astronomie. Eine Einführung für Schulen, Volkshochschulen und zum Selbststudium.* Frankfurt/M. [3]1987.
Herivel, J.: *The background to Newton's principia. A study of Newton's dynamical researches in the years 1664–1684.* Oxford 1965.
Herrmann, D. B.: *Erkenntnis und Irrtum: Christian Doppler.* In: Die Sterne, Bd. 40, 1964, S. 17–23.
Herrmann, D. B.: *Geschichte der modernen Astronomie.* Berlin 1984.
Herrmann, D. B.: *Kosmische Weiten – Geschichte der Entfernungsmessung im Weltall.* Leipzig. 1977.
Herrmann, D. B.: *Entdecker des Himmels.* Köln 1979. (Populärwissenschaftlich, aber fundiert von der Vorzeit bis zur Gegenwart)
Herrmann, J.: *Das falsche Weltbild. Astronomie und Aberglaube.* München 1973 (dtv-Taschenbuch). [1]Stuttgart 1962. (Darin gute weitere Literaturangaben)
(Herz, N.: *Geschichte der Bahnbestimmung von Planeten und Kometen.* Leipzig 1814.)
Hobbes, Th.: *Leviathan oder Stoff, Form und Gewalt eines bürgerlichen und kirchlichen Staates.* Herausgegeben und eingeleitet von I. Fetscher - übersetzt von W. Euchner, Frankfurt u. a. 1966 (Ullstein-Taschenbuch). (Englische Vorlage, [1]London 1651)
Hooykaas, R.: *Religion and the rise of modern science.* [1]Edingburgh/London 1972.
Hoskin, M.: *The General History of Astronomy* Cambridge (GB) u. a. ab 1984. Hier Bd. 2: *Planetary Astronomy from the Renaissance to the Rise of Astrophysics.* Part A, 1989.
Hrouda, B. (Hrsg.): *Methoden der Archäologie. Eine Einführung in ihre naturwissenschaftlichen Techniken.* München 1978.
Huygens, Chr.: *Œuvres complètes.* Hier: Bd. 16, Den Haag 1929.
Ihmig, K.-N.: *Trägheit und Massebegriff bei Johannes Kepler.* In: Philosophia Naturalis, Bd. 27 (1990), S. 156–205.
Irmscher, J. (Hrsg.): *Das große Lexikon der Antike.* (Wiesbaden). [2]München 1990.
Jaki, St. L.: *The paradox of Olber's paradox.* New York 1969.
Jaki, St. L.: *The Milky Way. An elusive Road for Science.* New York 19975 (Paperback).
* Jammer, M.: *Das Problem des Raumes. Die Entwicklung der Raumtheorien.* Deutsche Übersetzung Darmstadt [2]1980. (Englische Vorlage Cambridge, Mass. 1954)
* Jammer, M.: *Concepts of force. A study in the foundation of mechanics.* New York 1962.
* Jammer, M.: *Der Begriff der Masse in der Physik.* Deutsche Übersetzung Darmstadt [3]1981. (Englische Vorlage Cambridge, Mass. 1961)
Jordan, W., Eggert, O., und M. Kneissl: *Handbuch der Vermessungskunde,* Bd. 4, 2. Hälfte. [10]Stuttgart 1959.
Kayser, H.: *Geschichte des Dopplerschen Princips.* In: Handbuch der Spectroscopie, Bd. 2. Leipzig 1902. S. 371–409.
Kepler, J.: *Neue Astronomie.* Deutsche Übersetzung von M. Caspar. München/Berlin 1929. (Lateinische Vorlage 1609)
Kepler, J.: *Briefe.* Deutsche Übersetzung von M. Caspar und W. von Dyck. München 1930.
Kepler, J.: *Gesammelte Werke.* Herausgegeben von der Deutschen Forschungsgemeinschaft und der Bayerischen Akademie der Wissenschaften unter der Leitung von W. von Dyck, M. Caspar, F. Hammer. München 1937 ff.
Kepler, J.: *Weltharmonik.* Deutsche Über-

setzung, München/Berlin 1939. (Lateinische Vorlage 1619)

Kepler-Kommission der Hochschule Linz (Hrsg.): *Johannes Kepler – Werk und Leistung.* Linz 1971.

Kesten, H.: *Copernicus und seine Welt.* Frankfurt 1983. (Gute Zeitschilderung. Fast nichts Astronomiegeschichtliches. Was dazu gebracht wird, ist unzuverlässig.)

Ketteler, E.: *Astronomische Undulationstheorie oder Die Lehre von der Aberration des Lichtes.* Bonn 1873.

King, H. C.: *The history of the telescope.* Cambridge, Mass. 1955. Nachdruck 1979.

King, H. C.: *Das Planetarium und seine Entwicklung.* In: Endeavour, Bd. 17, 1959, S. 35–44.

Kirchvogel, P. A. und B. Sticker (Hrsg.): *Documenta Astronomica. Eine Ausstellung historischer Instrumente und Dokumente zur Entwicklung der astronomischen Meßkunst im Museum für Völkerkunde und Vorgeschichte.* Hamburg 23. August bis 5. September 1964. Wiesbaden 1964.

Klein, H. A.: *The world of measurements: Masterpieces, mysteries and muddles of metrology.* New York, 1974.

Knight, D.: *The nature of science. The history of science in western culture since 1600.* London 1976.

Koyré, A.: *La gravitation universelle, de Kepler à Newton.* In: Archives internationales d'histoire des sciences 1951, S. 138ff.

Koyré, A.: *A documentary history of the problem of fall from Kepler to Newton.* Philadelphia 1955.

Koyré, A.: *Von der geschlossenen Welt zum unendlichen Universum.* (Baltimore 1957) Frankfurt 1969.

* Koyré, A.: *The astronomical revolution. Copernicus, Kepler, Borelli.* Paris u. a. 1973. Nachdruck 1992. (Französische Vorlage Paris 1961)

Krähling, R.: *Die astronomische Methode nach Olaf Römer anno 1676 zur Bestimmung der endlichen Ausbreitungsgeschwindigkeit des Lichtes.* Dissertation, TU München 1978.

Krafft, F., und A. Meyer-Abich (Hrsg.): *Große Naturwissenschaftler. Biographisches Lexikon.* [2]Düsseldorf 1986.

Krafft, F.: *Geschichte der Naturwissenschaft I. Die Begründung einer Wissenschaft von der Natur durch die Griechen.* Freiburg 1971. (Von den Anfängen bis Plato)

Krafft, F.: *Ptolemäus.* In: Die Großen der Weltgeschichte. 12 Bde. Zürich 1971–79. Hier: Bd. 2, 1972, S. 418–467.

Krafft, F. u. a. (Hrsg.): *Internationales Kepler-Symposium Weil der Stadt 1971. Referate und Diskussionen.* Hildesheim 1973.

Krafft, F.: *Tycho Brahe.* In: Die Großen der Weltgeschichte. Hier Bd. 5, 1974, S. 296–345.

Krafft, F.: *William Herschel.* In: Die Großen der Weltgeschichte. Hier: Bd. 6, 1975, S. 772–813.

Küstner, F.: *Eine spektrographische Bestimmung der Sonnenparallaxe.* In: Astronomische Nachrichten, Bd. 169, 1905, S. 241–264. Siehe auch Naturwissenschaftliche Rundschau, Bd. 24, 1909, S. 168 (Sonnenparallaxe aus 280 Sternspektren).

* Kuhn, Th. S.: *The Copernican revolution. Planetary astronomy in the development of western thought.* Cambridge, Mass. 1957. Deutsch, Braunschweig 1980.

Kuhn, Th. S.: *Die Struktur wissenschaftlicher Revolutionen.* Frankfurt 1973 (Suhrkamp Taschenbuch). (Englische Vorlage [1]Chicago 1962)

Kurnstverein Ludwigshafen (Hrsg.): *Katalog zur Ausstellung Forschung und Technik in der Kunst.* Ludwigshafen 1965. (Eingehende Bibliographien zu verschiedenen Bildern auch dieses Buches)

Lakatos, I., und A. Musgrave (Hrsg.): *Kritik und Erkenntnisfortschritt.* Braunschweig 1974. (Die Diskussion Popper – Kuhn bis 1969)

Lasserre, F.: *Die Fragmente des Eudoxos von Knidos.* Berlin 1966.

Ley, W.: *Die Himmelskunde.* Düsseldorf/Wien 1965. (Historisch und modern)

Lorenzen, P.: *Die Entstehung der exakten Wissenschaften.* Berlin u. a. 1960.

* Losee, J.: *Wissenschaftstheorie. Eine historische Einführung.* München 1977. (Englische Vorlage London u. a. 1972). (Gute Übersicht der Auffassungen von Aristoteles bis Popper, ohne die Diskussion ab 1962)

Mach, E.: *Die Principien der physikalischen Optik, historisch und erkenntnispsychologisch entwickelt.* Leipzig 1921.

Mach, E.: *Die Mechanik in ihrer Entwicklung historisch-kritisch dargestellt.* [9]Leipzig 1933, Nachdruck Darmstadt 1988.

Mädler, J. H. von: *Geschichte der Himmelskunde von der ältesten bis auf die neueste Zeit.* 2. Bde., Braunschweig 1873, Nachdruck Wiesbaden 1973.

Maier, A.: *An der Grenze von Scholastik und Naturwissenschaft. Studien zur Naturphilosophie des 14. Jahrhunderts.* Essen 1943.

Mairan, J. J. de: *Sur l'Inégalité des Degrés de Latitude Terrestre, et sur celle du Pendule à secondes, ou sur la figure de la Terre.* In: Histoire de L'Académie des Sciences,

1720, S. 86 f.
Margolis, H.: *Tycho's System and Galileo's Dialogue.* In: Studies in Hist. and Phil. of Science, Bd. 22 (1991), S. 259–275.
* Mason, St. F.: *Geschichte der Naturwissenschaft in der Entwicklung ihrer Denkweisen.* Deutsche Übersetzung, [2]Stuttgart 1974 (Kröner-Taschenbuch). (Guter exemplarischer Überblick unter geistes- und sozialgeschichtlichen Aspekten)
Massa, D.: *Giordano Bruno and the Top-Sail experiment.* In: Annals of science, Bd. 30, 1973, S. 201–211.
Matthias, P. (Hrsg.): *Science and Society.* Cambridge 1972. (6 Artikel zu Zusammenhängen zwischen Sozialgeschichte, Wissenschaft und Technik vom 17. bis zum 19. Jahrhundert)
Maupertuis, P. L. de: *La Figure de la Terre.* Paris 1738.
Maurach, G.: *Coelum Empyreum. Versuch einer Begriffsgeschichte.* Wiesbaden 1968.
Maurice, K.: *Die deutsche Räderuhr.* 2 Bde. München 1976.
McColley, G.: *The seventeenth century doctrine of a plurality of worlds.* In: Annals of science, Bd. 1, 1936, S. 385–430.
McKie, D.: *Zur Geschichte des metrischen Systems.* In: Endeavour, Bd. 22, 1963, S. 24–26.
Mittelstrass, J.: *Die Rettung der Phänomene.* Berlin 1962.
Mitton, S. (Hrsg.): *The Cambridge Encyclopedia of Astronomy.* Deutsche Übersetzung Gütersloh 1978. (Der Gesamtbereich der Astronomie und Astrophysik, darunter ein brauchbares Kurzkapitel zur Geschichte)
Müller, R.: *Sonne, Mond und Sterne über dem Reich der Inka.* Berlin u. a. 1972.
National Maritime Museum, Greenwich (Hrsg.): *The planispheric astrolabe.* [1]Greenwich 1976. (Knappe, aber sehr gute historische und didaktische Abhandlung, mit einem Modellastrolab aus Pappe und Folie). Deutsche Übersetzung, München 1982 (Deutsches Museum).
Naturwissenschaftlicher Verein Regensburg (Hrsg.): *Kepler-Festschrift.* Regensburg 1971.
Naylor, R. H.: *Galileo and the problem of free fall.* In: The British Journal for the history of science. Bd. 7, Juli 1974, S. 105–134.
Nelson, B.: *Der Usprung der Moderne. Vergleichende Studien zum Zivilisationsprozeß.* Frankfurt 1977. (Philosophisch-soziologische Arbeit über das Entstehen der neuzeitlichen Naturwissenschaft – vor allem gut wegen sehr reicher Literaturangaben)
Neugebauer, O.: *On the «Hippopede» of Eudoxus.* In: Scripta mathematica, Bd. 19, 1953, S. 225–229.
Neugebauer, O.: *A history of ancient mathematical astronomy.* 3 Bde., Berlin u. a. 1975.
Newton, I.: *Mathematische Principien der Naturlehre.* Deutsche Übersetzung von J. Ph. Wolters nach der 1. Aufl. von 1687, verändert und ergänzt auf Grund der späteren Ausgaben. Berlin 1872, Neuübersetzung (Auswahl) Hamburg 1988. (Lateinische Vorlage [1]London 1687)
Nolte, F.: *Die Armillarsphäre.* Abhandlungen zur Geschichte der Naturwissenschaften und der Medizin. Heft 2, 1922.
Ogawa, Y.: *Galileo's Work on Free Fall at Padua – Some Remarks on Drake's Interpretation.* In: Historia Scientiarum, Bd. 37 (1989), S. 31–49.
Olmsted, J. W.: *The scientific expedition of Jean Richer to Cayenne (1672–1673).* In: Isis, Bd. 34, 1942/43, S. 117–128.
Oresme, N.: *Le Livre du ciel et du monde.* Französisch/englisch. Madison/Milwaukee/London 1968.
Ovenden, M. W.: *Bode's law – truth or consequences?* In: Beer, A., and P. Beer (Hrsg.): *Kepler – four hundred years.* Vistas in Astronomy, Bd. 18, 1975, hier S. 473–496.
Pannekoek, A.: *A History of Astronomy.* London 1961 (Nachdruck 1989).
Pedersen, K. M.: *Theories of stellar aberration in the 18th century.* Actes du 13e congrès internationale d'histoire des sciences; 1974, Sec. 6, S. 259–264.
Pedersen, O.: *A survey of the Almagest.* Odense (Dänemark) 1974.
* Pedersen, O., und Ph. Mogens: *Early physics and astronomy. A historical introduction.* Surrey (England) 1974.
Perrier, G.: *Kleine Geschichte der Geodäsie.* Bamberg 1950.
Picard, J.: *Abrégé de la Mesure de la Terre.* Paris 1684.
Platon: *Der Staat.* In: Sämtliche Werke, Bd. 2, Heidelberg 1950.
Plinius, Secundus, Gaius (Plinius der Ältere): *Naturkunde.* Lateinisch-deutsche Ausgabe von R. König und G. Winkler. Hier Buch 2, Kosmologie. München 1974.
Porter, N. A.: *The nova of a. d. 1006 in European and Arab records.* In: Journal for the history of astronomy, Bd. 5, 1974, S. 99–104.
Prell, H.: *Die Vorstellung des Altertums von der Erdumfangslänge.* Abhandlungen der Sächsischen Akademie der Wissenschaften. Mathematisch-Naturwissenschaftliche Klasse, Bd. 46, H. 1, Leipzig 1959.

* Price, D. J. de Solla: *Contra Copernicus: A critical re-estimation of the mathematical planetary theory of Ptolemy, Copernicus and Kepler.* In: Clagett, M. (Hrsg.): *Critical problems in the history of science.* Madison 1959, S. 197–218.

Price, D. J. de Solla: *Gears from the Greeks. The Antikythera Mechanism – a calendar computer from ca. 80 B. C.* New York 1975.

Ptolemäus: *Handbuch der Astronomie.* Deutsche Übersetzung und Erläuterungen von K. Manitius. Leipzig 1912–1913, 3 Bde. Neuausgabe mit Vorwort und Berichtigungen von O. Neugebauer. Leipzig: Teubner 1963.

Repsold, J. A.: *Zur Geschichte der astronomischen Meßwerkzeuge.* 2 Bde. 1. *Von Purbach bis Reichenbach 1450–1830; 2. von 1830 bis um 1900.* Leipzig 1908, 1914.

Richer, J.: *Observations astronomiques et physiques faites en l'isle de Caienne.* Paris 1679.

Riekher, R.: *Fernrohre und ihre Meister. Eine Entwicklungsgeschichte der Fernrohrtechnik.* Berlin 1957.

Röndigs, G.: *Benzenbergs Fallversuche im Turm der St. Michaeliskirche in Hamburg.* In: NTM-Schriftenreihe für Geschichte der Naturwissenschaften, Technik und Medizin, Bd. 23 (1986), S. 35–42.

Ronan, C., und S. Dunlop: *Astronomie heute: Theorie und Praxis für den Sternfreund.* Stuttgart 1985.

Rosen, E.: *Three Copernican Treatises (Commentariolus, letter against Werner, narratio prima of Rheticus).* New York ([1]1939), [3]1971. (Mit ausführlicher kritischer Bibliographie)

Rosenfeld, L.: *Newton and the law of gravitation.* In: Archive for the history of exact sciences, Bd. 2, 1965, S. 365–386.

Russell, J. C.: *Action and reaction before Newton.* In: The British Journal for the history of science, Bd. 9, 1976, Teil 1, S. 25–38.

Saltzer, W. G.: *Theorien und Ansätze in der griechischen Astronomie im Kontext benachbarter Wissenschaften betrachtet.* Wiesbaden 1976.

* Sambursky, Sh. (Hrsg.): *Der Weg der Physik. 2500 Jahre physikalischen Denkens. Texte von Anaximander bis Pauli.* München 1978 (dtv-Taschenbuch). (Sehr reichhaltige Quellensammlung auch mit Texten von Ptolemäus, Copernicus etc.)

Sarton, G.: *Discovery of the aberration of light.* (Mit einem Faksimiledruck der Originalveröffentlichung Bradleys von 1729) In: Isis, Bd. 16, 1931, S. 233–263.

Schadewaldt, W.: *Sternsagen.* Frankfurt 1976 (Insel-Taschenbuch).

Schaifers, K., und G. Traving (Hrsg.): *Meyers Handbuch über das Weltall.* [5]Mannheim u. a. 1973.

Schedel, H.: *Die Schedelsche Weltchronik.* ([1]Nürnberg 1493). Nachdruck der deutschen Ausgabe Dortmund 1978 (Bibliophiles Taschenbuch).

Schiaparelli, G. V.: *Die homozentrischen Sphären von Eudoxos, Kalippos und Aristoteles.* Deutsche Übersetzung von W. Horn in: Abhandlungen zur Geschichte der Mathematik, H. 1, 1877, S. 101–198.

* Schimank, H.: *Aristotelische, scholastische und galileische Physik.* In: Hauptvorträge der Physikertagung, Hamburg 1954, Mosbach 1954, S. 1–25.

Schimank, H.: *Epochen der Naturforschung. Leonardo-Kepler-Faraday.* [2]München 1964.

Schimank, H.: *Stand und Entwicklung der Naturwissenschaften im Zeitalter der Aufklärung.* In: *Lessing und die Zeit der Aufklärung* (Vorträge 1967). Göttingen 1968, hier S. 30–76.

Schmeidler, F.: *Nikolaus Kopernikus.* Stuttgart 1970.

Schmid, F.: *Geschichte der geodätischen Instrumente und Verfahren in Altertum und Mittelalter.* Neustadt 1935.

Schmithüsen, J.: *Geschichte der geographischen Wissenschaft von den ersten Anfängen bis zum Ende des 18. Jahrhunderts.* Mannheim u. a. 1970 (Hochschultaschenbuch).

Schnall, U.: *Navigation der Wikinger.* Oldenburg, Hamburg 1975.

Schroeder, W.: *Praktische Astronomie für Sternfreunde.* [4]Stuttgart 1966. (Mit Hinweisen zum Nachbau von einfachen historischen Instrumenten)

Schultz, U. (Hrsg.): *Scheibe, Kugel, Schwarzes Loch. Die wissenschaftliche Eroberung des Kosmos.* München 1990.

Seibold, E., und W. Neuser (Hrsg.): *Newtons Universum.* Heidelberg 1990.

Shapley, H., und H. E. Howart: *A Source-Book in astronomy* (bis 1900). New York 1929.

Shapley, H.: *A source-book in astronomy 1900–1950.* Cambridge, Mass. 1960.

Shea, W. R. S.: *Galileo's claim to fame: the proof that the earth moves from the evidence of the tides.* In: British Journal of the history of science, Bd. 5, 1970/71, S. 111–127.

Simek, J.: *Erde und Kosmos im Mittelalter.* München 1992.

Smith, A. G. R.: *Science and Society in the sixteenth and seventeenth centuries.* London 1972. (Gut lesbar, viele Bilder, viele kurz kommentierte Literatur)

Spencer Jones, H.: *The rotation of the earth.* In: Kuiper, G. P. (Hrsg.): *The Solar System,* Bd. 1: *The earth as a planet.* Chicago 1954, S. 23–41.

Stevin, S.: *The principal works of Simon Stevin.* 5 Bde. Amsterdam: C. V. Swets und Zeitlinger 1955 f. Hier besonders Band 3.

* Sticker, B. (Hrsg.): *Bau und Bildung des Weltalls. Kosmologische Vorstellungen in Dokumenten aus zwei Jahrtausenden.* Übersetzung der Texte in Zusammenarbeit mit F. Krafft. Freiburg u. a. 1967.

Swift, J.: *Reisen in verschiedene ferne Länder der Welt von Lemuel Gulliver – erst Schiffsarzt, dann Kapitän mehrerer Schiffe.* Deutsche Übersetzung von K. H. Hansen. Mit den Illustrationen von Grandville zu der Ausgabe von 1838. München: Winkler 1958. (Englische Vorlage London 1934. [1]1726)

Teichmann, J.: *Der freie Fall bei Galilei – Meßtechnik und Meßmythos.* In: Fritscher, G., und Brey, H. (Hrsg.): *Cosmographica et Geographica.* Festschrift für H. N. Nobis. München 1995, hier S. 37–52.

Thiele, J.: *Zur Wirkungsgeschichte des Dopplerprinzips im 19. Jahrhundert.* In: Annals of science, Bd. 27, 1971, S. 393–407.

Thoren, V. E.: *New light on Tycho's instruments.* In: Journal for the history of astronomy, Bd. 4, Teil 1, 1973, S. 25–45.

Tonnelat, M.-A.: *Histoire du principe de relativité.* Paris 1971.

Vaucouleurs, G. de: *Discovery of the universe. An outline of the history of astronomy from the origins to 1956.* London 1957.

Vogt, J.: *Sklaverei und Humanität.* Wiesbaden 1972.

Voltaire, F. M. Arouet de: *Éléments de la Philosophie de Newton.* Amsterdam 1738.

Voltaire, F. M. Arouet de: *Candid – Der Unbefangene.* Deutsche Übersetzung von E. Sander. In: Voltaire, *Romane und Erzählungen,* Bd. 2, München 1961 (Goldmann-Taschenbuch).

* Waerden, B. L. van der: *Die Anfänge der Astronomie.* Groningen 1965, Basel 1968.

Waetzmann, E. (Hrsg.): *Müller-Pouillets Lehrbuch der Physik.* Bd. I: Mechanik und Akustik. [11]Braunschweig 1929.

Wagner, F.: *Isaac Newton im Zwielicht zwischen Mythos und Forschung. Studien zur Epoche der Aufklärung.* Freiburg, München 1976.

Ward, F. A. B.: *Time Measurement.* London 1970.

Warner, D. J.: *Celestial Technology.* In: The Smithsonian Journal of History, Bd. 2, 1967, S. 35–48. (Über wissenschaftliche und technische Instrumente als Sternbilder am südlichen Sternenhimmel)

Wattenberg, D.: *Die Namen der Planeten und ihrer Satelliten.* Vorträge und Schriften der Archenhold-Sternwarte, Nr. 18. Berlin-Treptow 1964.

Personen- und Sachregister

Bildquellen

1 Foto (a) und Zeichnung (b) aus D. de Solla Price: Gears from the Greeks. The Antikythera mechanism a calendar computer from ca. 80 b. C. New York, The American Philosophical Society 1975. Abb. 12, S. 23 (Foto); Abb. 29, S. 37 (Zeichnung)
2 Holzschnitt von H. Brosamer aus P. Apian: Instrument Buch ... Ingolstadt 1533. Titelblatt
3 Zeichnung von Guntram Holdgrün, München
4 Farbiger Einblattdruck – 17. Jh.
5 Zeichnung aus O. S. Reuter: Germanische Himmelskunde. München 1943. Abb. 33, bei S. 200
6 Holzschnitt aus J. G. Hyginus: Poeticon astronomicon (Clarissimi viri Iginii Poeticon astronomicon, opus utilissimum foeliciter incipit. De mundi ...). Venedig 1482 (Drucker E. Ratdolt). Bl. g8v
7 Zeichnung von Guntram Holdgrün, München
8 Modell zur Darstellung der Sonnenbahnen am Himmel-Studienlabor des Deutschen Museums. Foto: Deutsches Museum München, Bildstelle
9 Zeichnung von Ernst Ball, München
10 Zeichnung von Guntram Holdgrün, München
11 Holzschnitt aus G. von Peurbach: Theoricae novae planetarum ... Wittenberg 1542 (Drucker Jo. Lufft). Bl. 47v
12 Kolorierter Kupferstich aus J. G. Doppelmaier: Atlas novus coelestis ... Nürnberg 1742 (Drucker Homann). Taf. 9
13 Kolorierter Kupferstich aus J. G. Doppelmaier: Atlas novus coelestis ... Nürnberg 1742 (Drucker Homann). Taf. 10 (Ausschnitt)
14 Zeichnung von Guntram Holdgrün, München
15 Zeichnung von Guntram Holdgrün
16 Zeichnung von Guntram Holdgrün
17 Zeichnungen von Guntram Holdgrün
18 Zeichnungen aus F. Vilbig: Möglichkeiten der Nachrichtenübertragung mittels Satelliten und Eigenschaften der Satellitenbahnen. In: Die Erforschung des Weltraums mit Satelliten und Raumsonden, Bd. 3. Düsseldorf, VDI 1966. Abb. 9, S. 123 und Abb. 16/I, S. 134
19 Holzschnitt aus G. Reisch: Margarita philosophica nova, cui insunt sequentia epigrammata in commendationem operis. Straßburg 1512 (Drucker Grüninger). Buch 7 – Typus astronomiae
20 Kupferstich aus J. G. Doppelmaier: Atlas novus coelestis ... Nürnberg 1742 (Drucker Homann). Taf. 6 (Ausschnitt)
21 Modell zur Entstehung der Planetenschleifen nach Ptolemäus. Sammlungen des Deutschen Museums, Ausstellung «Wandel des Weltbildes». Foto: Deutsches Museum München, Bildstelle
22 Zeichnung aus mittelalterlicher Handschrift – 1461. Bodleian Library Oxford, MSS Laud Misc. 620. Hier aus H. A. Lloyd: Some outstanding clocks over seven hundred years 1250–1950. London, L. Hill Books 1958. Taf. 11
23 Modell zur Bewegung der inneren Planeten Merkur und Venus. Aus den Sammlungen des Deutschen Museums, Ausstellung «Wandel des Weltbildes». Foto: Deutsches Museum München, Bildstelle
24 Zeichnung von Guntram Holdgrün, München
25 Zeichnung von Guntram Holdgrün, München
26 Zeichnung von Guntram Holdgrün, München
27 Zeichnung von Guntram Holdgrün, München
28 Zeichnung von Guntram Holdgrün, München
29 Zeichnungen von Guntram Holdgrün, München
30 Holzschnitte aus Chr. Vurstisius: Questiones novae in theoricas novas planetarum ... G. Purbachii. Basel 1568 (Drucker H. Petri). S. 128 (a), bei S. 129 (b)
31 Ptolemäisches Planetarium (von Desnos) zur Darstellung der Bewegung des Planeten Jupiter um die Erde – 17. Jh. Aus den Sammlungen des Deutschen Museums; Fachgebiet: Astronomie; Bereich: Zur Geschichte der Planetarien.

artis perspectivae. Den Haag 1622. Bl. 40. Hier aus P. Hofer: Baroque illustration. Cambridge (USA), Harvard University Press 1951. Abb. 119

92 Gemälde von Raffaello Sanzio – 1509/11. Stanzen des Vatikans. Hier nach: Monumenti musei e gallerie pontificie, Vatikan (a)
Kupferstich von Ch.-N. Cochin nach S. le Clerc – 1698. Staatliche Graphische Sammlung, München (b)

93 Gemälde von Raffaello Sanzio – 1509/11. Stanzen des Vatikans. Hier nach: Monumenti musei e gallerie pontificie, Vatikan (Ausschnitt)

94 Holzschnitt aus R. Descartes: Discours de la méthode pour bien conduire sa raison & chercher la verité dans les sciences. Plus la dioptrique, les meteores, la mechanique, et la musique, qui font des effais de cette méthode. Paris 1668 (Drucker Ch. Angot). S. 178

95 Kupferstich – wahrscheinlich 18. Jh. Staatliche Kunstsammlungen Kassel, Planarchiv des Astronomisch-physikalischen Kabinetts

96 Titelkupferstich aus A. Kircher: Ars magna lucis et umbrae ... Amsterdam 1671 (Drucker Jansonius à Waesberge & Weyerstreet)

97 Holzschnitt aus I. Baudoin: Iconologie. Paris 1644. Fig. 134. Hier aus K. Maurice: Die französische Pendule des 18. Jahrhunderts. Berlin, Walter de Gruyter & Co 1967. Abb. 6 d

98 Kupferstich von J. Folkema nach F. L. Dubourg aus F. M. Voltaire: Éléments de la philosophie de Newton. Amsterdam 1738. Frontispice

99 Zeichnungen von E.-L. Boullée – 1784. Bibliothèque Nationale, Paris. Hier aus A. M. Vogt: Boullées Newton-Denkmal. Sakralbau und Kugelidee. Basel und Stuttgart. Birkhäuser Verlag 1969. Abb. 24 u. 26

100 Titelkupferstich aus J. G. Nestfel: Pars astronomica seu systema planetarum. Pars geographica seu tabula horologica & chorographica. Wien 1753.

101 Holzstich aus C. Flammarion: L'Atmosphère. Paris 1888 (Siehe dazu B. Weber in: Gutenberg Jahrbuch. Mainz 1973. S. 381 f.)

102 Gemälde von Cornelius Troost – 1791. Mauritshuis, Den Haag

103 Zeichnung von J. J. Grandville aus J. Swift: Reisen in verschiedene ferne Länder der Welt von Lemuel Gulliver – erst Schiffsarzt, dann Kapitän mehrerer Schiffe, Tl. 3. London 1838. Hier aus der dtsch. Ausgabe, München, Artemis & Winkler Verlag 1958. S. 229

104 Kupferstich – 1632. Staatliche Graphische Sammlung, München

105 Gemälde von Carl Spitzweg – um 1860. Hamburger Kunsthalle

106 Computeranimation – ESO, Garching bei München 1995

Zu diesem Buch ist folgendes Begleitmaterial erhältlich:

«Sonnenplanetarium nach Eudoxos»:
Dem Sonnenplanetarium liegt die Weltsicht des Griechen Eudoxos zugrunde (4. Jh. v. Chr.). Mit diesem Modell läßt sich der Lauf der Sonne durch die Jahreszeiten darstellen, so wie er auch heute an jedem Ort der Erde beobachtet werden kann.
Bausatz mit Anleitung.

«Astrolab»:
Das meistbenutzte Meßinstrument in der Geschichte der Menschheit zur Bestimmung der Zeit anhand des Sonnen- und Sternstandes, zur Bestimmung von Tageslänge, Sonnenauf- und Sonnenuntergang, von Sternpositionen.
Bausatz mit umfangreicher Anleitung.

«Planeten und Sternbilder im Wandel der Geschichte»:
Von F. Schmeidler aus der Reihe „Wissen vertiefen".

Zu beziehen über Museumsladen, Deutsches Museum, Postfach 260115, 80538 München.

Im Deutschen Museum, München, gibt es seit 1992 eine neue sehr umfangreiche Ausstellung Astronomie, die Geschichte und modernste Forschung in Demonstrationen und Experimenten erleben läßt (s. auch Literatur: Hartl u. a.).

Hoffmann

Wasserstoff -
Energie mit Zukunft

Die Deckung unseres Energiebedarfs wird zunehmend von ökologischen Gesichtspunkten beeinflußt. Fossile Energieträger tragen in unterschiedlichem Maße zum Treibhauseffekt bei, und sie stehen nicht unbegrenzt zur Verfügung. Neben dem sparsamen Umgang mit Energie muß daher nach neuen Wegen für die Energieversorgung gesucht werden. Der energetische Einsatz von Wasserstoff ist ein solcher Weg; zahlreiche technische Lösungen dafür gibt es bereits. Der Autor stellt eine Auswahl vor: vom Kraftfahrzeug bis zum Cryoplane. Zugleich werden Fragen der Herstellung, des Transports und der Lagerung von Wasserstoff behandelt. Dabei wird deutlich, daß die Wasserstoffenergetik erst dann Einzug in unser Alltagsleben hält, wenn sich der Wasserstoff preisgünstig aus nichtfossilen und nichtnuklearen Quellen gewinnen läßt.

Von
Volker U. Hoffmann
Leipzig

1994. 171 Seiten
mit 34 Bildern und
13 Tabellen.
13,7 x 20,5 cm.
Kart. DM 19,80
ÖS 155,– / SFr 19,–
ISBN 3-8154-3501-3

(Einblicke in die
Wissenschaft – Technik)

B. G. Teubner Verlagsgesellschaft
Stuttgart · Leipzig

v/d/f

Hochschulverlag AG an der ETH
Zürich